Zuverlässigkeitssteigerung im Maschinenbau durch Kooperation

Von der Fakultät für Maschinenwesen der

Rheinisch-Westfälischen Technischen Hochschule Aachen

zur Erlangung des akademischen Grades eines

Doktors der Ingenieurwissenschaften

genehmigte Dissertation

D1690605

von

Diplom-Ingenieur Holger Degen

aus Nordenham

Berichter: Univ.-Prof. em. Dr.-Ing. Dipl.-Wirt. Ing. Dr. h.c. mult. Walter Eversheim

Univ.-Prof. Dr.-Ing. Dipl.-Wirt. Ing. Günther Schuh

Tag der mündlichen Prüfung: 06. Juli 2004

D82 (Diss. RWTH Aachen)

WZL
RWTH AACHEN

Fraunhofer Institut
Produktionstechnologie

Berichte aus der Produktionstechnik

Holger Degen

Zuverlässigkeitssteigerung im Maschinenbau durch Kooperation

Herausgeber:

Prof. em. Dr.-Ing. Dipl.-Wirt. Ing. Dr. h. c. mult. W. Eversheim
Prof. Dr.-Ing. F. Klocke
Prof. Dr.-Ing. Dr. h. c. mult. Prof. h. c. T. Pfeifer
Prof. Dr.-Ing. Dipl.-Wirt. Ing. G. Schuh
Prof. em. Dr.-Ing. Dr.-Ing. E. h. M. Weck
Prof. Dr.-Ing. C. Brecher

Band 21/2004
Shaker Verlag
D 82 (Diss. RWTH Aachen)

Bibliografische Information der Deutschen Bibliothek
Die Deutsche Bibliothek verzeichnet diese Publikation in der Deutschen Nationalbibliografie; detaillierte bibliografische Daten sind im Internet über http://dnb.ddb.de abrufbar.

Zugl.: Aachen, Techn. Hochsch., Diss., 2004

Copyright Shaker Verlag 2004
Alle Rechte, auch das des auszugsweisen Nachdruckes, der auszugsweisen oder vollständigen Wiedergabe, der Speicherung in Datenverarbeitungsanlagen und der Übersetzung, vorbehalten.

Printed in Germany.

ISBN 3-8322-3274-5
ISSN 0943-1756

Shaker Verlag GmbH • Postfach 101818 • 52018 Aachen
Telefon: 02407 / 95 96 - 0 • Telefax: 02407 / 95 96 - 9
Internet: www.shaker.de • eMail: info@shaker.de

Vorwort

Die vorliegende Arbeit entstand während meiner Zeit als wissenschaftlicher Mitarbeiter am Fraunhofer-Institut für Produktionstechnologie IPT, Aachen.

Herrn Professor Walter Eversheim, der bis September 2002 die Abteilung am Fraunhofer IPT leitete und den Lehrstuhl für Produktionssystematik am Laboratorium für Werkzeugmaschinen und Betriebslehre (WZL) der RWTH Aachen innehatte, danke ich sehr herzlich für die Möglichkeit zur Promotion. Für die wohlwollende Förderung und Unterstützung, die gewährten Freiräume und das entgegengebrachte Vertrauen während meiner gesamten Zeit am Institut bin ich Herrn Professor Eversheim zu großem Dank verpflichtet. Weiterhin danke ich auch Herrn Professor Schuh, der im Oktober 2002 die Nachfolge von Professor Eversheim angetreten hat, für die Übernahme des Zweitgutachtens.

Meinen ehemaligen Kollegen am IPT und WZL danke ich für ihre stete Hilfsbereitschaft und die gute Arbeitsatmosphäre in der die Arbeit entstehen durfte. Besonderer Dank für die eingehende Durchsicht und stete Bereitschaft zur Diskussion der Arbeit gebührt Dr. Andreas Borrmann, Dr. Gunnar Güthenke, Dr. Hans Kerwat, Henning Möller, Sascha Klappert, Markus Knoche und Dirk Untiedt. Einen weiteren nicht unwesentlichen Beitrag zum Entstehen dieser Arbeit trugen meine Top-Hiwis Susanne Aghassi, Mario Banovic, Steffen Gerstenberg, Gero Müller, Katrin Rossa und Robert Schöll bei, denen ich sehr herzlich für die stete Einsatzbereitschaft danke.

Meinen langjährigen Freunden aus Nordenham danke ich für die stete Erinnerung daran, dass das Leben nicht nur aus Produktionstechnik beteht. Dieser Dank gilt insbesondere Henning Kurschentat, Bernhard Röper und Boris Seligmann.

Sehr großer Dank gebührt meinen Eltern, Helga und Klaus Degen sowie meiner Schwester Heike, die mir alle Möglichkeiten eröffnet und mich stets meinen Neigungen und Interessen entsprechend unterstützt haben. Ich konnte mich immer auf ihren Rückhalt verlassen.

Mein besonderer Dank gehört schließlich meiner lieben Julia, die mit ihrer lebensfrohen Art jedes Motivationstief im Keim erstickt hat. Sie hat einen großen Anteil an der Erstellung dieser Arbeit geleistet, daran denke ich insbesondere an die vielen Korrekturschleifen. Noch viel wichtiger als das, sind jedoch die Ruhe und notwendigen Freiräume, die ich während der Promotionszeit aus unserer Beziehung schöpfen konnte. Ihr und meinen Eltern widme ich diese Arbeit.

Aachen, im Juli 2004　　　　　　　　　　　　　　　　　　　　　　　　　Holger Degen

INHALTSVERZEICHNIS

INHALTSVERZEICHNIS I

ABBILDUNGSVERZEICHNIS III

ABKÜRZUNGSVERZEICHNIS V

1 Einleitung 1
    1.1 Ausgangssituation und Problemstellung 1
    1.2 Zielsetzung der Arbeit 3
    1.3 Forschungsprozess und Aufbau der Arbeit 4

2 Grundlagen und Kennzeichnung der Situation 7
    2.1 Eingrenzung des Betrachtungsraums und grundlegende Zusammenhänge 7
        2.1.1 Einordnung in das Kooperationsmanagement 10
        2.1.2 Einordnung in das Wissensmanagement 13
    2.2 Beschreibung der Leistungsindikatoren 16
        2.2.1 Lebenszykluskosten 16
        2.2.2 Zuverlässigkeits- und Instandhaltungskenngrößen 19
    2.3 Zuverlässigkeitsdaten 22
        2.3.1 Ansätze der Zuverlässigkeitsdatennutzung 23
        2.3.2 Ansätze zur Datenstrukturierung 25
    2.4 Untersuchung etablierter Konzepte und Forschungsansätze 27
        2.4.1 Relevante Ansätze zur Verfügbarkeitssteigerung 27
        2.4.2 Methoden und Hilfsmittel zur Wissensbewertung 31
    2.5 Zwischenfazit 33

3 Grobkonzeption der Methodik 35
    3.1 Anforderungen an die Bewertungsmethodik 35
        3.1.1 Inhaltliche Anforderungen an die Methodik 35
        3.1.2 Formale Anforderungen an die Methodik 38
    3.2 Grundlagen der Modellierungsmethodik 39
        3.2.1 Grundlagen der Entscheidungstheorie 39
        3.2.2 Grundlagen der Modelltheorie 41
        3.2.3 Grundlagen des Systems Engineering 43

Inhaltsverzeichnis

3.3 Auswahl einer Modellierungsmethodik 45

3.4 Entwicklung des Grobkonzepts 48

3.5 Zwischenfazit 52

4 Detaillierung der Bewertungsmethodik 53

4.1 Situationsanalyse 54

    4.1.1 Einordnung der Akteursstrategien und -ziele 55

    4.1.2 Ableitung der operativen Ziele 57

    4.1.3 Aufbau einer Konstellationsanalyse 60

    4.1.4 Aufbau einer Produktstrukturanalyse 62

    4.1.5 Prozessmodellierung zur Daten- und Informationserfassung 64

    4.1.6 Entwicklung eines Daten- und Informationsmodells 69

    4.1.7 Zwischenfazit zur Situationsanalyse 72

4.2 Potenzialanalyse 73

    4.2.1 Aufbau einer Transferanalyse 74

    4.2.2 Aufbau einer Einflussanalyse 76

    4.2.3 Nutzenpotenzialabschätzung 79

    4.2.4 Analyse und Darstellung der Nutzenpotenziale 83

    4.2.5 Zwischenfazit zur Potenzialanalyse 85

4.3 Potenzialbewertung 85

    4.3.1 Monetärbasiertes Bewertungsmodell 86

    4.3.2 Kenngrößenbasiertes Bewertungsmodell 95

    4.3.3 Risikobasiertes Bewertungsmodell 98

    4.3.4 Analyse und Darstellung der Ergebnisse 102

4.4 Zwischenfazit zur Potenzialbewertung 103

5 Methodikanwendung: Fallbeispiele 105

5.1 Vorgehensweise und Dokumentation zur Evaluierung der Methodik 105

5.2 Fallbeispiel I – Werkzeugmaschinenhersteller/Automobilzulieferer 106

    5.2.1 Darstellung der Ausgangssituation 106

    5.2.2 Schilderung der Anwendungsfälle zum Fallbeispiel I 107

5.3 Fallbeispiel II – Service-Dienstleister/Triebwerkhersteller 112

    5.3.1   Darstellung der Ausgangssituation 112

    5.3.2   Schilderung der Anwendungsfälle zum Fallbeispiel II 113

  5.4   Anwendungserfahrungen und Zwischenfazit 116

6   **Zusammenfassung** **118**

7   **Literaturverzeichnis** **122**

8   **Anhang** .... **i**

Abbildungsverzeichnis

Bild 1-1: Entwicklung der Verfügbarkeitsverantwortung 2

Bild 1-2: Forschungsprozess 6

Bild 2-1: Ordnungsschema von Produkten 7

Bild 2-2: Definition der Komplexität 8

Bild 2-3: Aufgabenverteilung der Akteure 9

Bild 2-4: Einordnung der Arbeit in das Kooperationsmanagement 13

Bild 2-5: Erfolgsfaktoren von Wissenskooperationen 13

Bild 2-6: Begriffsdefinition und Bausteine des Wissensmanagement 14

Bild 2-7: Modell des ganzheitlichen Produktlebenszyklus 18

Bild 2-8: Qualitativer Zusammenhang zwischen Instandhaltungskosten und Instandhaltungsintensität 19

Bild 2-9: Charakterisierung der Ausfälle über die Lebensdauer 20

Bild 2-10: Mathematische Definition der Ausfallrate 21

Bild 2-11: Konzepte zur Nutzung von Daten und Informationen während des Produktlebenszyklus 24

Bild 2-12: Felddatengruppierung nach GARVIN und MEXIS 26

Bild 2-13: Bestehende Ansätze und Forschungsarbeiten im Kontext 28

Bild 3-1: Grundlage zur Ableitung inhaltlicher Anforderungen 36

Bild 3-2: Inhaltliche Anforderungen an die Methodik 37

Bild 3-3: Formale Anforderungen an die Methodik 39

Bild 3-4: Einordnung in die Entscheidungstheorie 40

Bild 3-5: Basiselemente der Entscheidungslehre 41

Bild 3-6: Grundlagen der Modelltheorie 42

Abbildungsverzeichnis

Bild 3-7:	Grundlagen der Systemtechnik	44
Bild 3-8:	Auswahl einer Modellierungsmethodik	47
Bild 3-9:	Vorgehen der Methodikentwicklung	49
Bild 3-10:	Stufenweiser Aufbau des Grobkonzeptes	50
Bild 3-11:	Grobkonzept des Lösungsansatzes	51
Bild 4-1:	IDEF0-Aktivitäten-Diagramm der entwickelten Bewertungsmethodik	53
Bild 4-2:	Eingliederung der Situationsanalyse in das Grobkonzept	54
Bild 4-3:	Zielsetzungen und Wettbewerbsstrategien	55
Bild 4-4:	Balanced Scorecard zur Strukturierung der Ziele	58
Bild 4-5:	Zielsystem der Bewertungsmethodik	59
Bild 4-6:	Instandhaltungsstrategien in der Nutzungsphase	60
Bild 4-7:	Ist-Zustandsanalyse von Beziehungen innerhalb einer Konstellation	61
Bild 4-8:	Produktstrukturmodell	64
Bild 4-9:	Übersicht und Bewertung verschiedener Prozessmodellierungsmethoden	66
Bild 4-10:	Identifikationsmatrix	67
Bild 4-11:	Prozessmodell	68
Bild 4-12:	Empirische Ermittlung und Gewichtung von Felddaten	70
Bild 4-13:	Aufbau des Daten- und Informationsmodells	71
Bild 4-14:	Vernetzung der Situationsanalyse mit der Potenzialanalyse	73
Bild 4-15:	Transfermodell	75
Bild 4-16:	Aufbau der Einflussanalyse	77
Bild 4-17:	Durchführung der Einflussanalyse	79
Bild 4-18:	Zielsetzung der Nutzenpotenzialabschätzung	80

Abbildungsverzeichnis

Bild 4-19: Definition der Skalenwerte 82

Bild 4-20: Ablauf der Nutzenpotenzialabschätzung 83

Bild 4-21: Auswertung der Potenzialanalyse 84

Bild 4-22: Vernetzung der Situations- und Potenzialanalyse mit der Potenzialbewertung 86

Bild 4-23: Aufbau des Kostenmodells 88

Bild 4-24: Berechnung von Durchlaufzeiten nach MÜLLER 90

Bild 4-25: Kalkulationsmatrix zur Bestimmung des Kostenreduktionspotenzials 91

Bild 4-26: Kapitaleinsatzmatrix 94

Bild 4-27: Aufbau des Kenngrößenmodells 97

Bild 4-28: Berechnung des Zuverlässigkeits- und Instandhaltungsverbesserungspotenzials 98

Bild 4-29: Vorgehen der Risikobewertung 99

Bild 4-30: Identifizierte Risikofälle 100

Bild 4-31: Risikomodell zur Kalkulation der akteursspezifischen Risiken 101

Bild 4-32: Ergebnisdarstellung der Methodik 103

Bild 5-1: Evaluierung der Bewertungsmethodik 105

Bild 5-2: Auszug identifizierter Schwachstellen, Ursachen und Maßnahmen 108

Bild 5-3: Potenzialbewertung am Beispiel einer identifizierten Schwachstelle 111

Bild 5-4: Risikobewertung 111

Bild 5-5: Potenzialanalyse 114

Abkürzungsverzeichnis

A	Akteur
AED	Allgemeine Ereignisdaten
AHP	Analytic Hierarchy Process
ARIS	Architektur integrierter Informationssysteme
Aufl.	Auflage
AW	Anwender
b	Formparameter
BMBF	Bundesministerium für Bildung und Forschung
BSC	Balanced Scorecard
bzgl.	bezüglich
bzw.	beziehungsweise
CIM	Computer Integrated Manufacturing
CIMOSA	Open System Architecture for CIM
D	Daten-/Informationsbezeichnung
DG	Datengruppe
dt	Delta
DT	Datentyp
DZ	Differenzierung
ED	Ersatzteildaten
ER	Einzelrisiko
ERM	Entity-Relationship-Modellierungsansatz
ET	Einzelteil
etc.	et cetera
EU	Europäische Union
EW	Eintrittswahrscheinlichkeit
€	Euro
f.	folgende Seite
ff.	fortfolgende Seiten
FMEA	Failure Mode and Effect Analysis
f(t)	Dichtefunktion
F(t)	Ausfallwahrscheinlichkeit
F&E	Forschung und Entwicklung
g	Gewichtungsfaktor
G	Garantiezeit

Abkürzungsverzeichnis

ggf.	gegebenenfalls
HBG	Hauptbaugruppe
h_i	Übergangswahrscheinlichkeit
i	Laufindex
i_h	Anlagezinssatz/Habenzinssatz
i_s	Aufnahmezins/Sollzinssatz
IDEF	Integrated Computer Aided Manufacturing Programm Definition
IH	Instandhaltung
IHD	Instandhaltungsdaten
IPT	Institut für Produktionstechnologie
IT	Informationstechnologie
IUM	Integrierte Unternehmensmodellierung
k	kurzfristig
K	Kosten
Km	mittlere Kosten
KD	Konstruktionsdaten
KS	Konzentration auf Schwerpunkte
l	langfristig
m	mittelfristig
MADM	Multi Attribute Decision Making
MBD	Maschinenbetriebsdaten
MH	Maschinenhersteller
MID	Maschinenidentifikationsdaten
MKD	Maschinenkostendaten
mN	monetärer Nutzen
MODM	Multi Objective Decision Making
MRDP	Mean Related Downtime for Preventive Maintenance
MT	Maschinentyp
MTBF	Mean Time Between Failure
MTBM	Mean Time Between Maintenance
MTBR	Mean Time Between Repair
MTD	Maschinentechnikdaten
MTTM	Mean Time To Maintenance
MTTPM	Mean Time To Preventive Maintenance
MTTR	Mean Time To Repair
N	Nutzwert
n	Anzahl Maschinen

n.G.	nach Garantiezeit
Nr.	Nummer
OMEGA	Objektorientierte Methode zur Modellierung und Analyse von Geschäftsprozessen
P	Prozessschritt/Aktivität
P_x	Prozesselement mit Schwachstelle
PMD	Produktions- und Montagedaten
PQD	Produktqualitätsdaten
PS	Potenzieller Schaden
QFD	Quality Function Deployment
QM	Qualitätsmanagement
R	Risikofaktor
R(t)	Überlebenswahrscheinlichkeit
red.	reduziert
Res.	Ressourcen
s	Anzahl Schwachstellen
S.	Seite
SADT	Structured Analysis Design Technique
SA/SD	Structured Analysis/Structured Design
SD	Service-Dienstleister; Sensordaten
SOM	Semantisches Objektmodell
STEP	Standard for the Exchange of Product Model Data
t	Zeit
T	charakteristische Lebensdauer
t_0	Todzeitelement
t_m	mittlere Durchlaufzeit
TD	Testdaten
Top-Fit	Total Optimization Process based on Field Data Transfer for European Machine Builders [EU gefördertes Forschungsprojekt]
u.a.	unter anderem
usw.	und so weiter
U	Umdrehungen
VDI	Verband Deutscher Ingenieure
vgl.	vergleiche
VM	Vormaterial

Abkürzungsverzeichnis

VRML	Virtual Reality Modelling Language
UBG	Unterbaugruppe
UK	Umfassende Kostenführerschaft
z.B.	zum Beispiel
$\lambda(t)$	Ausfallrate
λ	Erwartungswert
σ^2	Varianz

1 Einleitung

1.1 Ausgangssituation und Problemstellung

Die in den vergangenen Jahren stark vorangeschrittene Globalisierung der Märkte ist zu einer der wichtigsten Randbedingungen unternehmerischer Entscheidungen geworden [WIED99, S. 11]. Die Internationalisierung, die Nutzung moderner Informations- und Kommunikationstechnologien und die damit verbundene erhöhte Markttransparenz führen zu einer Steigerung des Wettbewerbsdrucks bei produzierenden Unternehmen [BULL02b, S. 137; PICO96, S. 6 f.; SCHU02, S. 20 f.]. Die Folgen sind eine Steigerung des Kostendrucks durch einen kontinuierlichen Verfall der erzielbaren Preise [EVER97b, S. 18; KLEM98, S. 10 f.] und eine zunehmende Angleichung der Differenzierungsmerkmale [BULL97, S. 27; SOBO95, S. 117 f.; STOL93, S. 5]. Dies betrifft auch die Investitionsgüterhersteller. Sie sind daher gezwungen, ihre Produkte kostengünstig und mit einem verstärkten, kundenorientierten Funktionsumfang anzubieten [EVER96c, S. 0/4 f.; SCHUH00, S. 24 ff.]. Defensive Kostensenkungsansätze müssen durch offensive Strategien zur Sicherung und Gewinnung der Marktposition ergänzt werden [MILL98, S. 1 ff.]. Ansätze zur Differenzierung rücken somit verstärkt in den Vordergrund [EVER97c, S. 8; LAY01, S. 16 f.].

Ein entscheidender Ansatz zur Differenzierung im Maschinenbau ist, neben einer verbesserten Produktivität der Maschinen und der Ausweitung von Zusatzfunktionen, die stärkere Ausrichtung auf eine erhöhte Maschinenverfügbarkeit [BULL01b, S. 91 ff.; EVER02a, S. 17 ff.]. Dem Erfolg, die Verfügbarkeit zu steigern, wirken jedoch verschiedene Faktoren entgegen: Die stetig steigende Produktkomplexität und die immer kürzer werdenden Entwicklungszeiten erschweren ein effizientes Verfügbarkeitsmanagement [EVER99, S. 569], vgl. Bild 1-1. Die Erfassung von Daten zur Bildung von sicheren produkt- und komponentenbezogenen Zuverlässigkeits- und Instandhaltungskennwerten wird durch diese Situation immer schwieriger. Felddaten und Informationen aus der Lebenslaufhistorie einer Anlage sind dafür die notwendigen Voraussetzungen [BERT99, S. 116; NOWA01, S.1 f.; MEXI94, S. 172 f.].

Zusätzlich haben sich die Anforderungen der Maschinenanwender in den vergangenen Jahren stark verändert. Die Forderungen nach Verfügbarkeitsgarantien, Reaktionszeitgarantien im Störfall [FRIE97, S. 4 f.] und einer sicheren Lebenszykluskostenkalkulation bis hin zu Betreibermodellen rücken zunehmend in den Vordergrund [LAY03, S. 9; SPAT02, S. 44 f.]. Der Kunde fordert immer häufiger eine einsatzreife Problemlösung mit planbarer Verfügbarkeit und keine einzelne Maschine [vgl. NOEK00; EVER02a; SCHU97]. Gegenwärtig hat der Maschinenhersteller erhebliche Probleme diesen Anforderungen gerecht zu werden. Voraussetzung zur Erfüllung dieser Forderungen ist eine sehr gute Kenntnis des Verhaltens bzw. des Zustands der Maschine über den gesamten Lebenszyklus. Der Maschinenhersteller bekommt jedoch nicht kontinuierlich und qualitativ hochwertige Informationen zur Kalkulation der Lebenszykluskosten und Verbesserung der Verfügbarkeit aus dem Feldeinsatz seiner Anlage [MEXI94, S. 172 f.]. Ein wesentlicher Grund dafür ist, dass der Kundenkontakt nach Ablauf der Garantiezeit häufig nicht aufrecht erhalten werden

Einleitung

kann [DEGE04, S. 41]. Nach der Garantiezeit wird der Service an der Maschine häufig durch den Anwender selbst oder durch dritte Dienstleister vollzogen [FISC00, S. 17 f.], so dass der Maschinenhersteller keine Informationen über seine Anlage im Feldeinsatz bekommt [MEXI94, S. 172 ff.].

Um dieser Situation zu begegnen, sollten geeignete IT-Lösungen zur Anwendung kommen, mit denen Informationen und Daten aus der Nutzungsphase der Maschine an die Hersteller übertragen werden [EVER02c, S. 22 f.; JOHA02, S. 143 f.]. Die dafür wesentliche Voraussetzung ist die Verbesserung der Kooperationsbereitschaft zwischen den am Lebenszyklus eines komplexen Investitionsgutes teilhabenden Unternehmen [EVER01, S. 46; GUDS01, S. 1 ff; KLEI01, S. 33 f.]. Dafür müssen die Chancen und Risiken sowie die Aufwände und der Nutzen spezifisch für jedes beteiligte Unternehmen bewertet werden, um die Vor- und Nachteile einer möglichen Zusammenarbeit gegenüberstellen zu können [WEIS00, S. 163 f.; WILD02, S. 135 f.]. Bei einer lebenszyklusorientierten Untersuchung komplexer Investitionsgüter zählen Hersteller, Endanwender, externe Dienstleister sowie Komponentenlieferanten zum Betrachtungsraum. Zwischen diesen Akteuren ist eine engere Zusammenarbeit zur Erreichung der Ziele unbedingt notwendig. Effektive Kooperationsprozesse sind jedoch sehr komplex [WARN94, S. 127 f.] und benötigen ein Gleichgewicht bzgl. des Nutzens der Akteure. Dies gilt insbesondere für Kooperationen zwischen Unternehmen, die bereichsweise, wie z.B. im Service, im Wettbewerb stehen [WEST99, S. 71 f].

Bild 1-1: Entwicklung der Verfügbarkeitsverantwortung

Zur Steigerung der Produktzuverlässigkeit werden zahlreiche Ansätze in der Literatur diskutiert [vgl. BIRO97; BRUN92; DIN90; MUTZ01; OSTE99; PFEI98]. Dazu zählen z.B. eine kontinuierliche Dokumentation der Servicehistorie, das Anwenden von Wissensmanagement-Systemen bzgl. der Lebenslaufdokumentation der Maschine, der Einsatz von Informations- und Kommunikationstechnologien und die Ermittlung von Zuverlässigkeitskennwerten. Die Basis jedoch bilden nicht nur eine geeignete Informationsverteilung und Nutzung innerhalb des Anwenderunternehmens, wie es in der Literatur diskutiert wird, sondern im Wesentlichen die Übertragung und Verteilung der Informationen zwischen Maschinenhersteller, Anwender und Service-Dienstleister. Wenn Informationen aus der Produktnutzungsphase dem Hersteller nicht zugänglich gemacht werden, ist eine Verbesserung der Produktzuverlässigkeit und eine optimale Erfüllung der Kundenanforderungen nur in geringem Maße möglich [BULL01a, S. 20 ff.; ZEMK99, S. 287]. Die

Bereitschaft des Kunden, die vom Hersteller geforderten Informationen zur Verbesserung der Maschine zur Verfügung zu stellen, ist prinzipiell vorhanden. Jedoch stehen der Realisierung häufig große Hemmnisse entgegen [WIEN02, S. 181 f.]. Zum einen kann das Nutzen/ Aufwand-Verhältnis des Kunden nur schwer bewertet werden und zum anderen bestehen unterschiedliche Risiken bei der Weitergabe von Daten und Informationen an andere Unternehmen [HÄGE98, S. 88 f.; JOHA02, S. 143 ff.].

Die Hauptursachen für die erkannten Defizite sind die folgenden:

- Maschinenhersteller, Anwender und Service-Dienstleister geben Daten zur Steigerung der Verfügbarkeit nicht durchgängig oder nur unkoordiniert weiter. Die Steigerung der Verfügbarkeit von Maschinen wird je nach Lebenszyklusphase nicht im Verbund durchgeführt.

- Bei der Weitergabe von Daten und Informationen werden die spezifischen Bedürfnisse der beteiligten Akteure (Hersteller, Anwender, Dienstleister) nicht berücksichtigt.

- Aufwände und Risiken werden dem Nutzen nur unzureichend gegenübergestellt. Dabei werden verschiedene Konstellationen zwischen Hersteller, Anwender und Service-Dienstleister nicht durchgängig berücksichtigt.

- Vorgehensweisen zur Bewertung einer Kooperation bzgl. des Informationsaustausches zwischen einem Maschinenhersteller, Anwender oder Service-Dienstleister sind nicht ausreichend. Spezifische Bedürfnisse werden nicht berücksichtigt.

1.2 Zielsetzung der Arbeit

Aus der vorangegangenen Beschreibung der Ausgangssituation und den abgeleiteten Defiziten wird die Zielsetzung der Arbeit formuliert. Ziel ist es, eine Methodik zur Bewertung des Kooperationspotenzials zwischen Hersteller, Anwender und Service-Dienstleister zu entwickeln. Im Einzelnen soll die Bewertungsmethodik

- einen Leitfaden bereitstellen für die Situationsanalyse potenzieller Kooperationen, die zu einer verbesserten Problemsicht führt und die Basis für Lösungsansätze zur Reduzierung der Schwachstellen hinsichtlich eines Daten- und Informationstransfers zwischen den Kooperationspartnern schafft,

- die relevanten und notwendigen Daten und Informationen entscheidungsorientiert aufbereiten und klassifizieren sowie

- die Nutzenpotenziale unter Berücksichtigung der Aufwände und Risiken einer Zusammenarbeit darstellen.

Mit dieser Arbeit soll für das Verfügbarkeitsmanagement ein geeignetes Hilfsmittel bereitgestellt werden, das die Informationen, die zwischen den hier beschriebenen Akteuren übertragen werden sollen, nach Aufwand, Nutzen und Risiko unter den verschiedenen

Einleitung

Zielsetzungen der Beteiligten bewertet. Diese Art der Zusammenarbeit zwischen den Akteuren wird in dieser Arbeit ausschließlich unter der Zielsetzung der Maschinenverfügbarkeitssteigerung betrachtet. Die Methodik schließt mit einer Potenzialbewertung hinsichtlich einer koordinierten und stärkeren Zusammenarbeit der Akteure. Im Einzelnen steht dabei die Beantwortung folgender Fragestellungen im Vordergrund:

- Welche Randbedingungen und Einflussgrößen motivieren zu einer Wissenskooperation zwischen Hersteller, Anwender und Service-Dienstleister?

- Welche Größen lassen sich zur Erfolgsmessung einer Kooperation heranziehen?

- Welche Daten und Informationen sind für eine methodische Bewertung des Kooperationspotenzials relevant? Wie können diese Aspekte detailliert und strukturiert werden?

- Wie können systematisch Daten- und Informationsdefizite bzw. -schwachstellen identifiziert werden?

- Wie kann der mögliche Daten- und Informationsaustausch zwischen den potenziellen Kooperationspartnern analysiert werden?

- Wie kann auf Basis der ermittelten Defizite und Einflüsse der Nutzen einer engeren Zusammenarbeit zwischen den potenziellen Kooperationspartnern quantifiziert werden?

Zur systematischen Erreichung der Zielsetzung und Beantwortung der formulierten Fragestellungen wird im folgenden Kapitel die Forschungsmethodik vorgestellt.

1.3 Forschungsprozess und Aufbau der Arbeit

Forschungsprozesse werden aus wissenschaftstheoretischer Sicht durch den Entdeckungs-, den Begründungs- und den Anwendungszusammenhang charakterisiert [ULRI76a, S. 306 ff.]. Die Fragestellung der Arbeit resultiert aus Erfahrungen aus Forschungs- und Industrieprojekten während der Assistententätigkeit am Fraunhofer-Institut für Produktionstechnologie (IPT) in Aachen. Die Forschungsprojekte behandelten die Themen Verfügbarkeitssteigerung von Maschinen durch die Entwicklung eines ganzheitlichen unternehmensübergreifenden Optimierungsprozesses sowie die Entwicklung von Konzepten und Methoden zur zustandsorientierten Instandhaltung. In den Industrieprojekten stand im Wesentlichen die Verbesserung der Zusammenarbeit zwischen Maschinenhersteller und Anwender sowie der Serviceaktivitäten im Vordergrund. Aus den gesammelten Erfahrungen in der Praxis und den gewonnenen Erkenntnissen über Probleme im Umfeld der Verfügbarkeitssicherung aus Sicht der Maschinenhersteller und -anwender leitet sich die thematische Ausrichtung dieser Arbeit ab.

Dazu wird im Rahmen der vorliegenden Arbeit eine Methodik entwickelt, mit der anhand einer allgemeingültigen Vorgehensweise die Potenziale zu einer kooperativen Zusammenarbeit zwischen Maschinenhersteller, Maschinenanwender und Service-Dienstleister hinsichtlich der zuvor abgeleiteten Zielsetzung bewertet werden können. Die kooperative Zusammenarbeit der Akteure wird in dieser Arbeit ausschließlich unter der Zielsetzung der Maschinenverfügbarkeitssteigerung betrachtet. Die Methodik unterstützt dabei einen technischen Problemlösungsprozess. Es werden theoretische Ergebnisse aus der Forschung mit Erkenntnissen aus der Praxis kombiniert. Durch diese Vorgehensweise ist die Arbeit den Realwissenschaften zuzuordnen. Die Arbeit lehnt sich somit stark an den Forschungsprozess nach P. ULRICH an und lässt sich den angewandten Wissenschaften zuordnen [ULRI76a, S. 305 f.; ULRI76b, S. 347 f.]. In diesen beginnt der Forschungsprozess in der Praxis, ist auf den Anwendungszusammenhang gerichtet und endet in der Praxis [ULRI84, S. 192 f.]. Die Arbeit gliedert sich demnach in den in Bild 1-2 dargestellten Forschungsprozess.

Dem Forschungsprozess folgend werden in Kapitel 2 terminologisch-deskriptiv die grundlegenden Begriffe definiert und der Untersuchungsraum beschrieben. Dabei werden die Themenbereiche Kooperationsmanagement und Wissensmanagement vorgestellt und analysiert. Anschließend werden die Größen beschrieben, die die Grundlage für eine quantitative Bewertung bilden. Diese Größen werden Leistungsparameter genannt und den Lebenszykluskosten und den Zuverlässigkeitskenngrößen zugeordnet. Abschließend werden bestehende Ansätze untersucht, die vergleichsweise ähnliche Zielsetzungen verfolgen.

In Kapitel 3 wird das Grobkonzept der Methodik entwickelt. Dabei werden inhaltliche und formale Anforderungen an die Bewertungsmethodik formuliert; als theoretischer Rahmen dienen die Entscheidungstheorie, die allgemeine Modelltheorie und die Systemtechnik. Dazu werden die Grundlagen kurz vorgestellt. Auf Basis dieser Vorarbeit wird das Grobkonzept der Bewertungsmethodik erstellt.

Die Detaillierung des Grobkonzepts erfolgt analytisch-deduktiv in Kapitel 4. Die drei Hauptphasen der Bewertungsmethodik, die Situationsanalyse, die Potenzialanalyse und die Potenzialbewertung, werden gegliedert und konkretisiert. In der Situationsanalysephase werden die Rahmen- und Randbedingungen einer Kooperationsbewertung mithilfe geeigneter Modelle und Hilfsmittel analysiert. Alle relevanten Größen werden abgebildet. Anschließend wird die Potenzialanalysephase beschrieben. Dazu werden das Transfermodell und geeignete Instrumente für eine Abschätzung des Kooperationsnutzens entwickelt. Die letzte Hauptphase ist die Potenzialbewertung. In dieser Phase werden weitere Modelle und Instrumente entwickelt, die eine Bewertung hinsichtlich des Aufwands, Nutzens und Risikos ermöglichen.

In Kapitel 5 wird die Bewertungsmethodik anhand von industriellen Fallbeispielen evaluiert. Dabei wird die Methodik auf ihre Anwendbarkeit und Praxistauglichkeit hin überprüft. Im Anschluss an die Fallbeispiele werden die Erkenntnisse und gewonnenen Erfahrungen beschrieben.

Abschließend erfolgt in Kapitel 6 eine Zusammenfassung der wesentlichen Ergebnisse dieser Arbeit.

Einleitung

Zielsetzung

Entwicklung einer Methodik zur Bewertung des Kooperationspotenzials zwischen Hersteller, Anwender und Service-Dienstleister bzgl. eines Daten- und Informationstransfers zur Steigerung der Zuverlässigkeit von Maschinen

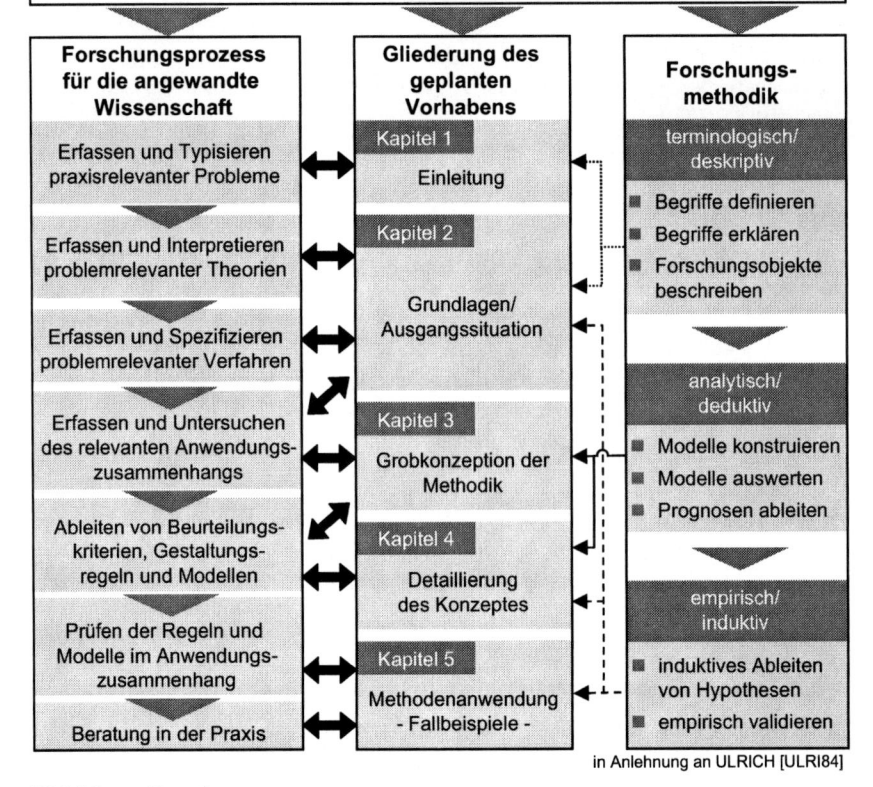

Forschungsprozess für die angewandte Wissenschaft	Gliederung des geplanten Vorhabens	Forschungsmethodik
Erfassen und Typisieren praxisrelevanter Probleme	**Kapitel 1** Einleitung	*terminologisch/ deskriptiv* ■ Begriffe definieren ■ Begriffe erklären ■ Forschungsobjekte beschreiben
Erfassen und Interpretieren problemrelevanter Theorien	**Kapitel 2** Grundlagen/ Ausgangssituation	
Erfassen und Spezifizieren problemrelevanter Verfahren		
Erfassen und Untersuchen des relevanten Anwendungszusammenhangs	**Kapitel 3** Grobkonzeption der Methodik	*analytisch/ deduktiv* ■ Modelle konstruieren ■ Modelle auswerten ■ Prognosen ableiten
Ableiten von Beurteilungskriterien, Gestaltungsregeln und Modellen	**Kapitel 4** Detaillierung des Konzeptes	
Prüfen der Regeln und Modelle im Anwendungszusammenhang	**Kapitel 5** Methodenanwendung - Fallbeispiele -	*empirisch/ induktiv* ■ induktives Ableiten von Hypothesen ■ empirisch validieren
Beratung in der Praxis		

in Anlehnung an ULRICH [ULRI84]

Bild 1-2: Forschungsprozess

2 Grundlagen und Kennzeichnung der Situation

Für eine wissenschaftliche Arbeit ist eine einheitliche Terminologie eine wesentliche Voraussetzung. Nach der Forschungsmethodik von H. ULRICH wird zunächst eine terminologische und deskriptive Aufarbeitung des Forschungsfeldes vorangestellt [ULRI84, S. 192 f.]. Daher werden aufbauend auf der Herleitung und Darstellung der Zielsetzung (Kapitel 1) zunächst grundlegende Begriffe und Zusammenhänge definiert und der Betrachtungsraum der Arbeit eingegrenzt und erklärt (Kapitel 2.1). Weiterhin werden die Leistungsparameter für die Bewertungsmethodik definiert und beschrieben (Kapitel 2.2). Anschließend werden die für den beschriebenen Betrachtungsraum relevanten Ansätze aus der Forschung und der Praxis diskutiert und kritisch gewürdigt (Kapitel 2.3), so dass schließlich der Forschungsbedarf aus praktischer und theoretischer Sicht abgeleitet wird (Kapitel 2.4).

2.1 Eingrenzung des Betrachtungsraums und grundlegende Zusammenhänge

Ausgehend von der in Kapitel 1 formulierten Problemstellung und der daraus abgeleiteten Zielsetzung eine Bewertungsmethodik zu entwickeln, werden im Folgenden die wesentlichen Begriffe und Zusammenhänge definiert. Dazu zählen die Einordnung des zu betrachtenden Produkts in ein Ordnungsschema und die Beschreibung der involvierten Unternehmen sowie deren Rolle im Produktlebenszyklus.

Die in dieser Arbeit betrachteten Produkte sind Maschinen, die zu den komplexen Investitionsgütern zählen. Zur genauen Einordnung dieser Sachgüter und einer Verdeutlichung der wesentlichen Merkmale dieser Produktart werden die Begriffe terminologisch dargelegt. Bewährte Definitionen aus der Praxis sollen dafür als Grundlage dienen. Zur Definition eines Produktes eignet sich die DIN 199. Demnach ist unter einem Produkt ein durch Produktion entstandener, gebrauchsfähiger Gegenstand zu verstehen [DIN77, Teil 2, S. 5]. Zur Gliederung von Gütern bzw. Produkten eignet sich der wirtschaftswissenschaftliche Ansatz von KOPPELMANN und STEFFENHAGEN, vgl. Bild 2-1 [KOPP93, S. 3; STEF91, S. 19].

Charakter	Nachfragesektoren	Langlebigkeit
▪ Dienstleistungen	▪ Handelsgüter	⦅▪ Gebrauchsgüter⦆
▪ Energieleistungen	⦅▪ Investitionsgüter⦆	
▪ Rechte	▪ Konsumgüter	▪ Verbrauchsgüter
⦅▪ Sachgüter⦆	▪ öffentliche Bedarfsgüter	

Legende: ⦅ ⦆ = Betrachtungsbereich   vgl. KOPP93, S. 3; STEF91, S. 19.

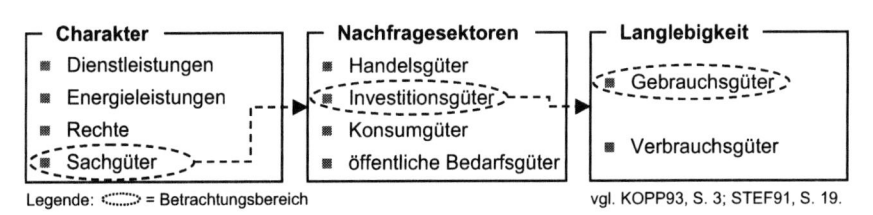

Bild 2-1: Ordnungsschema von Produkten

Zu den in dieser Arbeit zu betrachtenden Investitionsgütern zählen Maschinen, mit denen oder mit deren Hilfe andere Güter hergestellt werden können. Eine weitere Eingrenzung und Beschreibung von Zusammenhängen des zu untersuchenden Investitionsgutes ergibt sich

Grundlagen

aus der Fertigungsart, die der Herstellung des Produktes zugrunde liegt, sowie aus der Komplexität des Betrachtungsobjektes [LEIT00, S. 9].

Die Fertigung wird von EVERSHEIM in unterschiedliche Fertigungsarten unterteilt. Sie lassen sich durch die jährliche Produktionsstückzahl und die Wiederholhäufigkeit definieren [EVER89, S. 11]. Aus der Unterteilung können vier Arten abgeleitet werden. Dazu zählen die Einzelfertigung, Kleinserienfertigung, Großserienfertigung und Massenfertigung. Im Betrachtungsfokus dieser Arbeit liegen Produkte bzw. Komponenten von Produkten der Einzel-, Klein- und Großserienfertigung. Dies wird insbesondere bei der Methodenentwicklung in Kapitel 4 zu berücksichtigen sein, weil die Stückzahlen einen erheblichen Einfluss auf die Anzahl der zu erhebenden Daten und somit auf statistische Auswertungen haben.

Ein weiteres Beschreibungsmerkmal des Betrachtungsobjektes ist die Komplexität. Ein systemtechnischer Ansatz zur Definition der Komplexität wird von PATZAK bereitgestellt. Er definiert die Komplexität über die Varietät und Konnektivität [PATZ82, S. 22]. Dabei beschreibt die Varietät die Elementvielfalt. Diese setzt sich aus den Arten und der Anzahl der Elemente zusammen. Die Konnektivität hingegen beschreibt die Beziehungsvielfalt zwischen den Elementen in einem System, vgl. Bild 2-2. Bezieht man diese Definition auf ein komplexes technisches Produkt, wie die hier zu betrachtenden Maschinen, so wird deutlich, dass die Komplexität von der Anzahl der Baugruppen bzw. Einzelteile und deren Schnittstellen abhängt. Daraus kann für die Entwicklung der Bewertungsmethodik abgeleitet werden, dass ein geeignetes Modell ermittelt werden muss, um die Produktstruktur transparent und systematisch darstellen zu können.

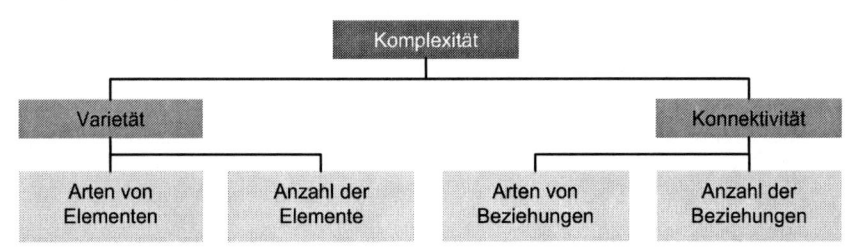

```
                        Komplexität
            ┌───────────────┴───────────────┐
         Varietät                      Konnektivität
       ┌─────┴─────┐                  ┌─────┴─────┐
    Arten von   Anzahl der         Arten von   Anzahl der
    Elementen   Elemente           Beziehungen Beziehungen
```

Bild 2-2: Definition der Komplexität

Neben der Beschreibung des Produktes ist es notwendig, die für einen Daten- und Informationsaustausch relevanten Unternehmen zu identifizieren, zu beschreiben und gegeneinander abzugrenzen. Die Identifizierung erfolgt mittels der Aufgabenverteilung entlang des Produktlebenszyklus. Relevante Unternehmen sind somit der Maschinenhersteller, im Folgenden Hersteller genannt (MH), das produzierende Unternehmen, im Folgenden Anwender genannt (AW), und der autonome Instandhalter, im Folgenden Service-Dienstleister genannt (SD) [REDE01, S. 23 f.; WALD01, S. 382 f.]. Diese Unternehmen werden im Folgenden Akteure genannt. Zwischen ihnen können unterschiedliche Konstellationen für die Bewertungsmethodik in Betracht kommen, die von der Aufgabenverteilung abhängen. Die Aufgabenverteilung ist nicht starr, sondern unterliegt einem dynamischen Verhalten aufgrund des ständigen Wechsels von Anforderungen und

Voraussetzungen, die die Maschinen beeinflussen [WALD01, S. 382]. Nachfolgend werden die Akteure beschrieben, um eine eindeutige Zuordnung sicherzustellen, vgl. Bild 2-3.

Der Hersteller soll als Maschinenhersteller und Entwickler der Kernelemente der Maschine verstanden werden. Während der Nutzungsphase kann der Hersteller Wartungs- und Instandhaltungsaktivitäten sowie die Ersatzteilversorgung übernehmen. Die Aktivitäten hängen im Wesentlichen von vertraglichen Regelungen, wie z.b. Kaufvertrag, ab sowie von Garantieansprüchen in der Nutzungsphase des Kunden. Nach der Garantiezeit wird der Service an der Maschine häufig durch den Anwender selbst oder durch autonome Dienstleister vollzogen [FISC00, S. 17 f.].

Autonome Service-Dienstleister agieren während der Nutzungsphase und betätigen sich im Feld der Instandsetzung und Wartung. Sie übernehmen beim Anwender im Laufe der Nutzungsphase die Verfügbarkeitssicherung [REDE01, S. 24], dies jedoch häufig erst nach Ablauf der Garantiezeit.

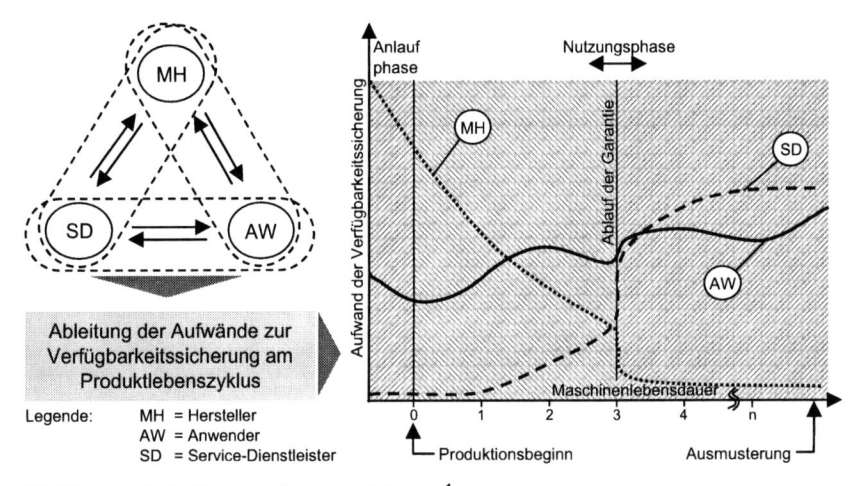

Bild 2-3: **Aufgabenverteilung der Akteure**[1]

Der Anwender ist der Endkunde der zuvor vorgestellten Akteure. Die Interaktion mit Hersteller und Service-Dienstleister besteht überwiegend während der Nutzungsphase. Die Zusammenarbeit endet nicht mit dem Kauf einer Maschine, sondern intensiviert sich durch Inbetriebnahme, Schulung sowie Wartungs- und Instandhaltungsarbeiten. Dabei kann z.B. die Aufgabe der Wartung oder Instandhaltung vom Anwender selbst, vom Hersteller oder vom Service-Dienstleister durchgeführt werden.

Ein weiterer Akteur ist der Zulieferer bzw. Ersatzteillieferant. Zu unterscheiden sind Zulieferer von Normteilen, wie z.B. Lager oder Schrauben, und Zulieferer bestimmter Komponenten, wie elektrischer Schaltschränke und Aggregate. Die Ersatzteillieferanten stehen jedoch nicht

---

[1] in Anlehnung an Redeker [REDE01, S. 23 f.]

im Fokus dieser Arbeit, da diese häufig keinen direkten Kontakt zum Produkt in der Nutzungsphase haben, sondern nur als Lieferant agieren. Ein möglicher Daten- und Informationsaustausch zwischen dem Ersatzteillieferanten und den zuvor genannten Akteuren ist jedoch auch denkbar.

Im Anschluss an die Beschreibung der wesentlichen Begriffe werden entsprechend der Zielsetzung dieser Arbeit die Betrachtungsobjekte Kooperationsmanagement (Kapitel 2.1.1) und Wissensmanagement (Kapitel 2.1.2) hinsichtlich ihrer thematischen Einordnung untersucht.

2.1.1 Einordnung in das Kooperationsmanagement

Da in der vorliegenden Arbeit eine Bewertungsmethodik für das Kooperationspotenzial eines Daten- bzw. Informationsaustausches zwischen den zuvor beschriebenen Akteuren entwickelt werden soll, ist eine Analyse der entsprechenden Grundlagen des Kooperationsmanagement erforderlich. Dazu wird der aus dem Lateinischen abstammende Begriff Kooperation[2] definiert. Nach detaillierter Analyse des Begriffs aus wissenschaftlicher Sicht definiert ROTERING Kooperation wie folgt: „Zwischenbetriebliche Kooperation ist die bewusste, explizit vereinbarte, jederzeit einseitig kündbare Zusammenarbeit zwischen Unternehmen" [ROTE93, S. 6 ff.]. Weiterhin formuliert ROTERING das Oberziel einer Kooperation: „Das übergeordnete Ziel jeder zwischenbetrieblichen Kooperation besteht in einer Verbesserung der Wettbewerbssituation der beteiligten Unternehmen". Als allgemeine Unterziele dienen dabei die Risikoreduzierung, Economies of Speed, Economies of Scale, Economies of Scope, Know-how-Transfer, Wettbewerbsbeeinflussung und sozio-emotionale/politische Ziele[3] [LUCZ99, S. 15 f.]. Bei einer Verbesserung der Wettbewerbssituation entsteht eine Win/Win-Situation, in der jeder Beteiligte bestimmte Ziele gerade dann erreicht, wenn auch die anderen Partner ihre Ziele erreichen [ENGE99, S. 91]. Die Ableitung gemeinsamer Ziele und der Aufbau eines Zielsystems ist aus diesem Grund für die Entwicklung der Bewertungsmethodik notwendig und wird an dieser Stelle als Anforderung berücksichtigt.

Kooperative Formen der Zusammenarbeit werden in der Literatur zahlreich diskutiert. Bei der Untersuchung ergibt sich jedoch eine Unschärfe bei den Definitionen unterschiedlicher Kooperationsformen. Daher sollen sowohl die in der Praxis etablierten Formen der Zusammenarbeit als auch wissenschaftlich diskutierte Formen vorgestellt werden, so dass eine kategorische Einordnung der hier vorliegenden Kooperationsform durchgeführt werden kann. Zu den grundlegendsten Formen der Zusammenarbeit, aus betriebswirtschaftlicher Wissenschaft und aus der Praxis, zählen Konsortien bzw. Gelegenheitsgesellschaften,

---

[2] „Kooperation" stammt aus dem Lateinischen und wird mit „Zusammenarbeit" oder „gemeinschaftliche Erfüllung von Aufgaben" übersetzt.

[3] Vgl. hierzu weiterführende Literatur von BRONDER; EISELE, HENKEL und RUPPRECHT-DÄULLARY [BRON93; EISE95; HENK92; RUPP94].

Grundlagen

Interessensgemeinschaften, Gemeinschaftsunternehmen bzw. Joint Venture und Strategische Allianzen.

Bei Konsortien handelt es sich um horizontale Unternehmensverbindungen auf vertraglicher Basis von mehreren rechtlich unabhängigen Unternehmen zur Abwicklung von definierten Projekten [SCHI96, S. 49]. Konsortien haben Projektcharakter und lösen sich in der Regel nach der Aufgabenerfüllung wieder auf. Sie werden in der Wissenschaft der Betriebswirtschaft in die Kategorie Gelegenheitsgesellschaften eingeordnet [WÖHE00, S. 327 f.]. Zielsetzung dieser Form der Zusammenarbeit ist die Risikoteilung und die Bündelung finanzieller Kräfte [WÖHE00, S. 328].

Interessensgemeinschaften sind eine weiter gefasste Form der Gelegenheitsgesellschaft bezüglich Inhalt und Dauer. Die Zusammenarbeit ist längerfristig und orientiert sich an einzelnen betrieblichen Funktionsbereichen. Ziel ist die gemeinsame Verfolgung eines wirtschaftlichen Zwecks. Die Grundlage ist eine vertragliche Verbindung der Kooperationspartner zur Verfolgung der gemeinsamen Interessen [WÖHE00, S. 328 f.].

Gemeinschaftsunternehmen werden in der wissenschaftlichen Literatur häufig als Joint Venture deklariert. Unter Gemeinschaftsunternehmen wird eine Form der wirtschaftlichen Zusammenarbeit zwischen zwei oder mehreren voneinander unabhängigen Unternehmen, den sogenannten Gesellschaftsunternehmen verstanden. Der Zusammenschluss gründet oder erwirbt ein rechtlich selbstständiges Unternehmen mit dem Ziel, Aufgaben im gemeinsamen Interesse auszuführen [WÖHE00, S. 332].

Die Strategische Allianz wird häufig als Vorform eines Unternehmenszusammenschlusses betrachtet, bei der die Unternehmen ihre rechtliche Selbstständigkeit beibehalten. Eine Strategische Allianz wird als eine formalisierte, längerfristige Beziehung zu anderen Unternehmen beschrieben, mit dem Ziel eigene Schwächen durch Stärkepotenziale anderer Organisationen zu kompensieren. Dabei soll die Wettbewerbsposition der beteiligten Unternehmen gesichert und verbessert werden [SYDO93, S. 63].

Um die in dieser Arbeit zu betrachtende Zusammenarbeit der Akteure in die zuvor beschriebenen Kooperationsformen einordnen zu können, wird eine Typologie zur Kooperationsbeschreibung verwendet. Ein aus dem Kooperationsmanagement bekannter Ansatz ist die Gliederung unterschiedlicher **Erscheinungsformen der Kooperation** in unterschiedliche Kategorien, um so unterschiedliche Kooperationsformen zu kennzeichnen [ENGE00, S. 59; KÜHN00, S. 56 ff.; TRÖN87, S. 50 ff.]. Zu diesen Beschreibungsgrößen werden in der Literatur die Richtung der Kooperation, die Kooperationsobjekte, die Art und Intensität des Leistungsaustausches, Betriebsgröße der Partner, die Anzahl und Partnerherkunft, die Art der Bindung sowie der zeitliche Horizont für eine Zusammenarbeit gezählt[4].

---

[4] Für eine ausführliche Analyse und Beschreibung von Merkmalen und deren Ausprägungen zur Beschreibung von Kooperationen vgl. LINHOFF [LINN96, S. 67 f.].

Anhand der hier dargestellten Formen der Zusammenarbeit ist die in dieser Arbeit beschriebene Kooperationsform den Interessensgemeinschaften zuzuordnen. Dies kann zum einen durch die notwendige Unabhängigkeit der zuvor beschriebenen Akteure und zum anderen durch die Dauer einer Zusammenarbeit begründet werden. Weitere Formen bzw. Abwandlungen von Kooperationsformen, wie z.B. Netzwerke, Virtuelle Unternehmen, Franchising, etc., werden nicht weiter betrachtet.

Vor dem Hintergrund dieser Arbeit, eine Kooperationsbewertungsmethodik für den Daten- und Informationsaustausch zu entwickeln, muss besonders der Leistungsaustausche untersucht werden. Die detaillierte Kenntnis über den Leistungsaustausch bildet die Grundlage für eine Bewertung bezüglich Nutzen, Aufwand und Risiko. Beschreibungsgrößen wie die Kooperationsobjekte, z.B. involvierte Unternehmensfunktionen und Anzahl der Unternehmen sowie weitere Einflussgrößen auf eine Kooperation, werden in Kapitel 4 ermittelt und detailliert betrachtet.

Der Leistungsaustausch wird in vier Kategorien gegliedert. Zu den Kategorien zählen Erfahrungs-/Informationsaustausch, Abstimmung von Aufgaben und Funktionen, gegenseitige Übertragung von Funktionen sowie Ausgliederung und Zusammenfassung von Aufgaben und Funktionen in einem Gemeinschaftsunternehmen [KÜHN00, S. 56; LUCZ99, S. 22 ff.]. Die für die zu entwickelnde Bewertungsmethodik relevante Kategorie ist aufgrund der in Kapitel 1 dargelegten Zielsetzung die des Erfahrungs- und Informationsaustausches. Vor diesem Hintergrund wird die in dieser Arbeit betrachtete Zusammenarbeit zwischen den Akteuren als **Wissenskooperation** bezeichnet. Kooperationen, die sich ausschließlich auf den Austausch von Daten und Informationen begrenzen, sind durch das zentrale Merkmal gekennzeichnet, dass durch gemeinsamen Wissensaustausch die Chance zur Entstehung neuen Wissens geschaffen wird [AULI99, S. 95]. AULINGER definiert Wissenskooperation wie folgt: „Wissenskooperationen sind Kooperationen in Form gemeinsamen Handelns, bei dem durch gegenseitige Explizierung von Wissen Chancen für neues Wissen eröffnet werden". Nach AULINGER ist, wie auch aus dem Wissensmanagement bekannt[5], die Bestimmung des ökonomischen Wertes des Wissens bei Kooperationsbeginn nicht bestimmbar [AULI99, S. 96 ff.]. Dies spiegelt den in Kapitel 1 aufgezeigten Handlungsbedarf für eine Methodikentwicklung zur Lösungsunterstützung dieses Problems wider.

Zur zeitlichen Einordnung der Bewertungsmethodik in das Kooperationsmanagement dient der Lebenszyklus einer Kooperation, vgl. Bild 2-4. Der **Lebenszyklus einer Kooperation** ist in unterschiedliche Phasen gegliedert, die in einer festen Reihenfolge nacheinander durchlaufen werden. Zu den Phasen gehören die Definitionsphase, die Anbahnungsphase, die Aufbauphase, die Betriebsphase und die Auflösungsphase [MERT95, S. 65]. Der Fokus dieser Arbeit liegt im Wesentlichen auf den Phasen Anbahnung und Aufbau, da aufgrund der eingangs beschriebenen Problemstellung und daraus abgeleiteten Zielsetzung eine Methodik entwickelt werden soll, mit der transparent die Nutzenpotenziale, Risiken und Aufwände abgebildet werden sollen.

---

[5] Vgl. hierzu das folgende Kapitel 2.1.2.

Grundlagen

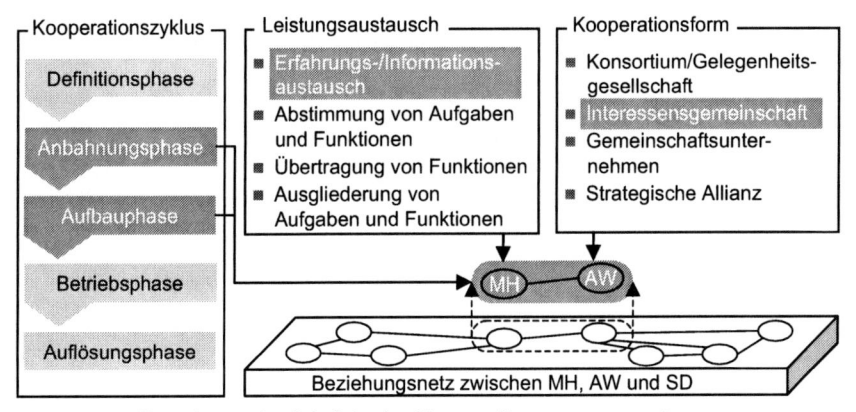

Bild 2-4: Einordnung der Arbeit in das Kooperationsmanagement

Im Hinblick auf die oben genannte Wissenskooperation werden von AULINGER drei Thesen zur Charakterisierung aufgestellt, vgl. Bild 2-5. Sie basieren auf dem Stellenwert des Vertrauens und der gerechten Nutzenverteilung zwischen den Partnern [AULI99, S. 106 f.]. Aus den Thesen, die die wesentlichen Erfolgsfaktoren einer Wissenskooperation beschreiben, werden Anforderungen an die Bewertungsmethodik abgeleitet.[6]

Bild 2-5: Erfolgsfaktoren von Wissenskooperationen

2.1.2 Einordnung in das Wissensmanagement

Die vorangegangene Einordnung der Arbeit in das Kooperationsmanagement und die Ableitung von groben Anforderungen an den in dieser Arbeit betrachteten Leistungsaustausch zwischen den Akteuren erfordert die Analyse der Grundlagen des Wissensmanagement. Der Schwerpunkt wird dabei auf das Wissensmanagement zur Verfügbarkeitssicherung im Maschinenbau gelegt.

---

[6] Zur detaillierten Ableitung der inhaltlichen Anforderungen an die Bewertungsmethodik vgl. Kap. 3.1.1.

Grundlagen

Maßgeblich für eine klare Beschreibung und Eingrenzung von Wissensmanagementaktivitäten ist die transparente Abgrenzung der verwendeten Begriffe. Zur Erklärung der Begriffe wird die Definition von PROBST verwendet. Dabei wird zwischen Wissen, Information, Daten und Zeichen unterschieden [PROB97, S. 34]. Daten werden aus Zeichen generiert. Daraus entstehen Informationen. Durch die Zuordnung einer Bedeutung und durch eine weitere Vernetzung werden diese dann zu Wissen umgeformt, vgl. Bild 2-6 [NOWA01, S. 8]. Zur genaueren Beschreibung des Wissens wird zwischen implizitem und explizitem Wissen unterschieden. Diese Differenzierung ist notwendig, da die Potenziale der Übertragbarkeit sehr unterschiedlich sind. Explizites Wissen ist vergleichsweise leicht verbalisierbar bzw. visualisierbar und somit auch übertragbar [DOMB02a, S. 15; HANE02, S. 11; MÜST96, S. 18]. Es stellt ein beschreibbares, formalisierbares, zeitlich stabiles Wissen dar, welches standardisiert, strukturiert und methodisch in sprachlicher Form z.B. in Dokumenten, Datenbanken, Patenten, Produktbeschreibungen, Formeln, aber auch in Systemen, Prozessen oder Technologien angelegt werden kann [vgl. PFEI01]. Implizites Wissen hingegen lässt sich vergleichsweise schwer verbalisieren und visualisieren. Zu dieser Wissenskategorie gehören im Wesentlichen individuelle und persönliche Erfahrungen [DOMB02a, S. 15; HANE02, S. 11; MÜST96, S. 18].

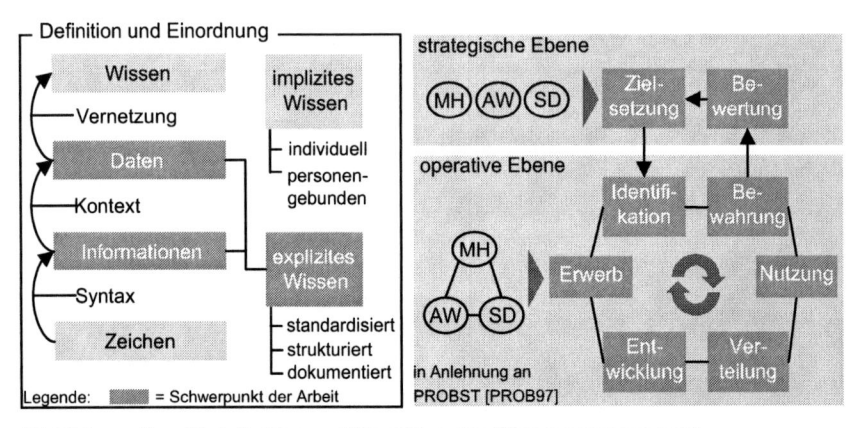

Bild 2-6: Begriffsdefinition und Bausteine des Wissensmanagement

Der betrachtete Leistungsaustausch zwischen den zuvor beschriebenen Akteuren besteht auf der Basis von Daten und Informationen. Daten sind als eine sinnvoll kombinierte Folge von Zeichen, z.B. Datensätze aus der Maschinensteuerung, und Informationen als verknüpfte Daten in einem Problemzusammenhang[7] zu verstehen. Weiterhin können die in dieser Arbeit zu betrachtenden Daten und Informationen aufgrund der Quellen als explizites Wissen betrachtet werden. Im folgenden Verlauf der Arbeit werden ausschließlich die Begriffe Daten und Information verwendet.

---

[7] Vgl. hierzu weiterführende Literatur von AUGUSTIN, DAVENPORT, NONAKA [AUGU90; DAVE98; NONA97].

Zur Definition der Zielsetzungen und Beschreibung der Aktivitäten im Wissensmanagement sind zahlreiche Modelle entwickelt worden. Eine ausführliche Betrachtung der Modelle und Ansätze im Wissensmanagement wird in dieser Arbeit nicht durchgeführt. Es sei hier auf die ausführlichen Untersuchungen von HANEL[8] sowie WEISSENBERGER-EIBL[9] verwiesen [HANE02, S. 4 ff.; WEIS00, S. 6 ff.]. Zur Einordnung der Aktivitäten des Wissensmanagement in dieser Arbeit wird aufgrund der hohen Prozessorientierung und der Integration von Zielsetzungen das Modell von PROBST verwendet. Es führt Aktivitäten und Zielsetzungen zusammen. Das Modell besteht aus acht Bausteinen und ist in einen inneren und äußeren Kreislauf geteilt. Der äußenliegende Kreislauf mit den Bausteinen „Wissensziele definieren" und „Wissen bewerten" dient der zielgerichteten Steuerung des Wissensmanagementprozesses. Der innere Kreislauf enthält die Bausteine „Wissen identifizieren", „Erwerben", „Entwickeln", „Verteilen", „Nutzen" und „Bewahren" [BULL98, S. 24; PROB97, S. 56].

Wissensziele werden auf einer relativ abstrakten normativen Ebene aufgestellt und anschließend auf die strategische und operative Ebene überführt [DOMB02b, S.121]. Dabei stellen die normativen Wissensziele die Basis für die Entwicklung einer wissensbewussten Unternehmenskultur dar. Die strategischen Wissensziele definieren das Kernwissen und den zukünftigen Kompetenzbedarf eines Unternehmens. Die operativen Ziele unterstützen die normativen und strategischen Wissensziele [BULL98, S. 25; PROB97, S. 55]. Bei der Identifikation von Wissen werden der Bedarf und die Relevanz des Wissens betrachtet [KUHN01, S. 35 f.]. Ziel ist es, eine Wissenstransparenz zu schaffen, wobei zwischen interner und externer Wissenstransparenz unterschieden wird. Die interne Wissenstransparenz bezieht sich auf die Organisation und deren Fähigkeiten. Externe Wissenstransparenz dient der systematischen Erhebung des relevanten Wissensumfeldes einer Organisation [BULL98, S. 25 f.; PROB97, S. 52]. Bei der Wissensentwicklung steht die Entwicklung neuer Fähigkeiten, neuer Produkte, besserer Ideen und leistungsfähigerer Prozesse im Vordergrund. Neben der Eigenentwicklung kann Wissen auch von externen Wissensträgern oder anderen Unternehmen, als Stakeholderwissen und als Wissensprodukt, wie z.B. Software oder Patente, beschafft werden [BULL98, S. 27 f.; PROB97, S. 52 f.]. Bei der Wissensverteilung werden die Zielgruppen identifiziert und die Art der Übertragung bestimmt [KUHN01, S. 35 f.]. Das eigenentwickelte oder extern erworbene Wissen muss an die entsprechende Stelle innerhalb der Organisation gebracht werden [BULL98, S. 29 f.; PROB97, S. 52 f.]. Anschließend erfolgt die Wissensnutzung. Dieser Baustein ist entscheidend für ein erfolgreiches Wissensmanagement. Wenn es gelingt durch entwickeltes oder externes Wissen für das Unternehmen einen transparenten Nutzen zu erzielen ist Wissensmanagement sinnvoll. Dabei müssen die Bereitschaft zur Nutzung des Wissens

---

[8] In der von HANEL durchgeführten Untersuchung über Modelle und Ansätze im Wissensmanagement werden die Modelle und Ansätze von NONAKA, PROBST und WILLKE betrachtet [NONA97; PROB97; WILL98]. Weitere Konzepte hat NORTH untersucht [NORTH99].

[9] In der von WEISSENBERGER-EIBL durchgeführten Analyse werden Ansätze aus wissenschaftstheoretischer Sicht und aus dem Forschungsfeld der Unternehmensnetzwerke betrachtet.

gefördert und Ängste vor Wissensmissbrauch abgebaut werden [BULL98, S. 30 f.; PROB97, S. 53 f.]. Die genaue Analyse dieser Faktoren und eine transparente Darstellung der Ergebnisse sind dabei zwingend erforderlich, um eine geeignete Basis für das Wissensmanagement zu schaffen. Die Wissensbewahrung ist ein weiterer Baustein im Wissensmanagement nach PROBST. Dazu sind geeignete Instrumente wie Vorlagen für Dokumente, Datenbanken etc. notwendig. Eine Aktualisierung des Wissens ist dabei sicherzustellen [BULL98, S. 31 f.; PROB97, S. 54]. Der letzte Baustein im Wissensmanagement nach PROBST ist die Bewertung des Wissens. Dieser Baustein ist im Hinblick auf die vorliegende Arbeit, neben den Wissenszielen, der Wissensidentifizierung und dem Wissensnutzen, der wichtigste. Die Bewertung kann durch Wissensindikatoren geschehen und wird auf Basis der zuvor gesetzten Zielsetzungen durchgeführt [BULL98, S. 32 f.; PROB97, S. 55 f.].

2.2 Beschreibung der Leistungsindikatoren

Im vorangegangenen Kapitel 2.1 wurden die grundlegenden Begriffe definiert, der Betrachtungsraum eingegrenzt und eine Einordnung der Arbeit in das Kooperations- und Wissensmanagement durchgeführt. Für die in Kapitel 1 erläuterte Problemstellung und die daraus abgeleitete Zielsetzung ist eine Untersuchung der für diese Arbeit in Betracht kommenden Leistungsindikatoren notwendig. Der Begriff Leistungsindikator bezeichnet dabei einen Umstand oder ein Merkmal, das als beweiskräftiges Anzeichen für oder als Hinweis auf die Leistungsfähigkeit von etwas anderem anzusehen ist. In der Praxis werden Leistungsindikatoren häufig in Form von Kennzahlen verwendet [LINN96, S. 27] oder durch monetäre Parameter beschrieben. Zu den monetären Größen erfolgt im folgenden Kapitel eine Untersuchung der Lebenszykluskosten. Diese werden voneinander abgegrenzt und definiert; weiterhin werden die Kostenbestandteile mit Bezug zu den in dieser Arbeit betrachteten Akteuren betrachtet. Anschließend werden in Kapitel 2.2.2 Zuverlässigkeits- und Instandhaltungskenngrößen sowie deren Zusammenhänge aus dem Verfügbarkeitsmanagement diskutiert. Mithilfe dieser Leistungsindikatoren wird eine Bewertungsgrundlage für die Bewertungsmethodik geschaffen.

2.2.1 Lebenszykluskosten

Kosten sind in der Literatur nicht eindeutig definiert. Vorherrschend ist der auf SCHMALENBACH zurückgehende wertmäßige Kostenbegriff [SCHM63, S. 6]. Danach sind Kosten der bewertete Verbrauch von Gütern und Dienstleistungen für die Herstellung und den Absatz von betrieblichen Leistungen und die Aufrechterhaltung der dafür erforderlichen Kapazitäten. Güter- und Dienstleistungsverbrauch sowie Leistungsbezogenheit sind hier die beiden charakteristischen Merkmale [SCHM63, S. 6; WÖHE00, S. 1103]. Der pagatorische Kostenbegriff geht hingegen nicht vom Verbrauch von Gütern und Dienstleistungen aus, sondern von Ausgaben in Form von Auszahlungen [KOCH58, S 361 f.]. Da Ausgaben in einer früheren oder späteren Periode erfolgen können als der Verbrauch der Produktionsfaktoren, für die diese Ausgaben anfallen, und da ein derartiger Verbrauch nicht immer mit Ausgaben verbunden ist, wird diese Begriffsdefinition in Frage gestellt [WÖHE00,

S. 1103]. In der weiteren Diskussion hat sich der pagatorische Kostenbegriff als nicht zweckmäßig erwiesen. Daher wird in dieser Arbeit der wertmäßige Kostenbegriff zugrunde gelegt.

Zur Lebenszykluskostendefinition gibt es in der überwiegend betriebswirtschaftlichen Literatur zahlreiche Ausführungen. Aus dieser Perspektive wird ausschließlich die Marktphase eines Objektes betrachtet. Diese wird aufgrund des vorausgesetzten standardisierten Umsatzverhaltens in eine Einführungs-, Wachstums-, Reife-, Sättigungs- und Degenerationsphase unterteilt [GABL97, S. 2422; PFEI74, S. 151; PÜMP92, S. 25 ff.].

Bedingt durch den in Kapitel 2.1 beschriebenen Betrachtungsraum ist eine wertschöpfungsorientierte Betrachtung des Produktlebenszyklus von der Produktentstehung bis zur Entsorgung notwendig [PFEI96, S. 8; ERLE95, S. 42]. Demnach wird das Marktzyklusmodell um den Entstehungszyklus erweitert. Diese Erweiterung des Phasenmodells wird als integrierter Produktlebenszyklus[10] bezeichnet. Damit können die Wechselwirkungen und Abhängigkeiten der Umsatz- und Kostenverläufe zwischen Produktentstehungsphase und Marktphase berücksichtigt werden [TÖNS02, S. 9 f.; TREN00, S. 58 f.]. Eine zusätzliche Erweiterung des Produktlebenszyklusmodells ist die Integration des Nachsorgezyklus. Der Nachsorgezyklus beinhaltet aufgrund der zunehmenden Gewichtung bei der Investitionsentscheidung Service- und Garantieleistungen sowie Verwertungs- und Entsorgungsleistungen. Nach dieser Erweiterung kann das Produktlebenszyklusmodell[11] als ganzheitliches Modell bezeichnet werden [TREN00, S. 61].

Im Rahmen dieser Arbeit wird das Produktlebenszyklusmodell auf das Objekt Maschine bezogen. Dabei werden, mit Ausnahme der Entsorgungsphase, alle Phasen und die dazugehörigen Lebenszykluskosten berücksichtigt, vgl. Bild 2-7.

Die Lebenszykluskosten werden definiert als die Gesamtheit aller Kosten, die ein Produkt über die gesamte Lebensdauer verursacht [HOIT97, S. 392; FRÖH90, S. 75]. Entsprechend des ganzheitlichen Produktlebenszyklus wird zwischen Herstellungs-, Gebrauchs- und Nachgebrauchskosten unterschieden [TREN00, S. 76]. Die Herstellungskosten setzen sich im Wesentlichen aus Entwicklungs-, Beschaffungs-, Produktions-, Vertriebs- und Inbetriebnahmekosten zusammen. Die Gebrauchskosten hingegen ergeben sich aus Kosten für Wartung, Reparatur und Inspektion, aus Kosten durch Produktionsausfälle und aus den Betriebskosten [BLIS94, S. 84 f.; BIRO91, S. 289; TREN02, S. 76 ff.]. Die Kosten der Nachgebrauchsphase werden aufgrund der Zielsetzung und des Betrachtungsraums dieser Arbeit nicht weiter betrachtet. Die Lebenszykluskosten können je nach Verantwortungsvergabe den zuvor definierten Akteuren zugeordnet werden, so dass z.B. eine Reduzierung von Schwachstellen durch Auswertung von Daten und Informationen und durch daraus abgeleitete Maßnahmen quantitativ messbar gemacht werden kann.

---

[10] Der Begriff des integrierten Produktlebenszyklus wurde erstmals von PFEIFER und BISCHOFF verwendet [PFEI81].

Grundlagen

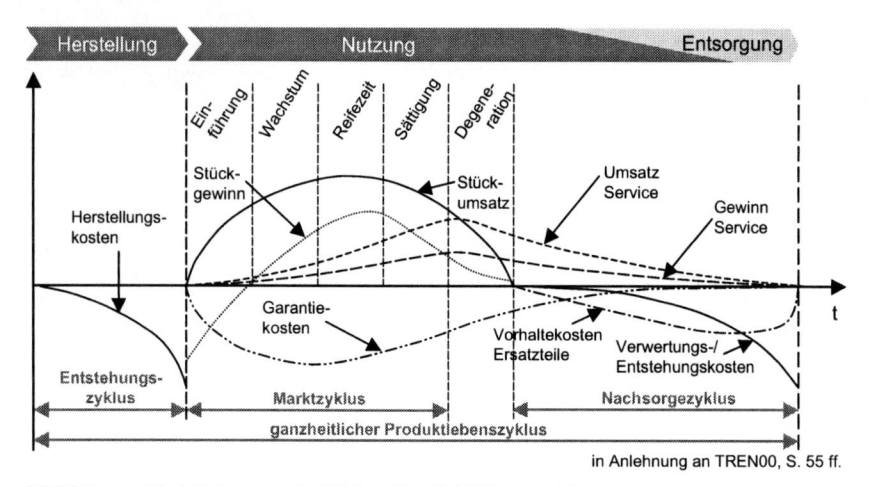

Bild 2-7: Modell des ganzheitlichen Produktlebenszyklus

in Anlehnung an TREN00, S. 55 ff.

Aufgrund der in Kapitel 1 beschriebenen Zielsetzung dieser Arbeit, die Zuverlässigkeit von Maschinen zu erhöhen, werden im Folgenden die Instandhaltungskosten und die Produktionsausfallkosten näher betrachtet. Die Instandhaltungstätigkeiten lassen sich eindeutig der Nutzungsphase zuordnen und können prinzipiell von jedem Akteur ausgeführt werden. Die Höhe der Instandhaltungskosten ist abhängig von der Art, der Dauer und der Häufigkeit von Instandhaltungsmaßnahmen [WEST99, S. 95]. Daraus ergibt sich folgender Zielkonflikt: Je höher die benötigte technische Verfügbarkeit, desto höher sind der Instandhaltungsaufwand und die damit verbundenen Kosten [WEST99, S. 95]. Die Produktionsausfallkosten stehen ebenfalls in enger Beziehung zu den Instandhaltungskosten. Reduzierte Ausfälle durch erhöhte Instandhaltungsaktivitäten bedeuten höhere Produktivität und somit eine Verringerung der Ausfallkosten bzw. Verbesserung der Ertragssituation [MEXI94, S. 85 f.].

Ausfallkosten können zu vielen wirtschaftlichen Nachteilen führen, z.B. Verschlechterung von Reparaturbedingungen, Leistungsabfall bis hin zu völligem Versagen von Maschinen. Die wesentlichen Ausfallkostenarten sind Erlösminderungen sowie Mehraufwendungen für Personal und Material [LÜRI01, S. 29; MEXI94, S. 85 f.], vgl. Bild 2-8. Die Reduzierung der Ausfallkosten wird vereinzelt als Nutzen der Instandhaltung angesehen [LÜRI01, S. 30]. Die Minderung von Maschinenausfällen ist mit einer Erhöhung der Instandhaltungskosten gleichzusetzen. Ausfallkosten sind jedoch zeitlich gesehen Folgekosten bezüglich der Instandhaltungskosten.

---

[11] Vergleichbare Modelle existieren auch für Technologien, Kunden eines Unternehmens, Potenzialfaktoren sowie Unternehmen bzw. Organisationen [COEN96, S. 177; GABL97, S. 3029; SCHM96, S. 21 f.; ZEHB96, S. 53].

Grundlagen

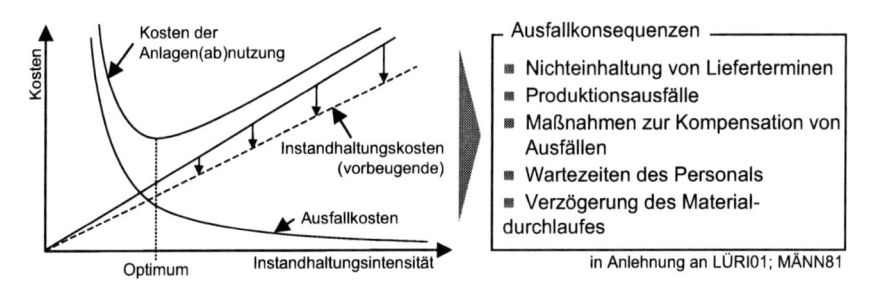

Bild 2-8: Qualitativer Zusammenhang zwischen Instandhaltungskosten und Instandhaltungsintensität

(Diagramm: Kosten über Instandhaltungsintensität mit Kurven für Kosten der Anlagen(ab)nutzung, Instandhaltungskosten (vorbeugende), Ausfallkosten und Optimum)

Ausfallkonsequenzen:
- Nichteinhaltung von Lieferterminen
- Produktionsausfälle
- Maßnahmen zur Kompensation von Ausfällen
- Wartezeiten des Personals
- Verzögerung des Materialdurchlaufes

in Anlehnung an LÜRI01; MÄNN81

2.2.2 Zuverlässigkeits- und Instandhaltungskenngrößen

Die Zuverlässigkeit ist der wesentliche Einflussparameter auf die Effektivität und Verfügbarkeit und damit auch auf die zuvor beschriebenen Produktlebenszykluskosten einer Maschine [KREI85, S. 32; PETE85, S. 29; FREY99, S. 299]. Der Zuverlässigkeitsbegriff wird im Folgenden terminologisch und mathematisch untersucht.

Die VDI Richtlinie 4001 beschreibt Zuverlässigkeit als [VDI4001/2] „Gesamtheit derjenigen Eigenschaften einer Betrachtungseinheit, welche sich auf ihre Eignung zur Erfüllung gegebener Erfordernisse während des betrachteten Zeitintervalls unter den dabei gegebenen Bedingungen bezieht." GARVIN hingegen beschreibt Zuverlässigkeit als eine „Kategorie von Qualitätsanforderungen neben Gebrauchsnutzen, Lebensdauer, Ausstattung, Ästhetik, Image und Konformität" [GARV88, S. 47 ff.]. In der Wissenschaft und auch in der Praxis wird Zuverlässigkeit als ein Maß für die Fähigkeit einer Betrachtungseinheit verstanden funktionstüchtig zu bleiben [BIRO91, S. 4; BRUN87, S. 181]. Demnach ist eine Abweichung von der Zuverlässigkeit ein Funktionsausfall. Die Zuverlässigkeit gibt somit die Wahrscheinlichkeit wieder, dass eine Funktion unter bestimmten Arbeitsbedingungen während einer festgelegten Zeitdauer anforderungsgerecht ausgeführt wird [GARV88, S. 52; SCHM85, S. 10]. Demnach wird Zuverlässigkeit in dieser Arbeit als Funktionsfähigkeit verstanden.

Zur Beschreibung der Zuverlässigkeit werden Kenngrößen verwendet. Um statistisch die Zuverlässigkeit eines technischen Systems beschreiben zu können, werden im Wesentlichen vier Kenngrößen herangezogen. Dazu zählt die Ausfallrate, die Ausfalldichte, die Ausfallwahrscheinlichkeit und die Überlebenswahrscheinlichkeit [BERT99, S. 7 ff.].

Die Ausfallrate ist die Wahrscheinlichkeit bezogen auf einen definierten Zeitabschnitt dt, dass eine Betrachtungseinheit im Intervall [t, t+dt] ausfallen wird, unter der Bedingung, dass sie zur Zeit t=0 eingeschaltet wurde und im Intervall [0, t] nicht ausgefallen ist [BIRO91, S. 286]. Die Ausfallrate lässt sich grafisch einfach darstellen und ist gut geeignet für die Ausfallursachenanalyse [LEIT00, S. 20]. Weiterhin lässt sich mithilfe einer grafischen Auswertung der Ausfälle über den Zeitverlauf eine Zuverlässigkeitsprognose durchführen

Grundlagen

[COX98, S. 21 f; EBNE95, S. 7]. Der typische Verlauf des Ausfallverhaltens über die Zeit kann in drei Bereiche unterteilt werden [VDI86, S. 4 f.], vgl. Bild 2-9.

Der erste Abschnitt der Kurve zeichnet sich durch einen hohen Ausgangswert aus, der mit stetig negativer Steigung abflacht. In diesem Bereich treten überwiegend Ausfälle auf, die durch Fertigungs-, Werkstoff- und Montagefehler verursacht werden [BERT99, S. 17; EBNE95, S. 7]. Dieser Abschnitt dauert unterschiedlich lang, in der Regel zwischen sechs und zwölf Monate und kann zu enormen Produktionsausfallkosten führen [MEXI94, S. 40 f.]. Der zweite Kurvenabschnitt verläuft nahezu konstant. Ausfälle in diesem Bereich werden insbesondere durch Bedienungs- und Wartungsfehler verursacht. Sie werden als Zufallsausfälle betitelt [BERT99, S. 17; HAAC96, S. 21]. Der dritte Abschnitt ist charakterisiert durch eine steigende Ausfallrate. Die zunehmend positive Steigung ist auf Verschleißausfälle zurückzuführen, die durch Ermüdung, Alterung und Abnutzung entstehen [BIRO97, S. 6].

Durch eine abschnittsweise definierte Exponentialfunktion kann der Kurvenverlauf angenähert werden. Die Exponentialfunktion wird nach ihrem Entdecker als Weibullverteilung bezeichnet [vgl. WEIB39]. Die Weibullverteilung[12] ermöglicht durch die abschnittsweise Definition des Formparameters b, des Todzeitelementes t_0 und der charakteristischen Lebensdauer T eine phasengerechte Abbildung der Ausfallrate [BERT99, S. 31 ff.]. Der Kurvenverlauf wird aufgrund seines charakteristischen Verlaufs auch als „Badewannenkurve" bezeichnet.

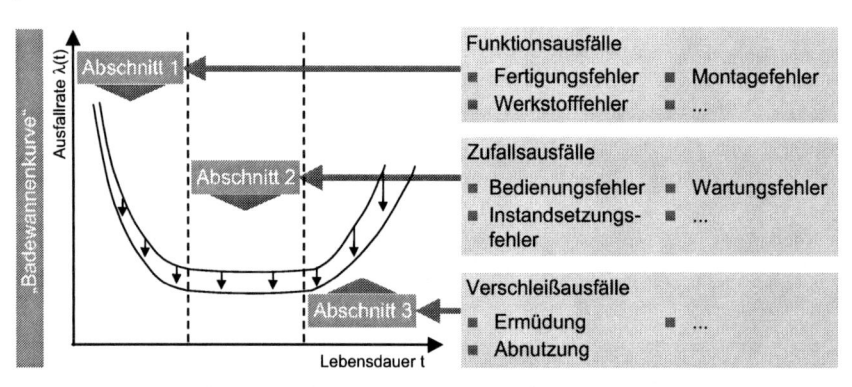

Bild 2-9: Charakterisierung der Ausfälle über die Lebensdauer

Zur mathematischen Beschreibung der Ausfallrate sind die Ausfalldichte und die Überlebenswahrscheinlichkeit zu definieren.

---

[12] Für eine ausführliche Darstellung und Erklärung der Weibullverteilung vgl. u.a. [BERT99, S. 31 ff.].

Grundlagen

Die Ausfalldichte[13] beschreibt den Ausfallverlauf. Sie gibt den Anteil der Einheiten einer Grundgesamtheit an, die in dem folgenden Zeitintervall dt ausfallen werden [VDI86, S. 6]. Die Überlebenswahrscheinlichkeit gibt Aufschluss über die zum Zeitpunkt t noch intakte Restmenge der Grundgesamtheit. Sie lässt sich mithilfe der Ausfallwahrscheinlichkeit beschreiben. Die Ausfallwahrscheinlichkeit ist die Verteilungsfunktion zur Ausfalldichte und wird durch Integration über die Zeit gebildet [BERT99, S. 11]. Sie gibt die Wahrscheinlichkeit wieder, dass eine Einheit, die seit dem Zeitpunkt t=0 in Funktion ist, bis zum Zeitpunkt t ausgefallen sein wird [LEIT00, S. 21]. Die Überlebenswahrscheinlichkeit definiert sich demnach als Restwert einer zum Zeitpunkt t=0 definierten Ausgangszuverlässigkeit, vgl. Bild 2-10.

Ausfallrate
$$\lambda(t) = \frac{f(t)}{R(t)}$$

Überlebenswahrscheinlichkeit
$$R(t) = 1 - F(t)$$

Dichtefunktion
$$f(t) = \frac{1}{\sqrt{2\pi\sigma^2}} e^{\frac{-(t-\mu)^2}{2\sigma^2}}$$

Ausfallwahrscheinlichkeit
$$F(t) = \int_0^t f(t)dt$$

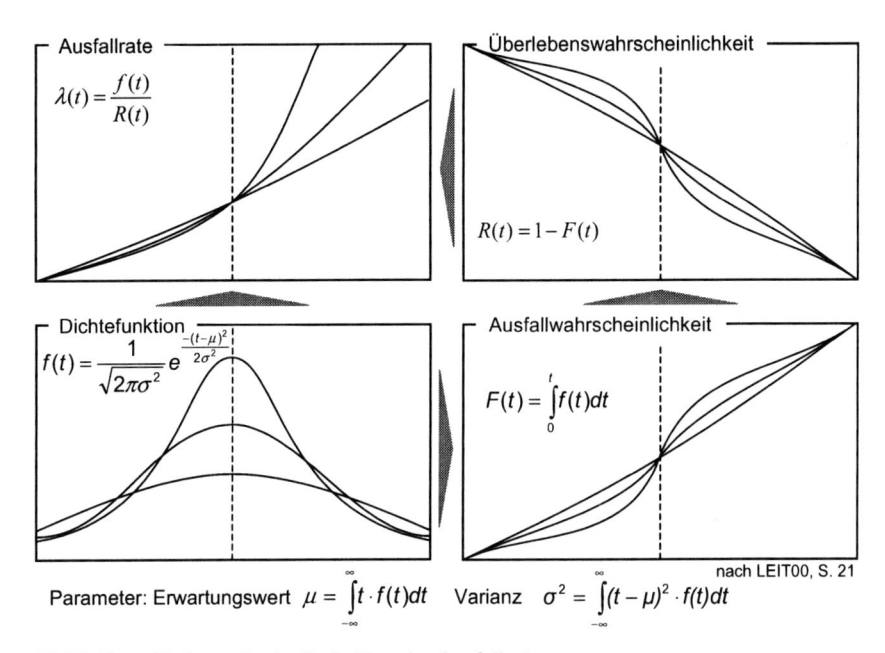

nach LEIT00, S. 21

Parameter: Erwartungswert $\mu = \int_{-\infty}^{\infty} t \cdot f(t)dt$ Varianz $\sigma^2 = \int_{-\infty}^{\infty} (t-\mu)^2 \cdot f(t)dt$

Bild 2-10: Mathematische Definition der Ausfallrate

Die beschriebenen Abschnitte können durch Kennzahlen verdichtet werden [MUTZ01, S. 13]. Bei dem Fall konstanter Ausfallraten und nicht-reparierbarer Systeme wird die mittlere Dauer bis zum Ausfall als MTTF (mean time to failure) bezeichnet. Sie berechnet sich aus der Funktion der Überlebenswahrscheinlichkeit. Bei wieder instandsetzbaren Einheiten wird

---

[13] Die Ausfalldichte kann als empirische und theoretische Dichtefunktion dargestellt werden. Die empirische Dichtefunktion wird im Rahmen von Versuchen auf Basis von Ausfallhistogrammen ermittelt. Bei ausreichend großer Stichprobe ist eine Verallgemeinerung und Übertragung auf die Grundgesamtheit zulässig und es wird von der theoretischen Dichtefunktion gesprochen [LEIT00, S. 20].

Grundlagen

für MTTF die Bezeichnung MTBF (mean time between failure) eingesetzt [EBNE95, S. 6 f.; MILB94, S. 4]. Eine weitere wichtige Größe zur Bewertung der Zuverlässigkeit ist die MTBM (mean time between maintenance) Kennzahl. Sie gibt den mittleren Zeitabstand zwischen zwei Wartungsaktivitäten an.

Neben der Zuverlässigkeit ist die Instandhaltbarkeit eines Systems eine wichtige Stellgröße für die Effektivität und Verfügbarkeit einer Maschine. Die Instandhaltbarkeit beschreibt nach VDI 4004/3 die Eignung einer Betrachtungseinheit, unter spezifizierten Bedingungen instandgehalten zu werden [VDI4004/3]. Um die Instandhaltbarkeit zu beschreiben, wird die MTTR (mean time to repair) Kenngröße als Leistungskennziffer verwendet. Sie beschreibt die Zeitspanne, die im Durchschnitt benötigt wird, um eine ausgefallene Systemeinheit wieder in einen funktionsfähigen Zustand zu versetzen [BIRO91, S. 8]. Wesentliche Einflussgrößen auf die Instandhaltbarkeit sind die Organisation der Instandhaltungsprozesse sowie die konstruktive Gestaltung des Produktes [LEIT00, S. 24]. Für die Verbesserung der Konstruktion[14] lassen sich zahlreiche in der Produktnutzung gewonnenen Informationen und Daten, wie z.B. Fehler oder Schwachstellen bezüglich der Funktionalität, Anwendung, Wartung und Montierbarkeit verwenden. Ebenso ist eine Prozessverbesserung hinsichtlich der Serviceabläufe möglich. Sie kann unter anderem durch detaillierte Beschreibungen von wiederholt auftretenden Fehlern zur besseren Ursachenanalyse unterstützt werden [EDLE01, S. 9 f.]. Eine weitere Kenngröße für die Instandhaltbarkeit ist die MTTM (mean time to maintenance). Diese Kennzahl gibt an, wie viel Zeit für die Durchführung von Inspektions- und Wartungsarbeiten aufzuwenden ist.

Aufgrund der Standardisierung und Praxistauglichkeit der beschriebenen Kenngrößen werden diese im Rahmen dieser Arbeit als wichtige Beschreibungs- und Messgrößen der Zuverlässigkeit von Maschinen herangezogen.

2.3 Zuverlässigkeitsdaten

Eine Ermittlung von Zuverlässigkeitsdaten findet in der Regel über den gesamten Lebenszyklus des betrachteten Objektes statt. Zielsetzung ist es, alle relevanten Daten und Informationen zur Verbesserung der Zuverlässigkeit und Instandhaltbarkeit des Produkts systematisch aufzunehmen und zu analysieren. In Anlehnung an EDLER werden darunter in dieser Arbeit alle Daten und Informationen verstanden, die in Zusammenhang mit der Nutzung eines Produktes im Feld oder der Inanspruchnahme einer Dienstleistung durch den Kunden anfallen. Neben Fehlern, Störungen, Mängeln oder Ausfällen gehören dazu auch Nutzungsinformationen, wie z.B. Maschinenlaufzeiten, Betriebsstoffverbrauch, Erfahrung in der Anwendung, Verbesserungsvorschläge sowie positive Rückmeldungen und die vom Anwender geforderten Anforderungen an die nächste Produktgeneration, falls die im Einsatz befindlichen Produkte diese Anforderungen nicht ausreichend erfüllen [EDLE01, S. 5].

---

[14] In der DIN 31051 sind die wichtigsten Anhaltspunkte für eine wartungs- und instandhaltungsgerechte Konstruktion angegeben [DIN85].

2.3.1 Ansätze der Zuverlässigkeitsdatennutzung

Bereits seit den sechziger Jahren wird der Produktlebenszyklus als Planungs- und Entscheidungsmodell in den Wirtschaftswissenschaften eingesetzt, um mit bestimmten Marktannahmen Strategien für die Produktpolitik abzuleiten [WEST97, S. 91 ff.]. In den technischen Wissenschaften setzt sich diese Sichtweise immer weiter durch [vgl. DIN99]. Zu dem bisher im Produktlebenszyklus betrachteten Materialfluss kommt begleitend der Informationsfluss hinzu. Während der Materialfluss in Teilbereichen als geschlossener Kreislauf angesehen werden kann, trifft dies auf den Informationsfluss nicht zu [WEST01; SCHR97, S. 35 f.]: Eine effektive Rückführung von Informationen an die vorgelagerten Bereiche findet in den wenigsten Fällen statt [EBNE96, S. 2]. Systematische Rückführungen existieren bisher nur in beschränkten Anwendungsbereichen wie z.b. der Luftfahrt- und Automobilindustrie. Mit der Erfassung und Aufbereitung dieser Daten und Informationen werden prinzipiell folgende Ziele verfolgt [STOC94, S. 681; WARN96, S. 115]:

- Erkennung von Fehlern und Schwachstellen, die weder im Produktentstehungsprozess noch bei entsprechenden Qualifikationstests erkannt und beseitigt wurden

- Gewinnung von Daten über das Produktverhalten wie beispielsweise Zuverlässigkeit, Lebensdauer und davon abhängige Kosten

- Ermittlung von Kundenanforderungen und Informationen über Kunden und Konkurrenten

- Erschließung des Erfahrungs- und Kreativitätspotenzials der Servicemitarbeiter

- Rückmeldungen über die Wirksamkeit getroffener Maßnahmen

- Dokumentation der Produktqualität zur Abwehr von Haftungsansprüchen

Im Folgenden werden einige Konzepte vorgestellt, die eine Erhebung bzw. Nutzung relevanter Daten und Informationen unterstützen. Dabei wird auf die Untersuchung des Entwicklungsstandes von Konzepten zur Nutzung von Felddaten von EDLER zurückgegriffen, vgl. Bild 2-11.

Die Unterstützung der Servicetätigkeiten durch Bereitstellung servicerelevanter Informationen kann zu Zeit- und Qualitätsgewinnen sowie Kostensenkungen im Produktlebenszyklus beitragen [EDLE01, S. 23 f.]. EDLER fasst die Ansätze als **Serviceinformationskonzepte** zusammen. Es existieren Ansätze, die die Service-Techniker von ihren administrativen Tätigkeiten größtenteils entlasten sollen. Solche Systeme erlauben eine strukturierte Erfassung der geleisteten Arbeiten und unterstützen die Dokumentation in Berichtsform sowie die Rechnungserstellung [BAUM01, S. 305; PFER97, S. 121 f.]. Darüber hinaus existieren spezielle Diagnosesysteme, die an Maschinen und Anlagen Diagnoseabläufe automatisch durchführen und die Ergebnisse in aufbereiteter Form darstellen. Andere Systeme stellen den Service-Technikern notwendige Informationen zur Verfügung. Dazu zählt vor allem die Bereitstellung produktbezogener Daten. Zu diesen Daten gehören unter anderem Zeichnungen, Montage- und Demontageanleitungen,

Checklisten sowie Maßnahmenvorschläge [BAUM01, S. 305; MAßB02, S. 295 f.]. Die zunehmende Verbreitung der Internet-Technologie hat weiterhin dazu beigetragen, dass auch im Bereich der Serviceunterstützung internetbasierte Konzepte und Applikationen entwickelt worden sind. Vor allem Teleservicekonzepte, die durch eine Integration internetfähiger Produktionssysteme standortunabhängige Diagnose- und Konfigurationsdienste über das Internet bereitstellen können, sind hier zu nennen [BULL02a, S. 201 f.; EDLE01, S. 24; WIEN00, S. 271 ff.]. Steuerungs- und Bedienelemente müssen dazu in webbasierte Anwendungen integriert werden. Ergänzend können mittels einer Fernvisualisierung beispielsweise basierend auf Virtual Reality Modelling Language (VRML) Anlagenzustände dargestellt werden [HOHW00, S. 97 ff.].

Konzepte zur Nutzung von Felddaten			
Serviceinformations-konzepte	Reklamations-management	Produktlebenslauf-verfolgung	Produktzustands-informationen
▪ strukturierte Erfassung der geleisteten Arbeiten ▪ Dokumentations-unterstützung ▪ Diagnose-systeme	▪ Erfassung von Reklamationen ▪ Verfolgung von Reklamationen ▪ Auswertung und Berichts-erstellung	▪ durchgängige Dokumentation ▪ Aufbau einer Lebenslauf-datenbank	▪ Erfassung des Abnutzungs-zustandes ▪ Ableitung geeigneter Maßnahmen

in Anlehnung an EDLE01, S. 22 ff.

Bild 2-11: Konzepte zur Nutzung von Daten und Informationen während des Produktlebenszyklus

Neben den Serviceinformationskonzepten wird das **Reklamationsmanagement** näher betrachtet. Unter Reklamationsmanagement wird vorwiegend die Aufnahme und Bearbeitung von Kundenbeschwerden sowie die Verfolgung der eingeleiteten Maßnahmen zur Befriedigung kaufrechtlicher Ansprüche verstanden [NEDE96, S. 74 ff.]. Das Reklamationsmanagement beinhaltet in der Regel

- die Erfassung von Reklamationen,
- die Verfolgung von Reklamationen sowie
- die Auswertung und Berichterstellung [EDLE01, S. 24].

In der Reklamationserfassung werden zunächst Reklamationsdaten wie z.B. Kundendaten, Produktdaten, Daten fehlerhafter Komponenten, Fehlerbeschreibungen, Daten über Fehlerort und -zeit sowie Einsatzbedingungen der ausgefallenen Einheit aufgenommen. Zudem wird eine erste Analyse der Ausfallursache und damit die Zuordnung von entsprechenden Maßnahmen durchgeführt. Im weiteren Verlauf der Reklamationsverfolgung werden Verantwortlichkeiten und Termine zugeordnet sowie Informationen zur Fehlerkosten-ermittlung erfasst [EVER97a, S.588 ff.]. Zusätzlich zur Unterstützung der administrativen

Tätigkeiten der Reklamationserfassung werden die Daten für statistische Auswertungen genutzt, um z.B. Fehlerhäufigkeiten oder Zeitabstände zwischen dem Auftreten von Fehlern zu ermitteln [EDLE01, S. 25].

Aus der gesetzlich vorgeschriebenen Dokumentationspflicht bestimmter Produkte über den gesamten Produktlebenszyklus und aus den Defiziten reiner Reklamationsmanagementsysteme entstanden Konzepte zur **Verfolgung der Informationen über den Produktlebenslauf** [EDLE01, S. 25]. Neben der obligaten Dokumentation aus haftungsrechtlichen Gründen wurde hierbei vor allem der Aufbau einer Lebenslaufdatenbank verfolgt, die objektive Eingangsgrößen für Zuverlässigkeitsanalysen und Wartungspläne liefert [NIES95, S. 79]. Diese Informationen besitzen neben der Bedeutung für den Service auch eine große Relevanz für die Produktentwicklung. Die Daten sind für Methoden wie QFD und FMEA besonders geeignet.

Weitere Daten und Informationen, die den Zustand des Produkts im Feldeinsatz beschreiben, sind nach EDLER **Produktzustandinformationen**. Informationen über Abnutzungszustände werden von Sensoren erfasst, die in Verbindungselemente und Komponenten betrachteter Produkte integriert werden können. Aus den aufgenommenen Daten der Sensoren sollen geeignete Maßnahmen zur Sicherung der Verfügbarkeit abgeleitet werden [SELI02, S. 167 f.]. Dazu ist ein System notwendig, das Produktveränderungen hinsichtlich der Beeinträchtigung der Funktionsfähigkeit identifizieren und analysieren kann. Auf Basis der durch dieses System bereitgestellten Daten lassen sich beispielsweise die Restlebensdauer berechnen, ein bedarfsgerechter Austausch von Verschleißteilen initiieren oder die Instandhaltungskosten durch eine schnelle und genaue Fehleridentifikation senken [SELI00, S. 16 ff.]. Eine wesentliche Einschränkung dieses Ansatzes besteht in der Schwierigkeit, dass nur solche Informationen und Zustandsänderungen erfasst werden, die vorher antizipiert wurden und für die ein entsprechender Sensor zur Verfügung steht [EDLE01, S. 26].

Die zuvor beschriebenen Konzepte zur Daten- und Informationserhebung und Verwaltung zielen im Wesentlichen auf den Aufbau einer Lebenslaufhistorie zu einem Produkt.[15] Durch die Verfügbarkeit aktueller und vergangener Daten und Informationen besteht die Möglichkeit, die Verfügbarkeit und die Lebenszykluskosten einer Maschine besser zu planen.

2.3.2 Ansätze zur Datenstrukturierung

Zur Strukturierung der Daten und Informationen, die für die zuvor beschriebenen Ansätze in Betracht kommen, werden in der Literatur zahlreiche Ansätze diskutiert. Die wohl bekanntesten und am häufigsten zitierten Ansätze, die den gesamten Produktlebenszyklus abbilden, sind die von GARVIN und MEXIS.

---

[15] Zur weiteren Detaillierung vgl. VDI 4010/1-2 [VDI97a; VDI97b].

Grundlagen

GARVIN nutzt zur Strukturierung die acht Dimensionen der Qualität, vgl. Bild 2-12. Trotz objektiver Messkriterien, wie physikalischer Größen für technische Konstruktionen oder detaillierter Leistungsbeschreibungen in Dienstleistungsverträgen, werden die technischen Produktqualitäten subjektiv wahrgenommen. Eine allgemeine Darstellung des Umfangs der technischen Produktqualität ist somit schwierig [RAPP95, S. 59]. Vor diesem Hintergrund hat GARVIN acht Kategorien entwickelt, die den Begriff der Produktqualität einheitlich definieren und eine anschließende Analyse ermöglichen [GARV88, S. 66]. Da ein Ziel der Daten- und Informationsnutzung aus dem Feldeinsatz der Maschine die Verbesserung der Produktqualität ist, bieten sich diese Kategorien zur Gruppierung von Felddaten an. Dabei gruppiert GARVIN die acht Kategorien in drei Sichtweisen: die Produktsicht, die Anwendersicht und die Herstellersicht [GARV88, S. 49]. Die Kategorisierung nach GARVIN wurde nicht primär zur Gruppierung von Felddaten entwickelt. Sie bietet jedoch einen Rahmen für weitere Untergliederungen und berücksichtigt die für diese Arbeit relevanten unterschiedlichen Sichtweisen.

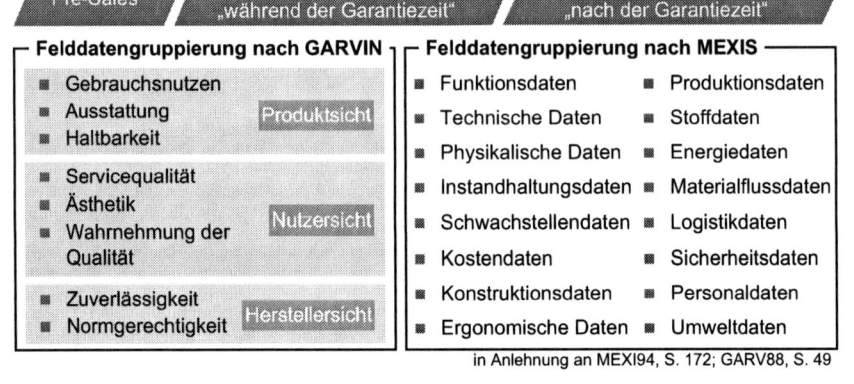

Pre-Sales	After-Sales „während der Garantiezeit"	After-Sales „nach der Garantiezeit"

Felddatengruppierung nach GARVIN	Felddatengruppierung nach MEXIS	
▪ Gebrauchsnutzen (Produktsicht) ▪ Ausstattung ▪ Haltbarkeit	▪ Funktionsdaten ▪ Technische Daten ▪ Physikalische Daten	▪ Produktionsdaten ▪ Stoffdaten ▪ Energiedaten
▪ Servicequalität (Nutzersicht) ▪ Ästhetik ▪ Wahrnehmung der Qualität	▪ Instandhaltungsdaten ▪ Schwachstellendaten ▪ Kostendaten	▪ Materialflussdaten ▪ Logistikdaten ▪ Sicherheitsdaten
▪ Zuverlässigkeit (Herstellersicht) ▪ Normgerechtigkeit	▪ Konstruktionsdaten ▪ Ergonomische Daten	▪ Personaldaten ▪ Umweltdaten

in Anlehnung an MEXI94, S. 172; GARV88, S. 49

Bild 2-12: Felddatengruppierung nach GARVIN und MEXIS

Eine weitere Möglichkeit der Strukturierung von Daten und Informationen richtet sich nach den Phasen der Lebensdauer einer Maschine bzw. Anlage. Dabei wird grundsätzlich zwischen der Herstellungsphase und der Betriebsphase unterschieden [MEXI94, S. 172]. MEXIS hebt dabei Konstruktions-, Schwachstellen- und Instandhaltungsdaten besonders hervor und bestätigt den in Kapitel 1 aufgezeigten Handlungsbedarf, da der Informationsfluss zwischen Hersteller und Anwender unbefriedigend ist [MEXI94, S. 172 f.]. Zur Strukturierung der Daten und Informationen orientiert MEXIS sich an der technischen Konstruktion. Die technische Konstruktion der Maschine stellt das Objekt für die Produktion, Instandhaltung, Fertigung, etc. dar. MEXIS unterteilt demnach die Daten in Gruppen, die in Beziehung zum Objekt stehen, vgl. Bild 2-12. Oftmals sind diese für die vollständige Maschinenbeschreibung dennoch nicht ausreichend und es ist notwendig neue Gruppen zu definieren.

Im Hinblick auf die Zielsetzung dieser Arbeit bieten die zwei Strukturierungsansätze nach GARVIN und MEXIS[16] die Grundlage für die in Kapitel 4 folgende, individuell für diese Arbeit angepasste Daten- bzw. Informationsstrukturierung für den gesamten Lebenszyklus unter Berücksichtigung der unterschiedlichen Sichtweisen der betrachteten Akteure.

2.4 Untersuchung etablierter Konzepte und Forschungsansätze

Durch die vorangegangenen Ausführungen sowie die in Kapitel 1 abgeleitete übergeordnete Zielsetzung, die Verfügbarkeit von Maschinen zu steigern, wurde deutlich gemacht, dass die Arbeit in das Themenfeld Verfügbarkeitsmanagement eingeordnet werden muss. Das Thema Maschinenverfügbarkeit wird in der Literatur umfassend behandelt. Es werden wissenschaftliche und praktische Ansätze beschrieben, die die Steigerung der Verfügbarkeit methodisch-instrumentarisch unterstützen sollen. Deshalb soll nachfolgend analysiert werden, ob in bisherigen wissenschaftlichen Arbeiten oder in etablierten Methoden aus der Praxis bereits Ansätze zur Verfügbarkeitssteigerung von Maschinen bestehen. Neben den Arbeiten zum Thema Zuverlässigkeit werden auch Ansätze bezüglich der Produktentwicklung und -verbesserung des allgemeinen Qualitätsmanagement untersucht. Anschließend werden aufgrund der in dieser Arbeit vorgenommenen Fokussierung Methoden und Hilfsmittel zur Wissensbewertung vor dem Hintergrund eines kooperativen Austausches analysiert. Aufbauend auf der Untersuchung wird der methodisch-inhaltliche Handlungsbedarf abgeleitet.

2.4.1 Relevante Ansätze zur Verfügbarkeitssteigerung

Die aus der Literatur stammenden Lösungsansätze im Umfeld der skizzierten Problematik werden im Folgenden vorgestellt. Es soll untersucht werden, welche Ansätze in bestehenden wissenschaftlichen Arbeiten zur Lösung der hier zu bearbeitenden Problemstellung geeignet sind, vgl. Bild 2-13.

Grundlegende Abhandlungen zur Modellierung und Analyse der Zuverlässigkeit technischer Systeme sind die Arbeiten von BERTSCHE und LECHNER, BIROLINI und das Praxishandbuch des VDA. BERTSCHE und LECHNER behandeln die mathematische Beschreibung der Zuverlässigkeit durch Lebensdauerverteilungen [BERT99, S. 27 ff.] sowie die Auswertung von Lebensdauerversuchen und Schadensstatistiken zur Ermittlung von Zuverlässigkeitskennwerten [BERT99, S. 52 ff.]. Ferner werden Möglichkeiten der Beschaffung und Ansätze zur Strukturierung von Zuverlässigkeitsdaten beschrieben [BERT99, S. 116 ff.]. In der Arbeit von BIROLINI wird ein lebenszyklusbezogenes Konzept zur Durchsetzung von Zuverlässigkeitsforderungen erstellt [BIRO97, S. 17 ff.]. Der Schwerpunkt liegt auf dem präventiven Zuverlässigkeitsmanagement bei neuen Produkten, wobei auf Erfahrungswissen bezüglich bestehender Produkte nur kurz eingegangen wird [BIRO97, S. 35 ff.]. Die VDA-Richtlinie zur Zuverlässigkeitssicherung fokussiert auf die Strukturierung von

---

[16] Für eine ausführliche Darstellung der Datenklassifikation nach GARVIN und MEXIS vgl. [GARV88; MEXI94] sowie Kapitel 4.1.6.

Grundlagen

Felddaten und deren Auswertung [VDA84, S. 90 ff.]. Es werden verschiedene Verfahren zur Schadensfrüherkennung, zur Schadensbeobachtung sowie zur Lebensdauerabschätzung vorgestellt [VDA84, S. 112 ff.]. Die betrachteten Produkte der VDA-Richtlinie sind Fahrzeuge aus dem Automobilbereich. Eine Berücksichtigung der Lebenszykluskosten wird bei allen Ansätzen nicht durchgeführt.

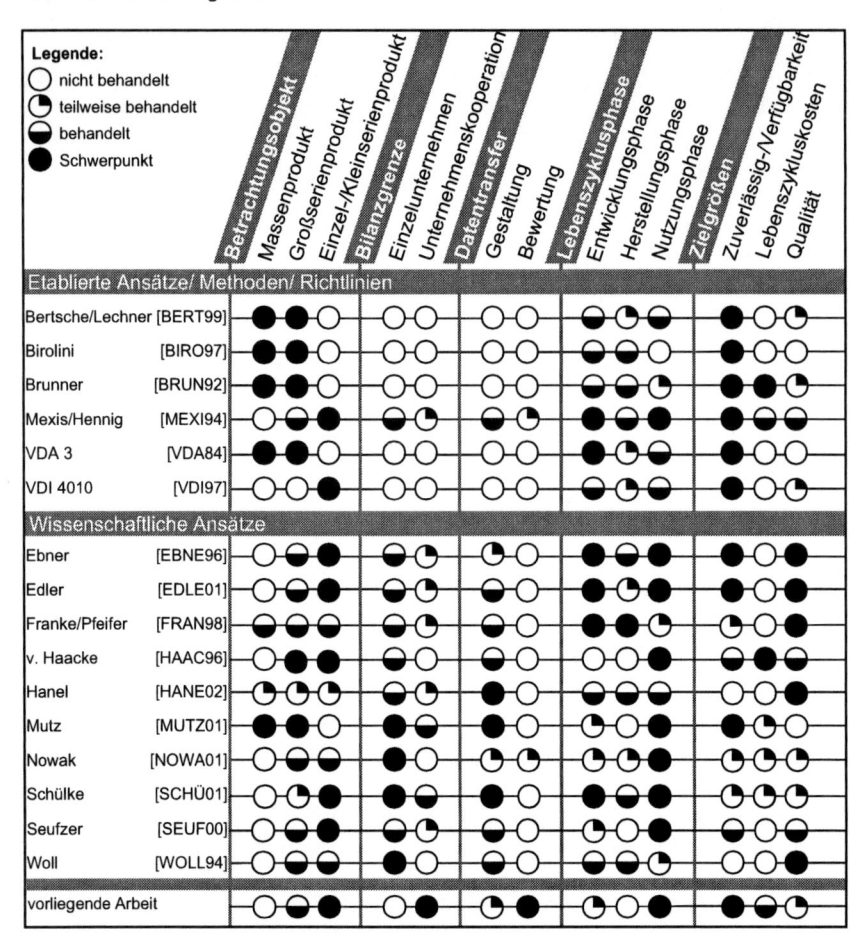

Bild 2-13: Bestehende Ansätze und Forschungsarbeiten im Kontext

In der Habilitationsschrift von BRUNNER wird das Thema Zuverlässigkeit mit dem Thema Wirtschaftlichkeit verknüpft. BRUNNER stellt mithilfe von Methoden und Ansätzen einen funktionalen Zusammenhang zwischen Lebenszykluskosten und der Zuverlässigkeit her [BRUN92, S. 25 ff.]. Es werden dabei die Phasen der Produktentwicklung, Herstellung und Nutzung betrachtet [BRUN92, S. 57 ff.]. Weiterhin stellt BRUNNER die Erfassung und Analyse von Felddaten zur Zuverlässigkeitsverbesserung in den Vordergrund [BRUN92, S.

112]. Jedoch wird nicht auf den Austausch der Daten zwischen Hersteller und Anwender oder sogar Service-Dienstleister eingegangen. Ebenso werden keine Ansätze zur Strukturierung der Daten erarbeitet.

EBNER entwickelt ein Konzept für eine effektive Gestaltung des Qualitätsregelkreises zwischen den Phasen Nutzung und Entwicklung, um die Verfügbarkeit von Werkzeugmaschinen zu steigern [EBNE96, S. 4]. Dabei werden nach der Detaillierung der Zielsetzung zunächst die Anforderungen an ein Systemkonzept ermittelt und ein gemeinsames Datenmodell formuliert [EBNE, S. 4]. Zwar wird in der Arbeit auf die Problematik der Informationsbeschaffung in der Praxis hingewiesen, jedoch werden keine geeigneten Lösungsansätze dargestellt, mit denen die Übermittlung von Informationen, z.b. vom Anwender zum Hersteller, nach Nutzen, Aufwand und Risiken bewertet werden kann.

In der Arbeit von EDLER wird die Nutzung von Felddaten in der Produktentwicklung und im Service betrachtet. Für diese Bereiche werden Funktionen zur Nutzung der während des Produktgebrauchs gewonnenen Informationen bereitgestellt [EDLE01, S. 3 f.]. EDLER erarbeitet ein Konzept, das eine systematische Erfassung von Felddaten durch den Service oder den Anwender ermöglicht, um eine spätere Nutzung der Daten zu gewährleisten [ELDE01, S. 3]. Auf den Austausch von Daten und Informationen sowohl zwischen dem Anwender und Hersteller als auch dem Service-Dienstleister wird im Schwerpunkt nicht eingegangen. Die Problematik, dass der Informationsfluss in der Nutzungsphase und speziell nach Ablauf von Garantiezeiten nicht sichergestellt ist, wird von EDLER diskutiert [EDLE01, S. 36 ff.]; Lösungsansätze hinsichtlich eines Daten- und Informationsaustausches werden in der Arbeit jedoch nicht erarbeitet.

Ein im Rahmen eines BMBF-Verbundprojektes entwickeltes IT-System zur Reklamationsbearbeitung während der Nutzungsphase wird von FRANKE und PFEIFER vorgestellt. Das System stellt QM-Methoden, Checklisten, Arbeitsblätter und Prozesshilfen sowie benötigte Informationen zur Ursachenanalyse zur Verfügung [PFEI98, S. 35 ff.]. Eine Datenbank unterstützt das strukturierte Ablegen von Daten und Informationen zu Produkten und Prozessen, so dass Schwachstellen und identifizierte Verbesserungspotenziale erfasst werden [PFEI98, S. 38]. Eine Fokussierung auf Zuverlässigkeitsaspekte sowie Lebenszykluskosten wird jedoch nicht vorgenommen.

VON HAACKE konzipiert ein System zum Garantiecontrolling, um eine ertragsorientierte Planung, Steuerung und Kontrolle der mit der Garantieleistung verbundenen Kosten in allen betroffenen betrieblichen Entscheidungsbereichen zu ermöglichen [HAAC96, S. 3]. Betrachtungsobjekt ist die funktionale Qualität komplexer Serien- bzw. Kleinserienprodukte in der frühen Nutzungsphase der Produkte aus Sicht der Hersteller [HAAC96, S. 4]. Innerhalb der Methodik werden Kosten-, Leistungs- und Informationsaspekte der Garantie berücksichtigt [HAAC96, S. 23 ff.]. Die Zuverlässigkeit wird während der Garantiezeit aus Sicht der Kosten behandelt [HAAC96, S. 19 ff.].

Die Arbeit von HANEL stellt ein Modell zur Gestaltung eines prozessorientierten Wissensmanagement vor, um gezielt die Prozess- und Produktqualität zu verbessern [HANE02, S. 2]. HANEL bestätigt den Handlungsbedarf aufgrund des mangelnden systematischen Wissensmanagement zur Steigerung der Produktqualität [HANE02, S. 1 ff.]. Dazu beschreibt er eine Vorgehensweise, wie ausgehend von der Prozesslandschaft die wissensintensiven Prozesse analysiert werden können [HANE02, S. 48 ff.]. Auf spezielle Daten und Informationen geht er nicht ein. Die Arbeit von HANEL fokussiert auf die Untersuchung und Bereitstellung von Ansätzen und Methoden des Wissensmanagement.

MEXIS und HENNIG beschreiben Vorgehensweisen und Ansätze der systematischen Schwachstellenanalyse und -behebung. Dabei betrachten sie den gesamten Lebenszyklus und somit die Hersteller, Anwender und am Rande auch externe Service-Dienstleister [MEXI94, S. 1 ff.]. Die Grundproblematik der Daten- und Informationsrückführung aus der Nutzungsphase zum Hersteller wird herausgestellt. Dabei werden insbesondere die Konstruktion [MEXI94, S. 293 ff.] und die Instandhaltung [MEXI94, S. 311. ff.] unter dem Fokus der Verfügbarkeitssteigerung betrachtet. Defizite und Probleme des Daten- und Informationstausches zwischen den beteiligten Unternehmen werden diskutiert, Lösungen zur Förderung eines systematischen Austausches werden im Detail jedoch nicht behandelt.

MUTZ entwickelt ein groupware-basiertes Informationssystem, das eine sichere und zügige serienbegleitende Zuverlässigkeitsverbesserung komplexer technischer Produkte und die Erfahrungsdokumentation zur Entwicklung zuverlässiger Neuprodukte durch Integration von Informationen, Methoden/Instrumenten und Organisation unterstützt [MUTZ01, S. 4]. Dazu strukturiert und modelliert er zuverlässigkeitsorientierte Datenmodelle, die sich von der Herstellungsphase über die Nutzungsphase erstrecken. Auf die Lebenszykluskosten wird in der Arbeit von MUTZ nur am Rande eingegangen.

NOWAK erarbeitet ein Konzept zur Gestaltung der informationstechnischen Integration des industriellen Service im Unternehmen. Dabei liegt der Schwerpunkt auf der organisatorischen Eingliederung [NOWA01, S. 4]. Das Konzept orientiert sich am Produktlebens- und Servicezyklus [NOWA01, S. 7 ff.]. Weiterhin behandelt er die Möglichkeiten zur Erfassung, Verarbeitung und Bereitstellung von Daten und Informationen, die durch Servicetätigkeiten gewonnen werden [NOWA01, S. 71 ff.]. Dabei wird auch der Aspekt der Informationsnutzung und somit der Bewertung mit einbezogen. Dies wird jedoch nicht unternehmensübergreifend untersucht.

Ein Konzept zur Gestaltung des Informationsgewinnungsprozesses im Service entwickelt SCHÜLKE. Der Informationsgewinnungsprozess beschreibt den Kommunikationsprozess zwischen Service und Unternehmen zur Versorgung der internen Fachabteilungen mit Wissen aus der Service-Kunde-Beziehung [SCHÜ01, S. 39 f.]. Der Prozess unterstützt die Aufdeckung und Schließung von Wissenslücken und die Generierung von Wissen im Unternehmen. Für das Konzept wird der Service als Unternehmensbereich eines Herstellers aus der Branche des Maschinen- und Anlagenbaus verstanden [SCHÜ01, S. 40]. Auf spezielle Zielgrößen wie Lebenszykluskostensenkung, Qualitätssteigerung und Zuverlässigkeitssteigerung wird jedoch nicht eingegangen.

Ein Konzept zur durchgängigen Unterstützung von Instandsetzungsprozessen in dezentralen Strukturen formuliert SEUFZER [SEUF00, S. 2]. Dabei wird das Ziel einer signifikanten Erhöhung der Anlagenverfügbarkeit angestrebt [SEUF00, S. 114]. In der Arbeit werden die

Grundlagen

Anforderungen an die Funktionen des Instandsetzungsassistenten ermittelt. Der Instandsetzungsassistent unterstützt dabei die Instandsetzungsphasen Fehlererkennung, Meldung/ Steuerung, Diagnose, Demontage/Reparatur, Planung simultaner Maßnahmen und Dokumentation/Analyse [SEUF00, S. 113]. Mithilfe des Konzeptes wird sichergestellt, dass implizites und explizites instandsetzungsrelevantes Wissen verfügbar ist [SEUF00, S. 113].

In der VDI-Richtlinie 4010 werden Ansätze zur Strukturierung von Felddaten vorgestellt [VDI97, a-b]. Dabei richtet sich der Fokus auf die Beseitigung von Zuverlässigkeitsproblemen bei Einzel- und Serienprodukten. Eine Untersuchung hinsichtlich der Datenherkunft und des Datentausches zwischen Anwender und Hersteller findet nicht statt.

Informationsrückführungen aus den Phasen des Qualitätskreises in die Entwicklung werden von WOLL behandelt [WOLL94, S. 1 f.]. Vor diesem Hintergrund erarbeitet er ein Konzept für ein Feedbacksystem, das die Konstruktion, die Arbeitsplanung, die Herstellung und die Nutzungsphase mit einschließt [WOLL94, S. 15 f.]. Der Schwerpunkt liegt dabei in qualitätsspezifischen Aspekten und nicht im Bereich der Zuverlässigkeitsverbesserung. Weiterhin betrachtet WOLL die Nutzung der rückgeführten Daten und Informationen nur am Rande [WOLL94, S. 118]. Ebenso wird kein Bezug auf die Lebenszykluskosten genommen.

Die Untersuchung der Ansätze zeigt, dass derzeit keine Methodik existiert, die der Zielsetzung dieser Arbeit entspricht. Jedoch werden wichtige Teilaspekte behandelt, die im weiteren Verlauf dieser Arbeit unterstützend zur Entwicklung der Bewertungsmethodik herangezogen werden können. Die Hauptdefizite[17] liegen in der unternehmensübergreifenden Betrachtungsweise sowie in der Bewertung eines Datentransfers zwischen den Akteuren. Aus diesem Kontext heraus werden im folgenden Kapitel mögliche Ansätze diskutiert, die eine Bewertung des Nutzens bzgl. eines unternehmensübergreifenden Austausches von Leistungen bzw. Daten und Informationen unterstützen.

2.4.2 Methoden und Hilfsmittel zur Wissensbewertung

Eine Bewertung einzelner Gegenstände im Sinne der Werterfassung ist im Fall existierender Marktpreise möglich. Die Bewertung von Daten bzw. Informationen ist aufgrund häufig fehlender Marktwerte nicht möglich. Zur Bewertung von Daten und Informationen müssen die Wirkungen und Einflüsse dieser Ressource ermittelt werden. Weiterhin müssen die Wirkungen und Einflüsse messbar sein. Hierbei besteht im Wesentlichen die Schwierigkeit allgemeingültige Maßstäbe oder Indikatoren für eine Bewertung festzulegen sowie spezifische sich ändernde Randbedingungen zu berücksichtigen [KRUM94, S. 28 f.].

Verfahren zur Bewertung von Daten bzw. Informationen auf syntaktischer Ebene widmen sich ausschließlich den formalen Aspekten von Zeichensystemen und Codierungsschemata [HAUK84, S. 1 ff.]. Diese Ansätze wurden von HAUKE analysiert, werden jedoch der ökonomieorientierten und unternehmensübergreifenden Zielsetzung dieser Arbeit nicht gerecht. Weiterhin existieren Verfahren zur Analyse der Wirtschaftlichkeit neuer In-

---

[17] Vgl. hierzu Bild 2-13.

formationstechnikkonzepte.[18] Diese Verfahren können in klassische Verfahren der Wirtschaftlichkeitsanalyse sowie in mehrstufige Analyseansätze eingeteilt werden [KRUM84, S. 30].

Die Wirtschaftlichkeit einer verbesserten Informationsbereitstellung kann grundsätzlich mit den klassischen Verfahren der Investitionsrechung monetär bewertet werden [KRUM84, S. 30; NAGE90, S. 39]. In Theorie und Praxis sind eine Reihe unterschiedlicher Modelle für die Investitionsrechnung entwickelt worden. Dabei war der Begriff „Investitionsrechnung" lange Zeit beschränkt auf Verfahren, die die Wirtschaftlichkeit von Real- und Finanzinvestitionen ermitteln und die hier als Wirtschaftlichkeitsrechnung bezeichnet werden. In der Praxis wurden diese Verfahren[19] den Besonderheiten der Informations- und Kommunikationstechnik angepasst. Dennoch werden diese modifizierten Ansätze den spezifischen Anforderungen der Informationstechnik nicht vollständig gerecht [NAGE90, S. 39]. Schwächen liegen in der Kalkulation des Nutzens [NAGE90, S. 39]. Dies ist jedoch nicht dem Ansatz der Investitionsrechnung anzulasten, sondern der Besonderheit der Investitionsobjekte, der Information bzw. der Informationstechnik.

Eine Weiterentwicklung sind die Nutzenanalyse und später die Nutzwertanalyse [NAGE90, S. 39]. Die Ansätze unterteilen den Nutzen in unterschiedliche Kategorien und berücksichtigen gleichzeitig die Realisierbarkeitschancen. Damit ist eine differenzierte Betrachtung der Nutzenproblematik bei Anwendung der Daten- und Informationsverarbeitung möglich. Hinsichtlich der Zielsetzung dieser Arbeit wird die Analyse der unternehmensinternen und -externen Prozesse und der Zusammenhänge zwischen Daten- und Informationsbereitstellung sowie den Lebenszyklusphasen von diesen Verfahren aufgrund ihrer Allgemeingültigkeit nicht unterstützt.

Ein weiteres Verfahren zur Bewertung von Kosten und Nutzen ist die Wertanalyse. Die Wertanalyse ist primär ein spezieller Ansatz zur Lösungssuche und strebt dabei die Bewertung einzelner Lösungselemente im Hinblick auf deren Optimierung an [HABE99, S. 557]. Mit der Wertanalyse können nach DIN 69910 Produkte, Dienstleistungen, Informationsinhalte, Informationsprozesse etc. untersucht werden [vgl. DIN87]. In der Norm wird die Vorgehensweise zur Durchführung einer Analyse detailliert beschrieben. Jedoch fehlt auch diesem Ansatz ein Hilfsmittel zur Analyse der Ist-Situation. Weiterhin gibt es keinen thematischen Bezug zur Zielsetzung dieser Arbeit.

Einen Ansatz zur Bewertung überbetrieblicher Kooperationspotenziale beschreiben LIESTMANN, GILL und FLECHTER. Der Ansatz basiert auf einer Prozess-, Kosten- und Nutzen-Analyse mit anschließender Potenzialbewertung [LUCZ99, S. 142]. Dabei werden in

---

[18] Eine Aufarbeitung der Entwicklung dieser Verfahren und eine Beschreibung wurde von WOLFRAM durchgeführt [WOLF91, S. 1063 ff.].

[19] Zu diesen klassischen Verfahren zählt NAGEL die Kostenvergleichsrechnung, Gewinnvergleichsrechnung, Rentabilitätsrechnung, Amortisationsrechnung, Kapitalwertmethode, Methode des internen Zinsfußes und die Annuitätenmethode [NAGE90, S. 41].

einer Prozessanalyse die Abläufe der relevanten Betrachtungsbereiche untersucht. Als Hilfsmittel zur Untersuchung wird die ressourcenorientierte Prozesskostenrechnung angewendet [LUCZ99, S. 142 ff.]. Anschließend wird der Nutzen der jeweiligen Prozessschritte analysiert. Die Potenzialbewertung ergibt sich aus der Gegenüberstellung zwischen Kosten und Nutzen [LUCZ99, S. 152 f.]. In diesem Ansatz wird die Ressource Wissen nicht berücksichtigt. Eine Erweiterung ist im Hinblick auf die Zielsetzung dieser Arbeit notwendig und wird bei der Detaillierung der Bewertungsmethodik in Kapitel 4 durchgeführt.

2.5 Zwischenfazit

Aufbauend auf einer Begriffsabgrenzung in Kapitel 2.1 wurden die für diese Arbeit relevanten Grundlagen des Kooperationsmanagement und des Wissensmanagement vorgestellt. Dabei wurden das Thema und die Zielsetzung dieser Arbeit mit den vorgestellten Themenfeldern in Bezug gesetzt. Dadurch konnte das Forschungsfeld dieser Arbeit grob abgegrenzt werden. Im folgenden Kapitel 2.2 erfolgte eine Konkretisierung der Abgrenzung mithilfe einer Untersuchung der für diese Arbeit relevanten Leistungsindikatoren. Diese orientieren sich thematisch an den Lebenszykluskosten und an Zuverlässigkeits- und Instandhaltungskenngrößen. Anschließend wurden in Kapitel 2.3 die Grundlagen zur Zuverlässigkeitsdatennutzung beschrieben. Dabei sind bestehende Ansätze hinsichtlich einer Strukturierung von zuverlässigkeitsrelevanten Daten und Informationen untersucht worden.

Auf Basis dieser Untersuchungen wurden entsprechend der Forschungsmethodik bestehende Forschungsansätze und Konzepte in Kapitel 2.4 untersucht. Dabei wurden vorrangig etablierte Ansätze aus der Praxis und wissenschaftliche Arbeiten zur Verfügbarkeitssteigerung untersucht. Das Ergebnis zeigt, dass derzeit keine Methodik existiert, die der Zielsetzung dieser Arbeit entspricht. Es wurden im Wesentlichen zwei Hauptdefizite ermittelt: Dies sind zum einen die mangelnde unternehmensübergreifende Betrachtungsweise und zum anderen die mangelnden Ansätze zur Nutzenbewertung hinsichtlich einer Wissenskooperation zwischen den Akteuren.

Aufbauend auf diesen Erkenntnissen wurde eine Einordnung bestehender Methoden und Hilfsmittel zur Bewertung von Daten und Informationen durchgeführt. Die in der Literatur als wesentlich geltenden Ansätze wurden untersucht. Bei der Analyse wurde festgestellt, dass sich die Ansätze weder am Prozess des Lebenszyklus noch an der hier definierten Zielsetzung orientieren. Eine geeignete Hilfestellung bei der Analyse der Ist-Situation und der Erzeugung der für die komplexe Bewertungssituation benötigten Transparenz fehlt. Weiterhin bleibt die inhaltliche Gestaltung dem Anwender überlassen.

Zusammenfassend lässt sich festhalten, dass ein Forschungsbedarf für die Entwicklung einer Methodik zur Bewertung des Kooperationspotenzials zwischen den definierten Akteuren hinsichtlich eines Daten- und Informationstransfers zur Steigerung der Zuverlässigkeit von Maschinen besteht. Aufbauend auf diesen Erkenntnissen werden im folgenden Kapitel die inhaltlichen Anforderungen an die Methodik empirisch induktiv abgeleitet sowie die formalen Anforderungen deduktiv ermittelt. Basierend auf den

Grundlagen

Anforderungen wird das Grobkonzept für eine entsprechende Bewertungsmethodik entwickelt.

3 Grobkonzeption der Methodik

Nachdem in Kapitel 1 und 2 die praxisrelevante Problemstellung typisiert und relevante Theorien der Grundlagenwissenschaften beschrieben und interpretiert wurden, folgt entsprechend der Forschungsmethodik nach H. ULRICH die Grobkonzeption für eine Methodik zur Bewertung des Kooperationspotenzials zwischen den beschriebenen Akteuren Hersteller, Anwender und Service-Dienstleister [ULRI84, S. 192 f.]. Dabei werden zunächst die Anforderungen an die Methodik deduziert. Anschließend sollen aufgrund der Komplexität der Problemstellung die Grundlagen der Modellierungsmethodik zur Entwicklung komplexitätsbeherrschender Modelle beschrieben werden. Darauf aufbauend werden relevante Ansätze für die Arbeit ausgewählt. Dazu werden die Grundsätze der Entscheidungs- und Modelltheorie beschrieben sowie die Grundlagen der Systemtechnik, die als Hilfsmittel zur spezifischen Methodikentwicklung eingesetzt werden. Auf Basis der formulierten Anforderungen und der beschriebenen Grundlagen der Modellierungsmethodik wird das Grobkonzept entwickelt.

3.1 Anforderungen an die Bewertungsmethodik

Damit die Zielsetzung der zu entwickelnden Methodik definiert werden kann, sind geeignete Anforderungen an die geplante Methodik zu formulieren. Ziel ist es, mit ihrer Hilfe einen Bezugsrahmen für die zu entwickelnde Methodik aufzustellen. Die Anforderungen werden dafür in zwei Kategorien klassifiziert: Einerseits werden aus der zuvor beschriebenen praxisorientierten Problemstellung sowie den eingangs diskutierten bestehenden Forschungsarbeiten die inhaltlichen Anforderungen empirisch-induktiv abgeleitet. Andererseits sollen formale Anforderungen an die Struktur und den Ablauf der Methodik deduktiv herbeigeführt werden.

3.1.1 Inhaltliche Anforderungen an die Methodik

Aus der Zielsetzung der Arbeit werden die inhaltlichen Ziele an die Methodik abgeleitet. Mithilfe der daraus resultierenden Zielsetzungen der Methodik sowie den zu betrachtenden Objekten lassen sich analytisch-deduktiv die inhaltlichen Anforderungen ableiten. Weitere inhaltliche Anforderungen an die Methodik können empirisch-induktiv aus den Defiziten der betrieblichen Praxis hergeleitet werden, vgl. Bild 3-1.

Mit dieser Arbeit wird für das Verfügbarkeitsmanagement ein Hilfsmittel bereitgestellt, das die Informationen, die zwischen den beschriebenen Akteuren übertragen werden, nach Aufwand, Nutzen und Risiko unter den verschiedenen Zielsetzungen und Konstellationsmöglichkeiten der Beteiligten bewertet. Die Art der Zusammenarbeit zwischen den Akteuren wird in dieser Arbeit ausschließlich unter der Zielsetzung der Maschinenverfügbarkeitssteigerung betrachtet. Abschließend wird die Methodik mit einer Potenzialbewertung hinsichtlich einer koordinierten und stärkeren Zusammenarbeit der Akteure. Dabei werden die unterschiedlichen Konstellationen, Anforderungen und Zielsetzungen zwischen den Akteuren in die Anwendung der Methodik integriert, um Zielkonflikte berücksichtigen zu können. Die Weitergabe von Informationen über die Maschinenverfügbarkeit muss nach

Grobkonzeption der Methodik

Aufwand und Nutzen sowie Risiken und Chancen bzgl. der Vergabe von kritischen Daten und Know-how-Verlust/-Gewinn bewertet werden.

empirisch-induktiv	Problemstellung der Praxis	Zielsetzung	analytisch-deduktiv
	■ Hilfsmittel zur spezifischen Potenzialbewertung einer Kooperation fehlen ■ Vorgehensweise zur Bewertung einer Kooperation bzgl. des Informationsaustausches zwischen den Akteuren ist nicht vorhanden ■ Aufwände und Risiken werden dem Nutzen der Kooperation nur unzureichend gegenübergestellt ■ unzureichende Berücksichtigung alternativer Kooperationskonstellationen	Entwicklung einer Methodik zur Bewertung des Kooperationspotenzials zwischen Hersteller, Nutzer und Service-Dienstleister Betrachtungsobjekte ■ Bewertungsprozess ■ Kooperationsgestaltung ■ Informationsaustausch ■ Hersteller, Nutzer und Service-Dienstleister	

inhaltliche Anforderungen an die Bewertungsmethodik

Bild 3-1: Grundlage zur Ableitung inhaltlicher Anforderungen

Aus den bisherigen Überlegungen können nun die wesentlichen inhaltlichen Anforderungen an den Bewertungsvorgang beschrieben werden. Zu ihrer Strukturierung erfolgt die Ableitung in Anlehnung an den allgemeinen Entscheidungsprozess, vgl. Bild 3-2 [WILD82, S. 32 f.]. Dieser Ablauf wird in der Literatur häufig auch als Managementprozess bezeichnet [OSSA99, S. 133; SCHI96, S. 83 ff.]. Die in der Literatur entwickelte Systematik zur Vorgehensweise bei Entscheidungsprozessen weist geringe Unterschiede in den Entscheidungsphasen auf. Die letzte Phase, die Kontrolle, wird von einigen Autoren nicht berücksichtigt [z.B. LAUX98, S. 8]. In der vorliegenden Arbeit werden alle Phasen betrachtet.

Die erste Phase im Managementprozess ist die Zielformulierung. Im Vordergrund der Überlegungen zur Zielformulierung steht die Erkenntnis, dass in der Praxis gleichzeitig mehrere Ziele verfolgt werden, wobei die Ziele zueinander in bestimmten Beziehungen stehen [SCHI96, S. 75]. Die Zielbeziehungen können dabei sowohl unterstützend als auch widersprüchlich sein. Daraus resultiert die Notwendigkeit, die für das Entscheidungsobjekt relevanten Ziele zu formulieren und nach ihren Beziehungen untereinander in einem System zu ordnen. Zur systematischen Entwicklung des Zielsystems werden nach WILD verschiedene Prozessstufen durchlaufen [WILD82, S. 57]. In den folgenden Kapiteln 4.1.1 und 4.1.2 wird näher auf die Zielanalyse eingegangen. Durch den Aufbau eines Zielsystems für die Bewertungsmethodik wird eine Basis für die Beurteilung der Ausgestaltung von Kooperationsvarianten gelegt. Dabei werden die unternehmerischen Zielsetzungen der Akteure hinsichtlich der Verfügbarkeitssteigerung von Maschinen operationalisiert und analysiert.

Die Problemanalyse wird durchgeführt, um Probleme eindeutig zu definieren, so dass die Bestandteile der Problemstellung bekannt und systematisch geordnet sind [WILD82, S. 65]. Ziel ist es dabei, den anzustrebenden Soll-Zustand zu präzisieren. Symptome für Soll-Ist-

Grobkonzeption der Methodik

Abweichungen sind dann auf die Einflussgrößen zurückzuführen, wenn auf deren Basis das Problem genauer formuliert und definiert werden kann [OSSA99, S. 149]. Bei der Methodik zur Bewertung des Kooperationspotenzials werden bei der Problemanalyse die angestrebte Soll-Situation eines jeden Akteurs ermittelt und die notwendigen Stellhebel identifiziert. Der Betrachtungsschwerpunkt liegt in dieser Arbeit auf dem Austausch relevanter Informationen zur Steigerung der Maschinenverfügbarkeit.

Problemstellung der Praxis	Betrachtungsobjekte
Zielformulierung	■ Operationalisierung der Zielsetzungen der Akteure auf der Ebene einer kooperativen Zusammenarbeit ■ Berücksichtigung interner und externer Randbedingungen
Problemanalyse	■ Ermittlung der spezifischen Soll-Situation ■ Erfassung und Strukturierung aller relevanten Daten und Informationen zur Steigerung der Maschinenverfügbarkeit und Kalkulation der Lebenszykluskosten
Alternativensuche	■ Ermittlung alternativer Handlungsmöglichkeiten für eine Zusammenarbeit ■ Berücksichtigung der Aspekte des Kooperationsmanagement ■ Darlegung der Transferleistungen
Prognose	■ Untersuchung der Abhängigkeiten zwischen den Zielen, den notwendigen Informationen und den Risiken zur groben Beurteilung der Wirkungen der Alternativen
Bewertung	■ Bewertung der Handlungsmöglichkeiten im Zusammenhang der betrachteten Kooperationskonstellationen ■ Einstufung des Potenzials bzgl. der Zielerfüllung
Kontrolle	■ Vergleich zwischen Ist- und Soll-Situation

Bild 3-2: Inhaltliche Anforderungen an die Methodik

Nach der Problemanalyse folgt die Phase der Alternativensuche. Das Ziel der Alternativensuche ist Handlungsmöglichkeiten zu ermitteln und inhaltlich zu konkretisieren. Anschließend erfolgt zur Problemlösung eine Eignungsprüfung der Alternativen [SCHI96, S. 84 f.]. Übertragen auf die Bewertungsmethodik zur Ermittlung des Kooperationspotenzials werden mögliche Kooperationskonstellationen unter Berücksichtigung der variierbaren Transferleistungen zwischen den Kooperationspartnern ausgewählt. Aspekte aus den vorangegangenen Phasen, wie z.B. operationalisierte Ziele und spezifische Randbedingungen, werden als Eingangsinformationen zur Alternativenermittlung verwendet.

Nach der Ermittlung möglicher Handlungsalternativen werden unter Berücksichtigung der Randbedingungen die Wirkungen der Alternativen prognostiziert. Das Ziel der Prognose ist eine Einschätzung der Konsequenzen, die zu erwarten sind, wenn die ermittelten Handlungsalternativen umgesetzt werden [SCHI96, S. 85 f.]. Die Prognosephase erfüllt in der vorliegenden Bewertungsmethodik eine Kontrollfunktion, um die ermittelten Kooperationskonstellationen auf reale Auswirkungen hin zu beurteilen. Dabei werden die verwendeten Eingangsinformationen wie z.b. Ziele und Randbedingungen der Akteure, untersucht, um mögliche Konfliktsituationen bei veränderten unternehmensinternen und unternehmensexternen Einflüssen zu ermitteln.

Die Phase der Bewertung hat das Ziel, eine Rangfolge der gefundenen Alternativen zu ermitteln. Dies wird durch einen Vergleich der Alternativen realisiert. Dabei werden Vor- und Nachteile sowie die Zielerreichung der Alternativen berücksichtigt [WILD82, S. 100 f.]. Für die vorliegende Methodik bedeutet dies die Bewertung der möglichen Kooperationskonstellationen hinsichtlich ihres Durchführungspotenzials. Dabei steht das Erreichen der Ziele der beteiligten Unternehmen im Vordergrund. Die Bewertungsgrundlage stellen die zu transferierenden Daten und Informationen dar.

In der abschließenden Kontrollphase werden die Ursachen für eine Soll/Ist-Abweichung untersucht, um gegebenenfalls einen prozessualen Rücksprung in den Planungsprozess zu veranlassen [SCHI96, S. 89]. Dazu soll eine kennzahlenorientierte Kontrollfunktion entwickelt werden, um die Zielerfüllung sowie Zielabweichung und deren Ursachen zwischen den Akteuren zu überprüfen. Mithilfe dieser Kontrollfunktion wird entschieden, ob ein Rücksprung in die vorgelagerten Phasen des Planungsprozesses erforderlich ist, um Abweichungen zu reduzieren. Die Grundlage für diese Entscheidung liegt maßgeblich im Verhältnis der Ausprägungen des ermittelten Nutzens, Aufwands und Risikos der beteiligten Akteure [DEGE03, S. 265 f.].

3.1.2 Formale Anforderungen an die Methodik

Um die inhaltlichen Anforderungen systematisch und strukturiert umzusetzen, werden die formalen Anforderungen formuliert. Sie werden in dieser Arbeit in Anlehnung an PATZAK und WILD in methodische Anforderungen und in Anforderungen hinsichtlich der Bewertungsgrundlagen unterteilt, vgl. Bild 3-3 [PATZ82, S. 309 f.; WILD82, S. 110 f.].

Die methodischen Anforderungen werden nach PATZAK aus der optimalen Wirksamkeit des geforderten Modells deduziert [PATZ82, S. 309]. Die Modelleigenschaften können nach BRUNS auf die Methodik übertragen werden, weil sie sich aus verschiedenen Modellen zusammensetzt [BRUN91, S. 62]. Dabei soll das Modellverhalten mit den realen Beobachtungen möglichst gut übereinstimmen. Alle relevanten Faktoren bezüglich der Problemstellung sollen im Modell enthalten sein, um somit die empirische Richtigkeit zu gewährleisten. Weiterhin sollen die Modelle und Hilfsmittel der Methodik in sich widerspruchsfrei sein. Neben der formalen Richtigkeit wird gefordert, dass das Modell und somit die Methodik produktiv ist. Dabei soll das Modell auf spezifische Fragen hinsichtlich der zu bearbeitenden Problemstellung inhaltlich und formal brauchbare Antworten liefern [PATZ82, S. 309]. Neben diesen Anforderungen stehen zwei weitere Forderungen in Konkurrenz: Modelle sollen handhabbar und leicht anwendbar sein. Des Weiteren sollte der Aufwand für die Erstellung und Anwendung möglichst gering sein [PATZ82, S. 309]. Bei der Erstellung von Modellen und deren Zusammenführung zu einer Methodik muss ein gutes Verhältnis zwischen Nutzen und Aufwand gefunden werden.

Die Anforderungen an die Bewertungsgrundlagen für die zu entwickelnde Methodik werden nach WILD angewendet, vgl. Bild 3-3. Grundvoraussetzung für die Konzeption einer Bewertungsmethodik ist die Offenlegung der Planungsgrundlagen, um während der Entwicklung und Anwendung eine Prüfbarkeit sicherstellen zu können. Die Forderung nach Einheitlichkeit bedeutet, dass für alle Objekte die gleichen Ziele, Kriterien und Skalen angewendet werden [WILD82, S. 110]. Die Vollständigkeitsforderung stellt sicher, dass alle relevanten Ziele, Objekte, Kriterien und Wirkungen der Planalternativen berücksichtigt werden [WILD82, S. 110; SCHI96, S. 76].

Formale Anforderungen an die Bewertungsmethodik

Anforderungen an die Methodik	Anforderungen an Bewertungsgrundlagen
■ empirisch richtig ■ produktiv ■ formal richtig ■ nicht aufwendig ■ handhabbar	■ Offenlegung ■ Einheitlichkeit ■ Vollständigkeit

Methodik zur Bewertung des Kooperationspotentials zwischen Hersteller, Nutzer und Service-Dienstleister

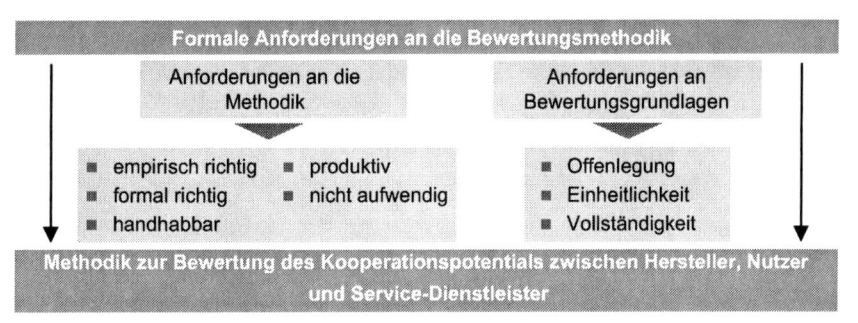

Bild 3-3: Formale Anforderungen an die Methodik

3.2 Grundlagen der Modellierungsmethodik

Nachdem die inhaltlichen und formalen Anforderungen an die zu entwickelnde Methodik formuliert wurden, sind geeignete Hilfsmittel und Methoden zur Unterstützung der systematischen Entwicklung der Bewertungsmethodik anzuwenden. Mithilfe geeigneter Instrumentarien sollen die formalen Anforderungen an die Methodikentwicklung erfüllt werden. Zur Ableitung des Grobkonzeptes werden Elemente der Entscheidungstheorie, Modelltheorie und Systemtheorie genutzt. Das wesentliche Prinzip dieser theoretischen Hilfsmittel besteht darin, durch systematische Vorgehensweisen und modellhafte Abbildungen der Realität komplexe Zusammenhänge zu veranschaulichen [DAEN94, S. 9 ff., PFOH97, S. 53 ff.]. Diese Prinzipien sollen bei der Entwicklung der Bewertungsmethodik angewendet werden. Dazu wird in den folgenden drei Kapiteln gezeigt, wie die Entscheidungstheorie den Aufbau des Bewertungsprozesses begleitet, die Modelltheorie bei Planungs- und Entscheidungsprozessen unterstützt und die Systemtheorie einen entsprechenden Leitfaden zur Problembeherrschung bietet.

3.2.1 Grundlagen der Entscheidungstheorie

Die Entscheidungstheorie vereinfacht das Entscheidungsproblem durch eine Reduktion der Komplexität. Dazu wird das Entscheidungsproblem in mehrere Komponenten zerlegt [EISE99, S. 9]. Innerhalb des Entscheidungsprozesses wird eine Vielzahl von Bewertungsverfahren eingesetzt, so dass im Rahmen dieser Arbeit Regeln und Verfahrensanweisungen gemäß der Anforderungen an die Methodik adaptiert werden.

Die Wissenschaft der Entscheidungstheorie lässt sich in drei wesentliche Bereiche gliedern. Dazu zählen die präskriptive, die deskriptive und die statistische Entscheidungstheorie, vgl. Bild 3-4 [NEUM93, S. 732; ZIMM92, S. 10 ff.]. Die statistische Entscheidungstheorie wird der Statistik zugerechnet. Dabei werden optimale Aktionen in Abhängigkeit von Stichprobeninformationen über Umweltzustände festgelegt. Die Herausforderung liegt in der Informationsbeschaffung zum Zweck der Entscheidung unter Unsicherheit. Die deskriptive Entscheidungstheorie versucht wahre und möglichst neue Aussagen über die Realität zu treffen und wird somit häufig als Realwissenschaft dargestellt. Die Hypothesen über das menschliche Entscheidungsverhalten werden empirisch abgeleitet [LAUX98, S. 14; WÖHE00, S. 151; ZIMM92, S. 11]. Dabei sucht die deskriptive Entscheidungstheorie nach Gesetzmäßigkeiten zur Erklärung und Prognose des in der Realität anzutreffenden Entscheidungsverhaltens [SALI98, S. 1]. Im Gegensatz zur deskriptiven Entscheidungstheorie wird die präskriptive Entscheidungstheorie der Formalwissenschaft zugeordnet [ZIMM92, S. 11]. Ziel ist es, auf Basis von Zielvorstellungen für die Beurteilung der Alternativen eine rationale Entscheidung zu treffen [LAUX98, S. 14; ZIMM92, S. 11]. Im Rahmen dieser Arbeit sind Fragestellungen der präskriptiven Entscheidungstheorie von Interesse, da die Bereitstellung einer Methodik zur rationellen Entscheidungsfindung bei der Bewertung des Kooperationspotenzials angestrebt wird.

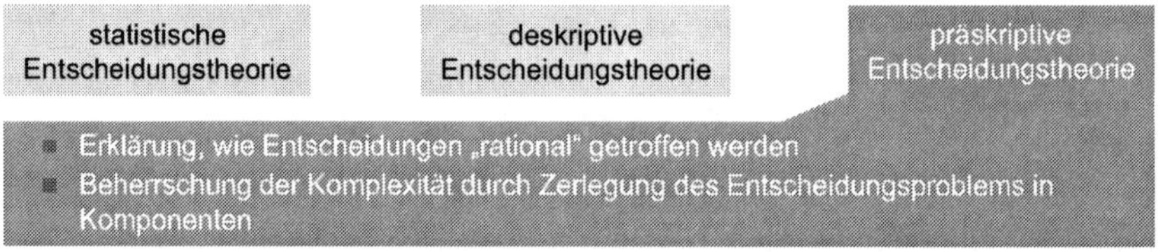

statistische Entscheidungstheorie	deskriptive Entscheidungstheorie	präskriptive Entscheidungstheorie
■ Erklärung, wie Entscheidungen „rational" getroffen werden ■ Beherrschung der Komplexität durch Zerlegung des Entscheidungsproblems in Komponenten		

Bild 3-4: Einordnung in die Entscheidungstheorie

Das Treffen der richtigen Entscheidungen wird von verschiedenen Faktoren beeinflusst. Dazu zählen die Anzahl der Zielsetzungen, die Anzahl der Alternativen, die Unsicherheit und die daraus resultierende Komplexität der Entscheidungssituation [EISE99, S. 2 ff.]. Diese Faktoren müssen bei der Entwicklung der Bewertungsmethodik berücksichtigt werden. Aus der in Kapitel 1 beschriebenen Problemstellung und der abgeleiteten Zielsetzung ist eine hohe Komplexität der Entscheidungslogik zu erwarten. Dies ist maßgeblich durch die Berücksichtigung der teilweise unterschiedlichen Zielsetzungen der verschiedenen Akteure zu begründen. Zur Komplexitätsreduktion wird in der Entscheidungstheorie eine Dekomposition der Vielschichtigkeit durchgeführt. Das Entscheidungsproblem wird in Komponenten zerlegt und jede Komponente einzeln modelliert. Dabei werden die Handlungsalternativen, zwischen denen zu wählen ist, die vom Entscheider nicht beeinflussbaren Umweltzustände sowie das daraus resultierende Ergebnis in dem Entscheidungsfeld zusammengeführt. Als weiteres Teilmodell ist die Abbildung der Zielfunktion des Entscheiders zu nennen, vgl. Bild 3-5 [LAUX98, S. 19; EISE99, S. 9]. Diese allgemeine Modellstruktur kann auf alle Entscheidungsprobleme übertragen werden [LAUX98, S. 19].

Grobkonzeption der Methodik

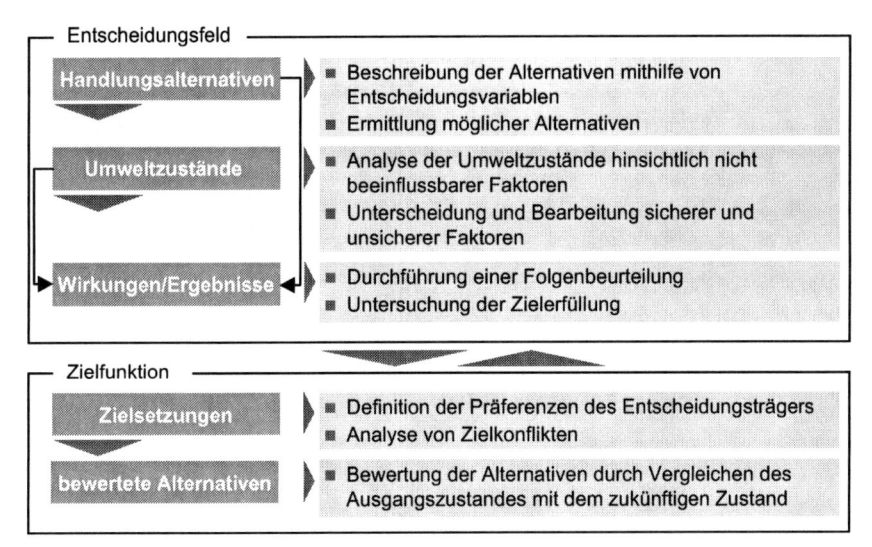

```
┌─ Entscheidungsfeld ─────────────────────────────────────────┐
│  ┌─────────────────────┐  ■ Beschreibung der Alternativen mithilfe von
│  │ Handlungsalternativen│    Entscheidungsvariablen
│  └─────────────────────┘  ■ Ermittlung möglicher Alternativen
│           ▼
│  ┌─────────────────────┐  ■ Analyse der Umweltzustände hinsichtlich nicht
│  │   Umweltzustände    │    beeinflussbarer Faktoren
│  └─────────────────────┘  ■ Unterscheidung und Bearbeitung sicherer und
│           ▼                 unsicherer Faktoren
│  ┌─────────────────────┐  ■ Durchführung einer Folgenbeurteilung
│  │ Wirkungen/Ergebnisse│  ■ Untersuchung der Zielerfüllung
│  └─────────────────────┘
└─────────────────────────────────────────────────────────────┘
┌─ Zielfunktion ──────────────────────────────────────────────┐
│  ┌─────────────────────┐  ■ Definition der Präferenzen des Entscheidungsträgers
│  │   Zielsetzungen     │  ■ Analyse von Zielkonflikten
│  └─────────────────────┘
│  ┌─────────────────────┐  ■ Bewertung der Alternativen durch Vergleichen des
│  │ bewertete Alternativen│   Ausgangszustandes mit dem zukünftigen Zustand
│  └─────────────────────┘
└─────────────────────────────────────────────────────────────┘
```

Bild 3-5: **Basiselemente der Entscheidungslehre**

Handlungsalternativen werden durch die vom Entscheider bestimmten Größen beschrieben. Die Größen sind variierbar und werden als Entscheidungsvariablen bezeichnet. Voraussetzung für ein Entscheidungsproblem sind mindestens zwei Alternativen. Zur Bewertung der Alternativen werden die Konsequenzen hinsichtlich der Zielerfüllung des Entscheiders bei der Wahl einer Alternative im Modell abgebildet. Die Zielgrößen bringen zum Ausdruck, welche Konsequenzen der Entscheider den Alternativen beimisst. Konsequenzen, denen keine Zielgrößen zuzuordnen sind, werden im Modell vernachlässigt. Größen, die die Ergebnisse der Alternativen beeinflussen, jedoch keine Entscheidungsvariablen darstellen, werden unter dem Begriff Umweltzustände zusammengefasst. Die Ausprägungen dieser Variablen sind nur in Ausnahmefällen sicher bekannt. Bei Sicherheit liegt dem Entscheider vor, welcher Zustand der wahre ist. Damit ist das Ergebnis jeder Alternative bekannt. Bei Unsicherheit hält der Entscheider dagegen mindestens zwei Zustände für möglich [LAUX98, S. 20 ff.].

3.2.2 Grundlagen der Modelltheorie

Ein Modell ist eine Abstraktion und Vereinfachung der Realität zur Abbildung realer, komplexer Zusammenhänge [DAEN94, S. 10]. Bei der Modellbildung sind nach dem Ansatz von DOUGLAS B. LEE folgende vier Kriterien zu berücksichtigen: Die zu entwickelnden Modelle sollen einfach und somit leicht verständlich sein. Das Modell soll ein Gleichgewicht zwischen Theorie, Empirie und Intuition schaffen, so dass theoretische Aussagen des Modells empirisch geprüft werden können. Weiterhin soll es problemorientiert sein. Die Modellbildung muss somit induktiv aus realen Problemen erfolgen [BRAU77, S. 217]. Durch die Berücksichtigung dieser Kriterien wird eine höhere Anwendbarkeit gewährleistet.

Grobkonzeption der Methodik

STACHOWIAK systematisiert die Modellbildung anhand des Abbildungs-, des Verkürzungs- und des pragmatischen Merkmals [STAC73, S. 131 ff.]. Das Abbildungsmerkmal besagt, dass Modelle stets Abbildungen von natürlichen oder künstlichen Originalen sind. Es beschreibt, inwieweit die Abbildung im Modell ein reales System reduziert. Dagegen beschreibt das Verkürzungsmerkmal das Verhältnis zwischen den für die Modellbildung relevanten Attributen und allen Attributen des Originals. Entsprechend dem pragmatischen Merkmal sind Modelle ihren Originalen nicht eindeutig zugeordnet. Modelle erfüllen eine Ersetzungsfunktion für bestimmte Subjekte innerhalb bestimmter Zeitintervalle und unter Einschränkung auf bestimmte gedankliche oder tatsächliche Operationen [STAC73, S. 131 ff.].

In der Literatur wird zwischen unterschiedlichen Modelltypen unterschieden [HAIS99, S. 185; WÖHE93, S. 38 ff.; ZELE99, S. 46 ff.]. Grundsätzlich lassen sich Modelle in formale und materielle Modelle trennen. Materielle Modelle bilden die Realität in einem greifbaren physikalischen Medium ab und formale Modelle mithilfe von Zeichen, Zahlen und mathematischen Strukturen [HAIS99, S. 185]. Für diese Arbeit sind die formalen Modelltypen relevant, siehe Bild 3-6.

Modellierungsprozess

reales System → formulieren → Modell → auswerten → Modell Ergebnis → interpretieren → reales Verhalten

in Anlehnung an [HAIS99, S. 188]

Modellarten

Modelle
— materielle ⇨ bilden die Wirklichkeit in einem physikalischen Medium ab
— formale ⇨ bilden die Wirklichkeit durch Zeichen und Strukturen ab

implizit
⇨ stellen rein gedankliche Konstrukte einer problemwahrnehmenden Person dar

explizit
⇨ gehen aus impliziten Modellen hervor
⇨ beschreiben sprachliche Realprobleme

Beschreibungsmodelle
⇨ beschreiben das Realproblem
⇨ bilden empirische Erscheinungen ab

Analysemodelle
⇨ untersuchen die Realprobleme
⇨ formalsprachliche Problempräsentation

Prognosemodelle
⇨ dienen zur Verfolgung derivativer Erkenntnisziele

Erklärungsmodelle
⇨ erfüllen das Erklärungsziel

Entscheidungsmodelle
⇨ empfehlen Gestaltungs- alternativen

Strukturmodelle
⇨ stellen die objektive Komponente dar

Zielmodelle
⇨ repräsentieren die subjektive Komponente

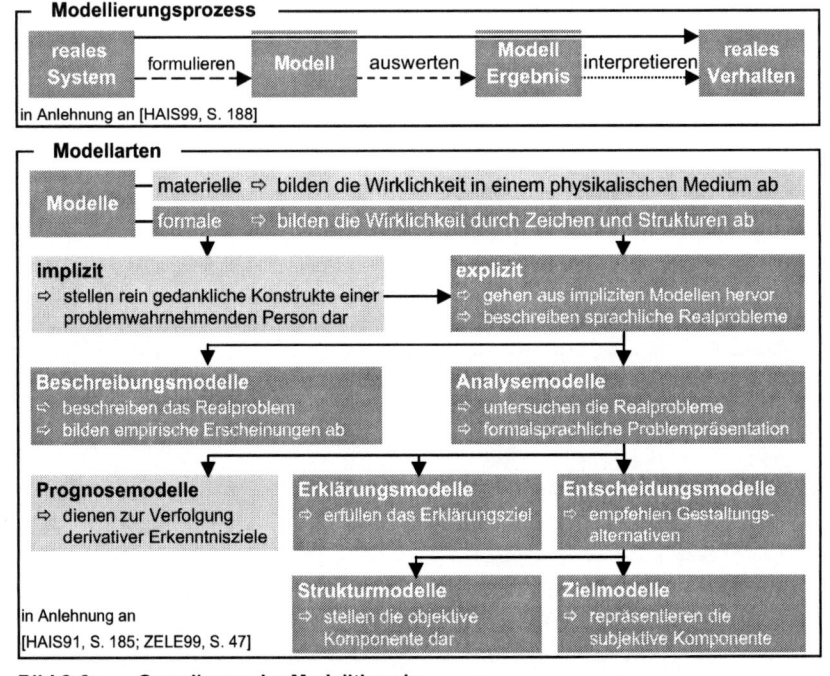

in Anlehnung an [HAIS91, S. 185; ZELE99, S. 47]

Bild 3-6: Grundlagen der Modelltheorie

Für die weitere Untergliederung wird die Einteilung nach ZELEWSKI verwendet. Die formalen Modelle gliedern sich in Beschreibungsmodelle und Analysemodelle. Durch ein Beschreibungsmodell werden empirische Erscheinungen der Realität abgebildet [WÖHE93,

S. 39]. Auf Analysen und Erklärungen wird dabei verzichtet. Im Gegensatz dazu erklären und untersuchen Analysemodelle reale Zusammenhänge und gliedern sich demnach in Erklärungs-, Entscheidungs- und Prognosemodelle. Erklärungsmodelle erklären Ursachen für bestimmte Prozessabläufe. Sie stellen Hypothesen über Gesetzmäßigkeiten auf. Prognosemodelle hingegen formulieren die Erklärung in eine Vorhersage um. Um die Bestimmung optimaler Handlungsmöglichkeiten zu verbessern, werden Entscheidungsmodelle eingesetzt [WÖHE93, S. 39 ff.]. Entscheidungsmodelle werden in der Literatur auch häufig als Gestaltungsmodelle bezeichnet und können in Zielmodelle und Strukturmodelle aufgespaltet werden. Die Zielmodelle beinhalten die subjektive Komponente eines Entscheidungsproblems. Im Zielmodell werden Sach- und Formalziele des Entscheidungsträgers abgebildet. Strukturmodelle bilden die Gesamtheit aller Sachverhalte ab, die für das Entscheidungsproblem relevant sind [WÖHE93, S. 49].

Die in dieser Arbeit zu entwickelnde Bewertungsmethodik zur Ermittlung des Kooperationspotenzials zwischen den Akteuren dient der Unterstützung im Entscheidungsprozess, ob und wie eine Zusammenarbeit anzustreben ist. Die Methodik gehört somit zu den Entscheidungsmodellen.

Damit eine systematische Modellbildung sichergestellt werden kann und die Komplexität zu beherrschen ist, muss die Entwicklung methodisch unterstützt werden. Um die Struktur der Bewertungsmethodik darzustellen, sind die Aktivitäten in einen festen Ablauf zu bringen und mit Schnittstellen zu den anzuwendenden Instrumenten abzubilden. Weiterhin müssen die Relationen zwischen den unterschiedlichen Informationen modelliert werden. In der Literatur werden dazu verschiedene Modellierungsmethodiken diskutiert. Im Anschluss an Kapitel 3.2 werden die verschiedenen Modellierungsansätze hinsichtlich ihrer Anwendbarkeit untersucht.

3.2.3 Grundlagen des Systems Engineering

Um die Entwicklung von Entscheidungs- und Modellbildungsprozessen hinsichtlich der in Kapitel 3.1 formulierten inhaltlichen und formalen Anforderungen an die Bewertungsmethodik zu unterstützen, werden die Grundprinzipien des Systems Engineering verwendet. Die „Philosophie" des Systems Engineering besteht aus zwei Bestandteilen, dem Systemdenken und dem Vorgehensmodell [HABE99, S. 4]. Zum Systemdenken gehören Begriffsdefinitionen, modellhafte Ansätze sowie Ansätze, die das ganzheitliche Denken unterstützen [HABE99, S. 4]. Das Vorgehensmodell des Systems Engineering stellt einen systematischen Ablauf bei Problemlösungsprozessen sicher und beruht auf Richtlinien, die sich in der Praxis bewährt haben, vgl. Bild 3-7 [HABE99, S. 29].

Das Systemdenken stellt prinzipielle Denkweisen sowie grundlegende Definitionen zur Verfügung, so dass Sachverhalte strukturiert gestaltet und dargestellt werden können [HABE99, S. XIV]. Ein System besteht aus Elementen, die durch Beziehungen verbunden sind. Die Beziehungen können Materialflüsse, Informationsflüsse, Lagebeziehungen, Wirkzusammenhänge etc. sein. Die zu betrachtenden Elemente werden mit einer Systemgrenze umschlossen, so dass eine Abgrenzung zu weiteren Elementen, die die Umwelt darstellen, erfolgt. Elemente oder Systeme, die außerhalb der Systemgrenze liegen, können jedoch durch Beziehungen unterschiedlicher Art Einfluss auf das System nehmen. Durch die Ordnung der Elemente und Beziehungen ergibt sich die Struktur eines Systems [HABE99, S. 6 f.]. Bei Systemgrenzen überschreitenden Beziehungen wird von einem offenen System gesprochen, andernfalls von einem geschlossenem [BRUN91, S. 43; HABE99, S. 6]. Weiterhin können Elemente selbst ein System darstellen, indem ein Untersystem mit eigenen Elementen und Beziehungen aufgebaut wird [HABE99, S. 7]. Das Systemdenken bietet somit die Möglichkeit, verschiedene Hierarchiestufen abzubilden, und stellt somit einen komplexitätsbeherrschenden Ansatz dar [ZÜST97, S. 34].

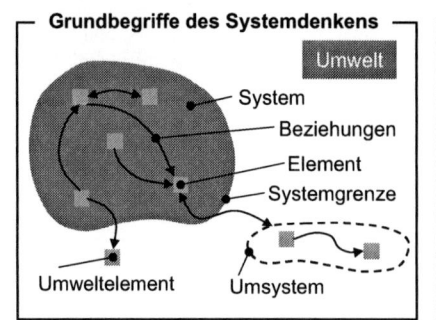

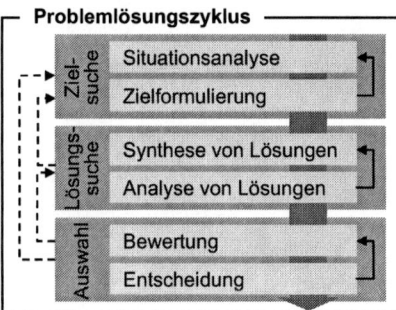

Grundbegriffe des Systemdenkens

- Umwelt
- System
- Beziehungen
- Element
- Systemgrenze
- Umweltelement
- Umsystem

Problemlösungszyklus

- Zielsuche: Situationsanalyse, Zielformulierung
- Lösungssuche: Synthese von Lösungen, Analyse von Lösungen
- Auswahl: Bewertung, Entscheidung

Inhalt des Systemdenkens
- Definition von einheitlichen Begriffen zur Beschreibung komplexer Gesamtheiten und Zusammenhänge
- Abbildung von realen komplexen Erscheinungen mithilfe von Modellansätzen
- Unterstützung des ganzheitlichen Denkens

Inhalt des Vorgehensmodells
- vom Groben zum Detail
- Prinzip der Variantenbildung
- Prinzip der Phasengliederung
- Prinzip des Problemlösungsprozesses

Bild 3-7: Grundlagen der Systemtechnik

Das Vorgehensmodell des Systems Engineering basiert auf vier Prinzipien, siehe Bild 3-7. Zum einen stellt das Vorgehensprinzip *vom Groben zum Detail* sicher, dass der Betrachtungsraum stufenweise eingegrenzt und die Zielsetzung schrittweise konkretisiert wird. Das Prinzip der *Variantenbildung* dient in frühen Phasen zur Bildung und Analyse unterschiedlicher Lösungen. Um einen systematischen Planungsablauf zu gewährleisten, wird das *Phasenmodell* des Systems Engineering angewendet [HABE99, S. 29 f.]. Das Phasenmodell stellt eine Makro-Logik dar, die den Planungs-, Entscheidungs- und Realisierungsprozess in Unterstufen gliedert. Dieses gezielte Vorgehen soll die Ergebnisfindung erleichtern [HABE99, S. 37 f.]. Die Makro-Logik wird durch den *Problemlösungszyklus*, die Mikro-Logik, ergänzt. Der Zyklus dient einer strukturierten Vorgehensweise zur Lösung eines Problems, vgl. Bild 3-7 [HABE99, S. 47 f.].

Die Anwendung des Vorgehensmodells, insbesondere des Problemlösungszyklus in Kombination mit den zuvor beschriebenen Ansätzen der Entscheidungs- und Modelltheorie, hilft dabei die formalen Anforderungen zu erfüllen. Besonders die Denkansätze der Phasen Situationsanalyse, Zielformulierung und Bewertung stehen bei der zu entwickelnden Bewertungsmethodik im Vordergrund. Das Grobkonzept der Bewertungsmethodik wird im folgenden Kapitel mit der Unterstützung der zuvor beschriebenen theoretischen Ansätze strukturiert und dargestellt.

3.3 Auswahl einer Modellierungsmethodik

Zur Unterstützung einer systematischen Vorgehensweise und strukturierten Modellbildung ist die Modellierung durch ein geeignetes methodisches Hilfsmittel zu unterstützen. Dazu existiert eine Vielzahl an Modellierungsmethodiken. Zur Auswahl einer geeigneten Modellierungsmethodik sind zunächst die zu erfüllenden Anforderungen zu bestimmen. Sie werden mithilfe der in Kapitel 3.1.1 und 3.1.2 erarbeiteten Anforderungen an die Bewertungsmethodik abgeleitet. Darauf aufbauend werden im Anschluss die Modellierungsmethodiken hinsichtlich der Anforderungserfüllung bewertet.

Aus den inhaltlichen Anforderungen, die in Kapitel 3.1.1 abgeleitet wurden, ergeben sich zwei wesentliche Forderungen an die Modellierungsmethodik, die zur Auswahl herangezogen werden. Dies ist zum einen die Möglichkeit, Funktionen im Ablauf der Bewertungsmethodik strukturiert abzubilden und zum anderen, die zwischen den Funktionen auszutauschenden Informationen zu modellieren. Zwei weitere Forderungen an die Modellierungsmethodik, die aufgrund der in Kapitel 3.1.2 hergeleiteten formalen Anforderungen an für die Auswahl der Modellierungssprache herangezogen werden, sind die Hierarchisierungsmöglichkeit und die Möglichkeit zur transparenten Darstellung bei der Modellierung. Eine transparente Modellierung und Darstellung der Vorgehensweise der Bewertungsmethodik wird dadurch sichergestellt.

Für die Darstellung dynamischer Ablaufsysteme stehen unterschiedliche Methoden zur Analyse und Abbildung von Planungsschritten, Bewertungsschritten und Informationsbeziehungen zur Verfügung. Zur Analyse und Abbildung von Aktivitäten und Teilaktivitäten sowie der Verarbeitung von Informationen sind vordergründig Modellierungssprachen geeignet, die funktionsorientiert sind und dabei die Informationsflüsse berücksichtigen [SCHM96, S. 38]. Zu den bekanntesten Modellierungssprachen zählen ERM, EXPRESS, SA/SD, SADT, IDEF0, IDEF1, IDEF2 und Petri-Netze. Im Folgenden werden diese Sprachen kurz beschrieben, um daraus eine Auswahl zu treffen.

Der **Entity-Relationship-Modellierungsansatz** (ERM) ist dem Bereich des Software-Engineering zuzuordnen. Dieser Ansatz wurde 1976 von P. CHEN für den Entwurf von Informationssystemen entwickelt [CHEN76, S. 9]. Die Methode unterstützt die Analyse der notwendigen Informationsflüsse sowie deren Spezifizierung und dient dem Entwurf einer entsprechenden Datenbank [ERKE88, S. 33]. Die Abbildung der realen Welt erfolgt bei der Methode mithilfe von Entitäten und Relationen. Weitere Informationen zu Entitäten und Relationen werden mithilfe von Attributen abgebildet [SCHE94a, S. 32]. Die Vererbung von Eigenschaften wird bei der Anwendung der Methode nicht unterstützt [LANG95, S. 348]. Funktionen und Prozesse können mit der ERM Methode ebenfalls nur in Ansätzen abgebildet werden. Umfangreiche Abbildungen der realen Welt mit genaueren Spezifikationen sind nicht möglich [SÜSS91, S.55].

EXPRESS wurde gemeinsam mit der Normung der Schnittstelle Standard for the Exchange of Product Model Data (STEP) entwickelt [EVER94, S. 26]. Die ebenfalls genormte grafische Notationssprache **EXPRESS-G** ermöglicht eine transparente Darstellung und unterstützt bei der Modellinterpretation [SCHE94b, S. 245 f.]. Ziel ist es, eine systemneutrale Methode zur Beschreibung von Produktdaten entlang des gesamten Produktlebenszyklus bereitzustellen [ISO10303, S. XIII]. EXPRESS-G verarbeitet Informationen objektorientiert und wird heute zunehmend zur Systemplanung eingesetzt. Die Grundlage der Informationsmodellierung in EXPRESS ist die Entity [MÜLL97, S. 51]. Mithilfe von Relationen und Attributen werden die Entities beschrieben. Zur Vermeidung von Redundanzen ist ein Vererbungsmechanismus in Form von Sub-Supertyp-Beziehungen vorgesehen [ISO10303, S. 181 f.]. Dabei können im Unterschied zur ERM die Attribute sowohl aus vordefinierten einfachen Datentypen als auch aus eigenen Entitäten bestehen [GÜTH00, S. 44].

Die Modellierungsmethode **Structured Analysis und Structured Design** (SA/SD) wurde in den 70er Jahren entwickelt und ist, wie die ERM Methode, ein Ansatz zur Datenflussmodellierung [YOUR93, S. 8]. Mithilfe von Datenflussdiagrammen können Systeme in verständliche Subsysteme gegliedert werden, die anschließend strukturiert, definiert oder durch funktionale Dekompositionen detailliert werden [SÜSS91, S.48]. Vergleichbar zur ERM Methode werden die Objekte und deren dynamisches Verhalten sowie die Funktionen modelliert. Die Darstellung von Informationsflüssen wird durch die funktionsorientierte Modellierung ermöglicht, jedoch wird eine funktionsorientierte Prozessmodellierung nicht unterstützt [TRÄN90, S. 36]. Bei wechselnden Systemgrenzen, z.B. bei unternehmensübergreifender Zusammenarbeit, hat die SA/SD Methode Schwächen. Durch die an Funktionsgrenzen orientierte Dekomposition entstehen Probleme, wenn die Systemgrenzen angepasst werden müssen [RUMB91, S. 268].

Die **Structured Analysis Design Technique** (SADT) wurde ebenfalls in den 70er Jahren auf der Basis der SA-Methoden für den Systementwurf entwickelt und dient als grafisches Beschreibungsmittel [ROSS77, S. 33 f.] Mit der SADT Methode können Systeme mittlerer Komplexität abgebildet und dargestellt werden [MARC88, S. 7]. Für eine hierarchische Funktionsmodellierung eignet sich die Methode sehr gut, so dass Wirkzusammenhänge zwischen Eingangs- und Ausgangsinformationen zur Erfüllung einer Aufgabe dargestellt werden können. Steuerungs-, Regelungs- und Rückkopplungsmechanismen sind dabei einfach abzubilden. [MARC87, S. 2; ZIMM95, S. 30; KRZE93, S. A-1.]. Unterstützend werden mit dem Aktivitäten- und dem Datenmodell zwei Modellkonzepte zur Verfügung gestellt [SÜSS91, S. 50]. Das Prozessmodell beschreibt die Funktionen an den Eingangsgrößen, die die Ausgangsgrößen erzeugen. Die dabei zu verwendenden Ressourcen wie z.B. Menschen, Maschinen oder Methoden werden mithilfe von Mechanismus-Pfeilen beschrieben [SMIT88, S. 173]. Mithilfe des Datenmodells können die durch die Funktionen ausgeübten Einflüsse auf Daten, Objekte, etc. beschrieben werden [MERT94, S. 142].

Ein von der SADT Methode abgeleiteter Ansatz ist die **Integrated Computer Aided Manufacturing Programm Definition** (IDEF). Sie gliedert sich in die drei Methoden IDEF0, IDEF1 und IDEF2 [DOUM84, S. 211 f.]. Mithilfe von IDEF0 werden die Funktionen mit Eingangs- und Ausgangsgrößen sowie Steuerungsgrößen abgebildet. IDEF0 ist das Funktionsmodell. Die Informations- und Datenflüsse sowie die Datenstrukturen werden mit IDEF1, dem Informationsmodell, erstellt. IDEF2 berücksichtigt die Zeitkomponente und stellt somit ein dynamisches Modell dar. Es beschreibt das zeitliche Verhalten der Funktionen und Informationen [ERKE88, S. 29]. Im Unterschied zur SADT Methode ist die Vorgehensweise für die Anwendung von IDEF0 strikter determiniert.

Legende: ○ = Anforderung nicht erfüllt
◐ = Anforderung teilweise erfüllt
● = Anforderungen erfüllt

Modellierungsmethoden	Funktions-orientierung	Informations-fluss	Hierarchi-sierung	transparente Darstellung
Entity-Relationship-Modellierungsansatz (ERM)	◐	○	○	◐
Structured Analysis/Standard Design (SA/SD)	●	○	●	●
Structured Analysis Design Technique (SADT)	●	◐	●	●
Integrated Computer Aided Manufacturing Programm Definition (IDEF)	●	◐	●	●
EXPRESS/EXPRESS-G	◐	●	◐	◐
Petri-Netze	◐	○	○	◐

Vorgehensweise der IDEF-Methode

{A0} Hauptaktivität
  {A1} Teilaktivität
    {A1.1} ...
  ...
  {A2} Teilaktivität

Detaillierungsgrad (max. 6 Ebenen)

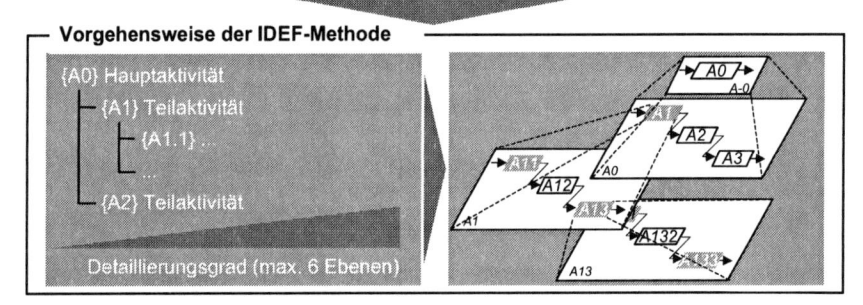

A-0 / A0 / A1 / A2 / A3 / A12 / A13 / A132

Bild 3-8: Auswahl einer Modellierungsmethodik

Petri-Netze basieren auf der allgemeinen Systemtheorie. PETRI entwickelte diese Methode zum Entwerfen von Rechnerbetriebssystemen [MÜLL91, S. 56]. Mithilfe der Petri-Netze können parallel ablaufende Prozesse modelliert und detailliert werden und auf ihr dynamisches Verhalten hin analysiert werden. Petri-Netze beschreiben ein System anhand seiner statischen Struktur und seines dynamischen Verhaltens. Die statische Struktur wird durch aktive Knoten, passive Knoten und gerichtete Kanten abgebildet. Defizite der Petri-Netze hinsichtlich der Anwendbarkeit in dieser Arbeit liegen in der nicht vorhandenen

Berücksichtigung von Ressourcen sowie Eingangs- und Ausgangsinformationen [LEHN91, S. 297 f.]. Es können weder Hierarchisierungen der Systemebenen abgebildet noch Rekursionen durch das Modell unterstützt werden [WENIG95, S. 60]. Ebenso werden aufgrund der einfachen Darstellungsart und einer mathematischen Beschreibung die Netze sehr schnell komplex und damit unübersichtlich.

In Bild 3-8 ist die Erfüllung der formulierten Anforderungen an die Modellierungsmethodik abgebildet. Die SADT und IDEF Methode stellen geeignete Modellierungsmethodiken für die in dieser Arbeit diskutierte Problemstellung dar. Die Ansätze unterscheiden sich weder in der Zergliederungsart noch in der grafischen Darstellung wesentlich. Ein geringer Unterschied zur SADT Methode ist, dass die Vorgehensweise von IDEF0 klarer und deutlicher formuliert ist. Im weiteren Verlauf der Arbeit wird somit auf Basis der IDEF Methode die Bewertungsmethodik modelliert.[20]

3.4 Entwicklung des Grobkonzepts

Aufbauend auf der formulierten Problemstellung und der daraus abgeleiteten Zielsetzung der Arbeit sowie der Definition der Betrachtungsobjekte wurden die inhaltlichen und formalen Anforderungen an die Methodik zur Bewertung von Kooperationspotenzialen hergeleitet. Zur Unterstützung der Vorgehensweise wurden die Grundlagen der Entscheidungstheorie, Modelltheorie und der Systemtechnik beschrieben. Mithilfe der Entscheidungstheorie wird bei der Entwicklung des Grobkonzeptes der Aufbau und der Ablauf des Bewertungsprozesses unterstützt. Die Systemtechnik wird für die Entwicklung des Ablaufs der Bewertung herangezogen und genutzt. Hingegen stellt die Modelltheorie bei der Entwicklung einzelner Abschnitte der Bewertungsmethodik, unter Berücksichtigung verschiedener Einflüsse und Abhängigkeiten der Umwelt, ein weiteres Hilfsmittel dar. Ziel ist es, mithilfe der Theorien eine systematische und strukturierte Vorgehensweise für den Ablauf der Bewertungsmethodik analytisch deduktiv aufzubauen und die einzelnen Teilschritte bzw. Funktionen mithilfe von Modellen zu erstellen. Zur Sicherstellung einer systematischen Modellbildung und strukturierten Herangehensweise wird die Entwicklung der Methodik durch die ausgewählte Modellierungssprache IDEF0 unterstützt, vgl. Bild 3-9.

Die Identifikation und Bewertung überbetrieblicher Kooperationspotenziale basiert auf einer Prozess, Kosten-, Nutzen- und Risikoanalyse mit anschließender Potenzialbewertung. Hauptziel ist es, Schwachstellen im Bereich Maschinenverfügbarkeit auf Basis mangelnder Daten- und Informationsmengen zu identifizieren, so dass anschließend Potenziale zur Verbesserung der Situation hinsichtlich einer kooperativen Zusammenarbeit ermittelt werden können. Entsprechend der Definition der Zielsetzung orientiert sich der Ansatz der Methodik an der Philosophie des Systems Engineering.

---

[20] Eine Bewertung ausgewählter Modellierungssprachen wurde von BÖHLKE, ERKES, KRAH und WENGLER durchgeführt [BÖHL94, S. 45 f.; ERKE88, S. 28 ff.; KRAH99; WENG95, S. 60 f.].

Grobkonzeption der Methodik

- **Abgrenzung des Vorhabens**

  Problemstellung der Praxis ▶ Zielsetzung ▶ Betrachtungsobjekte

  | formale Anforderungen | inhaltliche Anforderungen |

  theoretische Ansätze
  - Entscheidungstheorie unterstützt Aufbau und Ablauf des Bewertungsprozesses
  - Modelltheorie abstrahiert und strukturiert komplexe Relationen der realen Welt
  - Systems Engeneering unterstützt systematisch die Lösung komplexer Probleme
  - Modellierungsmethodik unterstützt Systematik und strukturierte Modellbildung

- **Methodenentwicklung**

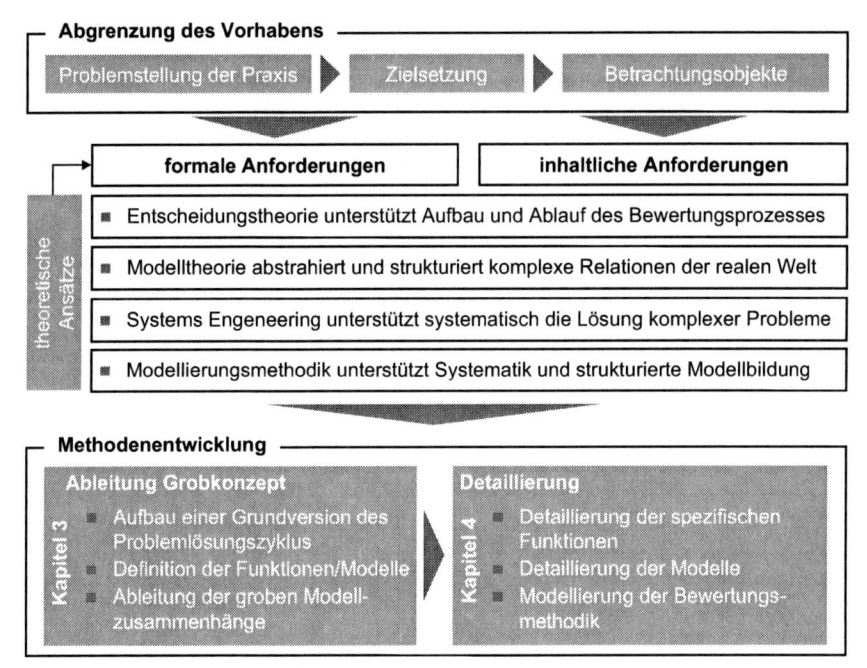

  Kapitel 3 — Ableitung Grobkonzept
  - Aufbau einer Grundversion des Problemlösungszyklus
  - Definition der Funktionen/Modelle
  - Ableitung der groben Modellzusammenhänge

  Kapitel 4 — Detaillierung
  - Detaillierung der spezifischen Funktionen
  - Detaillierung der Modelle
  - Modellierung der Bewertungsmethodik

Bild 3-9: Vorgehen der Methodikentwicklung

Mithilfe der Systemtheorie werden komplexe Problemstellungen systematisch gegliedert, so dass die Komplexität besser beherrschbar wird. Die Systemtechnik stellt hierzu den Problemlösungszyklus als ein geeignetes Hilfsmittel dar [HABE99, S. 47], welcher im Rahmen der Methodikentwicklung verwendet wird.[21] Die Idee des system-hierarchischen Denkens stellt hier in Verbindung mit dem Blackbox-Prinzip Möglichkeiten zur Verfügung, die einen geordneten Umgang mit der Komplexität der Problemstellung erleichtern. Demnach wird ein System, z.B. eine Problemstellung oder ein Lösungsweg, zunächst grob strukturiert, indem eine begrenzte Anzahl von Untersystemen gebildet sowie die wesentlichen Beziehungen zwischen den Untersystemen definiert werden. In Anlehnung an den Problemlösungszyklus und unter Berücksichtigung der abgeleiteten inhaltlichen und formalen Anforderungen wird das Grobkonzept in drei Hauptphasen unterteilt: die Situationsanalyse, die Potenzialanalyse und die abschließende Phase der Potenzialbewertung, vgl. Bild 3-10.

Die einzelnen Phasen werden im Folgenden hinsichtlich der Zielsetzung, des Ablaufs und der integrierten Modelle, im weiteren Verlauf auch Hilfsmittel genannt, beschrieben.

---

[21] Vgl. hierzu auch Kapitel 3.2.3.

Grobkonzeption der Methodik

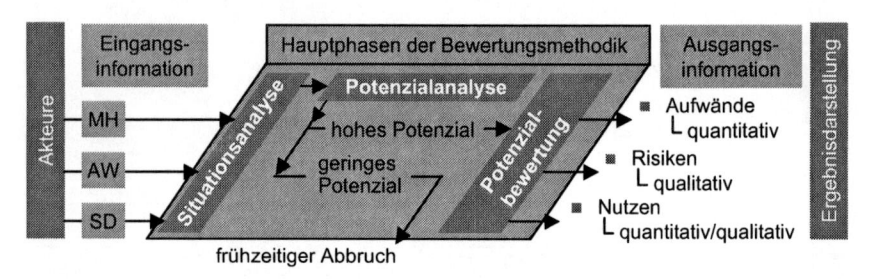

Bild 3-10: Stufenweiser Aufbau des Grobkonzeptes

Ziel der Situationsanalyse ist es, den Ist-Zustand der zu betrachtenden Akteure systematisch zu ermitteln. Dies wird mithilfe einer Ist- und Soll-Analyse bzgl. der Zielsetzungen und Randbedingungen der zu betrachtenden Akteure durchgeführt. Im Rahmen der Zielanalyse werden unabhängig voneinander die planungsrelevanten Ziele hinsichtlich der Maschinenverfügbarkeit der Akteure Maschinenhersteller, Anwender und Service-Dienstleister ermittelt. Die Zielsetzungen beziehen sich dabei auf monetäre und nicht-monetäre Verbesserungen. Als Eingangsinformation des Zielmodells werden vorrangig die Zielsetzung bzgl. der Maschinenverfügbarkeit in Form von Kennzahlen betrachtet sowie die Lebenszykluskosten des Betrachtungsobjektes. Ergänzend werden Randbedingungen für eine mögliche Zusammenarbeit ermittelt. Dabei liegt der Fokus auf dem Betrachtungsobjekt Maschine sowie auf den Einflussgrößen, die sich aus den Geschäftsbeziehungen zwischen den zu betrachtenden Akteuren ergeben. Zur Unterstützung der Zuordnung von Daten und Informationen sowie den Lebenszykluskosten wird ein Modell zu Abbildung der Produktstruktur entwickelt (Produktstrukturmodell). Mithilfe des Produktstrukturmodells ist eine Ordnung und Aggregation von Produktinformationen zur Vereinfachung der Informationsverarbeitung möglich. Zur systematischen Erfassung von vorhandenen Felddaten sowie zur Identifizierung von Schwachstellen in der Nutzungsphase werden Referenzprozesse zu den wesentlichen Aktivitäten in der Nutzungsphase genutzt (Prozessmodell). Dabei sollen vorrangig Defizite in der Bereitstellung von Daten und Informationen ermittelt werden. Um die relevanten Daten und Informationen systematisch abzubilden, wird eine Modellstruktur zu den relevanten Daten und Informationen entwickelt (Daten- und Informationsmodell), vgl. Bild 3-11.

Die anschließende zweite Phase der Methodik, die Potenzialanalyse, hat das Ziel eine qualitative Nutzenbewertung mit geringem Aufwand durchzuführen. Dabei steht im Vordergrund frühzeitig zu erkennen, dass eine detaillierte Bewertung aufgrund eines sehr geringen Nutzenpotenzials nicht durchgeführt werden muss. Die Basis der Bewertung besteht im Wesentlichen aus dem Transfermodell und der Einflussanalyse. Mithilfe des Transfermodells sollen Daten und Informationen ermittelt werden, die zwischen den Akteuren getauscht werden können. Die Verknüpfung zwischen den identifizierten Schwachstellen und den zu tauschenden Daten und Informationen erfolgt mithilfe der Einflussanalyse. Anschließend erfolgt eine Nutzenpotenzialabschätzung. Ziel der Potenzialabschätzung ist es, eine frühzeitige Einstufung des Kooperationspotenzials zu ermitteln sowie Schwerpunkte bei den erhobenen Schwachstellen zu setzen. Aufbauend auf

Grobkonzeption der Methodik

der Potenzialabschätzung werden die Nutzenpotenziale akteursspezifisch analysiert, um eine Entscheidung hinsichtlich eines Abbruchs der Bewertungsmethode zu treffen.

Situationsanalyse	**Ziel: Ist-Analyse der zu betrachtenden Akteure**	
Kapitel 4.1		■ Repräsentation von Ziel- und Präferenzstruktur
		■ Analyse bestehender Beziehungen zwischen den Akteuren
	[Produktstrukturmodell]	■ Analyse der Struktur des Betrachtungsobjektes
	[Prozessmodell]	■ Prozessanalyse zur Daten- und Informationserfassung
	[Datenmodell]	■ Identifikation relevanter Daten- und Informationen
Potenzialanalyse	**Ziel: qualitative Nutzenbewertung**	
Kapitel 4.2	[Transfermodell]	■ Analyse zu transferierender Daten und Informationen
		■ Einflussanalyse bzgl. Schwachstellenbeseitigung
		■ Einstufung des akteurspezifischen Nutzenpotenzials
		■ Auswertung des akteurspezifischen Nutzenpotenzials
Potenzialbewertung	**Ziel: Bewertung des Kooperationspotenzials der Akteure**	
Kapitel 4.3	[Kostenmodell]	■ Kalkulation der Kostenreduktionspotenziale
	[Kostenmodell]	■ Kalkulation der Kooperationsaufwände
	[Kenngrößenmodell]	■ Messung der Kenngrößenkonformität
	[Risikomodell]	■ Bewertung der Kooperationsrisiken
		■ Analyse und Darstellung der Ergebnisse

Legende: [ ] = Hilfsmittel; ◄— = Informationsfluss

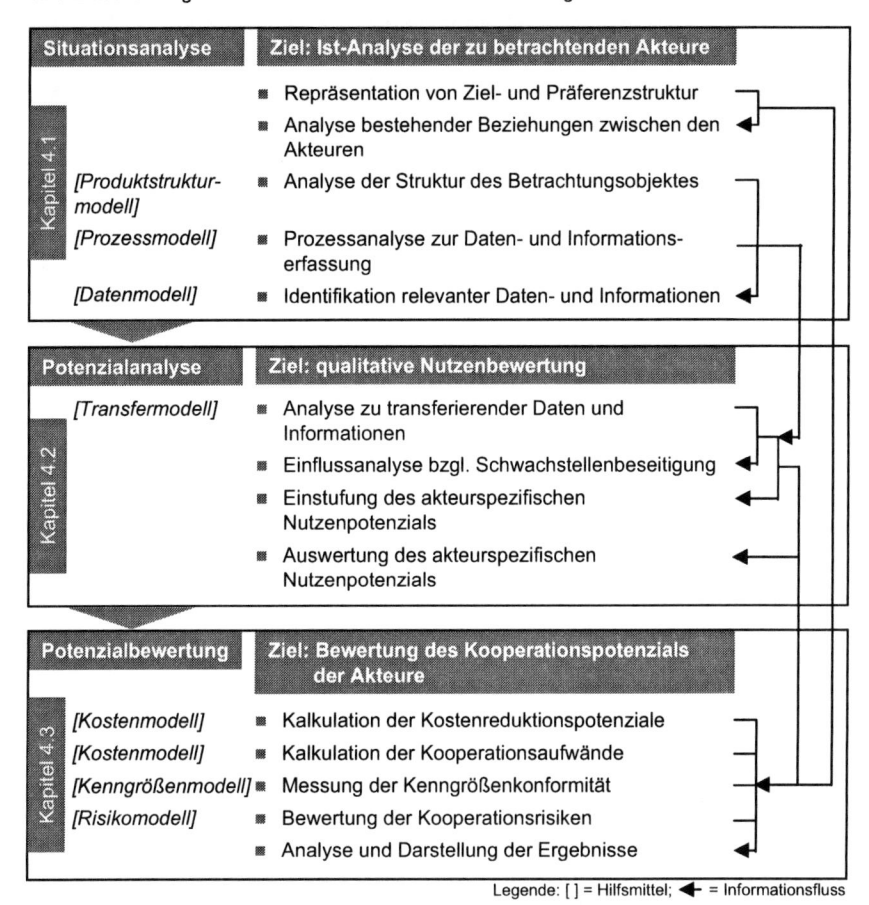

Bild 3-11: Grobkonzept des Lösungsansatzes

Um die Einflüsse des Daten- und Informationsbedarfs auf die Kosten der jeweiligen Akteure zu ermitteln und zu bewerten, wird die dritte Phase, die Potenzialbewertung, durchgeführt. Dazu werden zuerst mithilfe des Kostenmodells die relevanten internen Kosten der Akteure systematisch identifiziert. Zusätzlich werden im Kostenmodell die zusätzlichen Aufwände (Transferleistungen) für das Eingehen einer Zusammenarbeit identifiziert. Weiterhin werden die Kenngrößen aus dem Zielsystem hinsichtlich ihres Verbesserungspotenzials mithilfe des Kenngrößenmodells bewertet. Abschließend werden die Risiken einer potenziellen Kooperation für die beteiligten Akteure mithilfe des Risikomodells bewertet. Die Methodik schließt mit einer Ergebnisdarstellung innerhalb der dritten Phase ab. Das Ergebnis stellt eine Entscheidungsgrundlage für oder gegen eine Zusammenarbeit zur Steigerung der Maschinenverfügbarkeit durch Austausch immaterieller Ressourcen dar.

3.5 Zwischenfazit

Bezogen auf den festgestellten Handlungsbedarf wurde in den vorangegangenen Abschnitten das Grobkonzept der Methodik zur Bewertung des Kooperationspotenzials zwischen Hersteller, Anwender und Service-Dienstleister ausgearbeitet.

Auf Basis des Handlungsbedarfs wurden die Anforderungen an die Bewertungsmethodik abgeleitet. Dabei wurde zwischen inhaltlichen und formalen Anforderungen unterschieden. Ziel war es, einen Bezugsrahmen für die Methodik aufzustellen und die Zielsetzung der Methodik zu formulieren. Anschließend wurden die Grundlagen der Entscheidungstheorie, die allgemeine Modelltheorie und die Systemtechnik als geeignete Hilfstheorien für die Methodikentwicklung vorgestellt. Ziel ist es, mithilfe der Theorien die Komplexität der Problemstellung sicher zu beherrschen. Zur systematischen und strukturierten Entwicklung der Bewertungsmethodik wurde eine für den vorliegenden Anwendungsfall geeignete Modellierungsmethodik ausgewählt. Unter Anwendung der Prinzipien der Systemtechnik und der Berücksichtigung der abgeleiteten Anforderungen wurde das Grobkonzept der Bewertungsmethodik erarbeitet.

Im ersten Schritt der Methodikentwicklung wurden die Hauptphasen definiert. Die Hauptphasen lehnen sich dabei an das Vorgehen der Systemtechnik zur Lösung von Problemen an und gliedern sich in die Phasen Situationsanalyse, Potenzialanalyse und Potenzialbewertung.

Aufgrund der Komplexität des Bewertungsvorgangs der Methodik wurden die Hauptphasen in ihre wesentlichen Funktionen und Modelle gegliedert. Die Situationsanalyse umfasst dabei eine detaillierte Ist-Situationsanalyse der zu betrachtenden Akteure. Dabei werden die Konstellation und die Produktstruktur des zu betrachtenden Objektes analysiert sowie Schwachstellen hinsichtlich des Daten- und Informationsbedarfs untersucht. In der Phase Potenzialanalyse werden mithilfe der Ergebnisse der Situationsanalyse die Nutzenpotenziale für die beteiligten Akteure grob bewertet, um gegebenenfalls einen frühzeitigen Abbruch der Bewertungsmethodik aufgrund mangelnder Potenziale einleiten zu können. In der Phase der Potenzialbewertung werden die Faktoren Nutzen, Aufwände und Risiken für die beteiligten Akteure untersucht.

Mit der Definition der Zielsetzung und dem Bezugsrahmen der Methodik sowie der Erstellung des Grobkonzepts sind die notwendigen Voraussetzungen für eine Ausarbeitung der einzelnen Teilmodelle gegeben. Die Detaillierung wird im folgenden Kapitel auf Basis des Grobkonzeptes durchgeführt.

4 Detaillierung der Bewertungsmethodik

Zur Operationalisierung des in Kapitel 3 vorgestellten Grobkonzepts der Methodik zur Bewertung des Kooperationspotenzials zwischen den zuvor beschriebenen Akteuren Hersteller, Anwender und Service-Dienstleister werden die drei Phasen des Konzeptes mit den dazugehörigen Modellen detailliert. Eine systematische und strukturierte Beschreibung der drei Phasen sowie deren Modellen wird durch die ausgewählte Modellierungsmethodik sichergestellt.

Parallel zur Ausgestaltung der drei Phasen, die aus dem Grobkonzept hervorgehen, wird die Methodik mit der in Kapitel 3 ausgewählten Modellierungssprache IDEF0 modelliert. Auf Basis der Regeln und Prinzipien der Modellierungsmethodik wurde eine Ablaufstruktur für die Gesamtmethodik erstellt. Das Knotenverzeichnis der Methodik sowie die funktional-hierarchische Tiefengliederung ist in Bild 4-1 dargestellt. Dabei sind die Vorgehensschritte der Bewertungsmethodik bis zur dritten Ebene abgebildet. Die drei Phasen aus dem Grobkonzept sind auf der ersten Ebene angeordnet und korrespondieren mit den Kapitelüberschriften. Dadurch werden eine transparente Methodikdetaillierung und eine Zuordnung der beschriebenen Aktivitäten erleichtert. Eine Detaildarstellung des IDEF0-Aktivitätenmodells ist im Anhang A1 abgebildet.

{A0} Bewertung des Zuverlässigkeitspotenzials durch Kooperationen

    {A1} Situationsanalyse
- {A11} akteurspezifische Strategien und Zielsetzungen ableiten
- {A12} operative Zielsetzung akteurspezifisch ableiten
- {A13} Konstellation analysieren
- {A14} relevante Betrachtungsobjekte auswählen
- {A15} Schwachstellen akteurspezifisch ermitteln
- {A16} verfügbare Daten und Informationen akteurspezifisch identifizieren

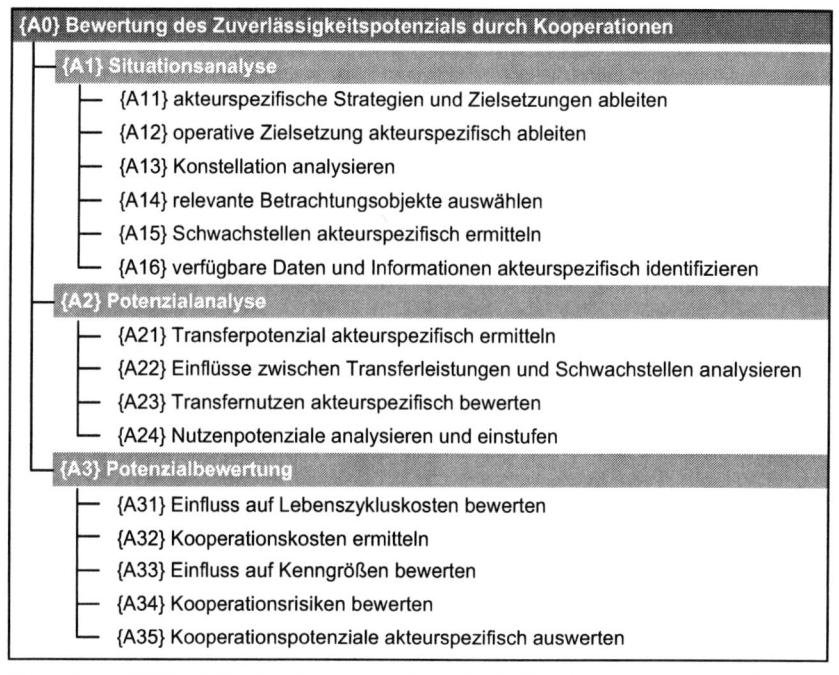

    {A2} Potenzialanalyse
- {A21} Transferpotenzial akteurspezifisch ermitteln
- {A22} Einflüsse zwischen Transferleistungen und Schwachstellen analysieren
- {A23} Transfernutzen akteurspezifisch bewerten
- {A24} Nutzenpotenziale analysieren und einstufen

    {A3} Potenzialbewertung
- {A31} Einfluss auf Lebenszykluskosten bewerten
- {A32} Kooperationskosten ermitteln
- {A33} Einfluss auf Kenngrößen bewerten
- {A34} Kooperationsrisiken bewerten
- {A35} Kooperationspotenziale akteurspezifisch auswerten

Bild 4-1: IDEF0-Aktivitäten-Diagramm der entwickelten Bewertungsmethodik

Detaillierung der Bewertungsmethodik

4.1 Situationsanalyse

Die erste Phase der Bewertungsmethode ist die Situationsanalyse. In Anlehnung an den Problemlösungszyklus nach HABERFELLNER sollen in dieser Phase das Problem und die damit verbundenen Ziele für ein bestimmtes Untersuchungsfeld definiert werden. Es müssen aussagekräftige Informationsprofile über die Veränderungsmöglichkeiten in einem potenziellen Kooperationsverbund erstellt werden, durch die die Attraktivität des Kooperationspotenzials im Unternehmenskontext identifiziert werden kann. Zum einen ist dies durch die Erhöhung der Wirtschaftlichkeit, d.h. durch eine Verbesserung des Verhältnisses von Leistung zu Ressourceneinsatz bei unverändertem Leistungsangebot zu erreichen. Zum anderen kann dies durch eine Verbesserung der Kosten- und Erlösstruktur mittels eines veränderten Angebots erzielt werden, mit dem sowohl den Wünschen eines Marktes als auch den Bedingungen einer rationellen Produktion besser entsprochen werden kann. Die kooperative Zusammenarbeit zielt nicht auf eine einseitige Erlössteigerung ab, sondern versucht die Wettbewerbsfähigkeit der Einzelunternehmen zu steigern bzw. ihre Rentabilität zu erhöhen.

Die Situationsanalyse umfasst dabei eine Ziel- und Schwachstellenuntersuchung der beteiligten Akteure, so dass in der abschließenden Bewertungsphase der Methodik die Potenziale qualitativ und quantitativ bewertet werden können. Die Ziele, die bei der Entwicklung, beim Vertrieb und bei der Nutzung von Maschinen verfolgt werden, sind unternehmensspezifisch und müssen für jedes Unternehmen betrachtet werden. Da die operativen Ziele aus der übergeordneten Unternehmensstrategie resultieren, wird diese nach der Top-Down-Vorgehensweise in der Situationsanalyse zuerst betrachtet. Im Anschluss erfolgt eine Ist-Aufnahme der festen Randbedingungen und vorhandenen organisatorischen Verflechtungen zwischen den zu betrachtenden Akteuren, um anschließend grob das Potenzial abschätzen zu können, vgl. Bild 4-2. Eine Bestandsaufnahme bzgl. des verfügbaren und nicht verfügbaren Wissens in Form von Daten und Informationen bildet neben der Eingrenzung des Betrachtungsbereiches, welcher von der Organisationsstruktur eines jeden Unternehmens abhängt, den Abschluss der Situationsanalyse.

Phasen des Grobkonzeptes	Zielsetzung der Situationsanalyse
Situationsanalyse — Kap. 4.1	akteurspezifische Ist-Analyse bzgl. - Strategien und Zielsetzungen und - Randbedingungen der Konstellation
Potenzialanalyse — Kap. 4.2	Auswahl der Betrachtungsobjekte akteurspezifische Schwachstellenanalyse
Potenzialbewertung — Kap. 4.3	Ist-Datenkatalog erstellen

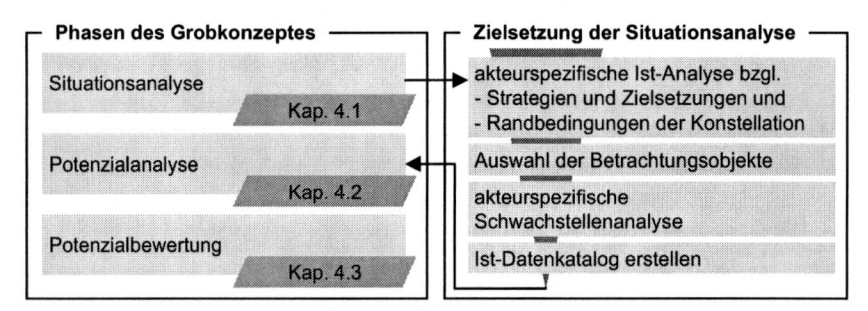

Bild 4-2: Eingliederung der Situationsanalyse in das Grobkonzept

Als Ergebnis der Situationsanalyse liegen sowohl qualitative als auch quantitative Informationen zur Gesamtsituation vor, die zu einer verbesserten Problemsicht führen und damit die Basis für Lösungsansätze in der anschließenden Potenzialanalyse darstellen.

Detaillierung der Bewertungsmethodik

4.1.1 Einordnung der Akteursstrategien und -ziele

Um die Strategien der zu betrachtenden Unternehmen zu berücksichtigen, werden die übergeordneten Ziele eines Unternehmens dargestellt. Anschließend erfolgt die Kategorisierung möglicher Wettbewerbsstrategien, damit deren Einfluss auf die Richtungen der operativen Ziele in der Bewertungsmethodik berücksichtigt werden kann. Die direkt abgeleiteten Ziele aus den Wettbewerbsstrategien stellen Randbedingungen für die weitere Vorgehensweise der Bewertungsmethodik dar.

Für das „Überleben" eines Unternehmens sind die Faktoren Liquidität, Rentabilität und bedingt das Wachstum von existenzieller Bedeutung [vgl. SCHI98]. Um diese Voraussetzungen konsequent und systematisch zu erfüllen, sind Ziele als Steuergrößen zu formulieren und aufeinander abzustimmen. Das daraus entstehende Zielsystem besteht aus wirtschaftlich und gesellschaftlich orientierten Zielsetzungen. Wirtschaftliche Ziele werden durch Erfolgs- (Umsatz-, Wertschöpfungs-, Gewinn-, Rentabilitätsziele), Finanz- (Liquiditäts-, Investitions- und Finanzierungsziele) und Leistungsziele (Beschaffungs-, Lagerhaltungs-, Produktions- und Absatzziele) gebildet. Die gesellschaftlichen Ziele setzen sich aus sozialen und ökologischen Zielen zusammen [SCHI98, S. 62, VOEG97, S. 20].

Neben dem Aufbau eines Zielsystems ist die Vorgabe einer Unternehmensstrategie für den Unternehmenserfolg von großer Bedeutung. Das Zielsystem muss dabei mit der Unternehmensstrategie harmonisieren und darauf abgestimmt sein, vgl. Bild 4-3.

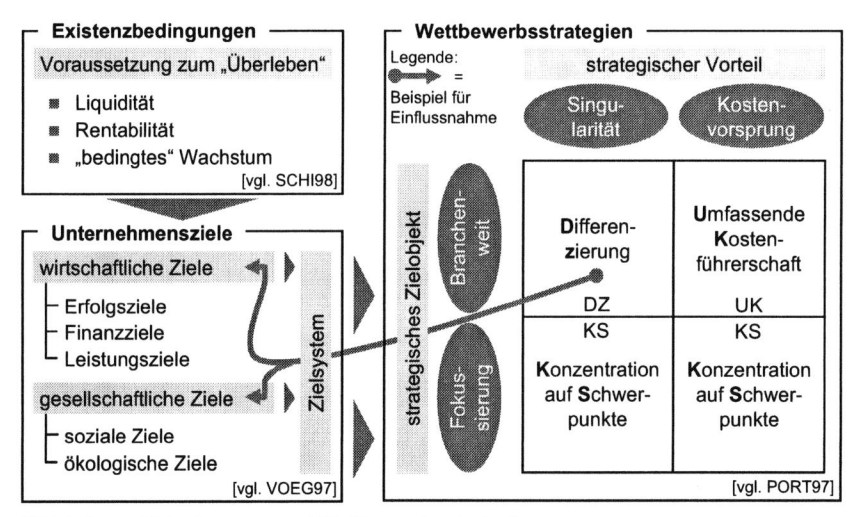

Existenzbedingungen		Wettbewerbsstrategien	
Voraussetzung zum „Überleben" ▪ Liquidität ▪ Rentabilität ▪ „bedingtes" Wachstum [vgl. SCHI98]	Legende: ●━━▶ = Beispiel für Einflussnahme	strategischer Vorteil	
		Singularität	Kostenvorsprung

Unternehmensziele
 wirtschaftliche Ziele ◀▶
  ├ Erfolgsziele
  ├ Finanzziele
  └ Leistungsziele
 gesellschaftliche Ziele ◀▶
  ├ soziale Ziele
  └ ökologische Ziele
 [vgl. VOEG97]
	Zielsystem / strategisches Zielobjekt / Branchenweit / Fokussierung	Differenzierung
		
		 DZ
		 KS
		
		 Konzentration auf Schwerpunkte
			Umfassende Kostenführerschaft
			
			 UK
			 KS
			
			 Konzentration auf Schwerpunkte

		[vgl. PORT97]	

Bild 4-3: Zielsetzungen und Wettbewerbsstrategien

Nach PORTER können auf der allgemeinen Ebene drei Wettbewerbsstrategien bestimmt werden. Dies sind „Umfassende Kostenführerschaft", „Differenzierung" und „Konzentration auf Schwerpunkte" [PORT97, S. 62 ff.].

55

Detaillierung der Bewertungsmethodik

Ein Unternehmen, das die Kostenführerschaft verfolgt, versucht einen umfassenden Kostenvorsprung gegenüber der Konkurrenz zu erlangen. Ein hoher Marktanteil oder andere Vorteile, wie z.b. der günstige Zugang zu Rohstoffen, sind oft erforderlich, um einen Kostenvorsprung erzielen zu können [PORT97, S. 64]. Es kann notwendig sein das Produktdesign einem möglichst einfachen Herstellungsprozess anzupassen, ein breites Sortiment gleichartiger Produkte beizubehalten oder nur bedeutende Abnehmergruppen zu bedienen. Das Unternehmen wird seine gesamte Strategie darauf ausrichten die Kosten gering zu halten, obwohl andere Bereiche wie Qualität, Service, usw. nicht außer Acht gelassen werden dürfen [PORT97, S. 63]. Produzierende Unternehmen müssen z.b. durch den Aufbau von Produktionsmaschinen und -anlagen effizienter Größe, durch das Ausnutzen erfahrungsbedingter Kostensenkungen, durch strenge Kontrollen von variablen Kosten und Gemeinkosten und vor allem durch Kostenminimierungen in Bereichen wie Forschung und Entwicklung, Service usw. Kostensenkungspotenziale systematisch ausschöpfen [PORT97, S. 63]. Soll die Kostenführerschaft effizient gestaltet werden, ist bei Bedarf der Service zu reorganisieren. Im Hinblick auf die Bewertungsmethodik hat diese Wettbewerbsstrategie einen starken Einfluss auf die Zielsetzungen der zu betrachtenden Kooperationsakteure.

Mit der Differenzierung wird hingegen das Ziel verfolgt, durch das Angebot einer „einzigartigen" Dienstleistung oder eines „einzigartigen" Produktes eine Abgrenzung zum Konkurrenten zu erzeugen. Die Differenzierung kann in vielen Dimensionen wie z.B. Design oder Markenname, Technologie, Kundendienst oder in anderen Bereichen erfolgen [PORT97, S. 65]. Besonders erfolgreich wird sich ein Unternehmen auf dem Markt behaupten können, wenn es ihm gelingt eine Differenzierung in mehreren Dimensionen zu tragbaren Kosten zu erzielen [PORT97, S. 66]. Die Kosten sind jedoch nicht das primäre Ziel, da aufgrund der Differenzierung ein der Konkurrenz vergleichbares Produkt zu einem höheren Preis angeboten werden kann. Viele Faktoren verhindern es oftmals, neben der Differenzierung, eine günstige Kostenposition einzunehmen. Ausgedehnte Forschung, exklusives Produktdesign, innovative Materialien oder intensive Kundenbetreuung treiben die entstehenden Kosten und damit den Produktpreis in die Höhe [PORT97, S. 66].

Die Wettbewerbsstrategie der Konzentration auf Schwerpunkte orientiert sich an Marktnischen wie z.B. bestimmten Abnehmergruppen, bestimmten Teilen des Produktprogramms oder einem geographisch abgegrenzten Markt. Die Konzentrationsstrategie erfordert ein bestimmtes Ziel (Marktnische, Kundengruppe, Teil des Produktprogramms, geografisch abgegrenzter Markt) bevorzugt zu bedienen und jedes Instrument darauf hin zu entwickeln [PORT97, S. 67]. Vorraussetzung ist es, durch die enge Begrenzung das strategische Ziel wirkungsvoller oder effizienter erreichen zu können als die Konkurrenz, die versucht, den gesamten Markt zu bedienen. Die Konzentration kann entweder zu einer Kostenführerschaft oder zu einer Differenzierung in dem bedienten Marktsegment führen [PORT97, S. 67 ff.].

Die Ermittlung der Wettbewerbsstrategie bei den zu betrachtenden Akteuren ist der erste Schritt bei der Durchführung der Situationsanalyse mithilfe der Bewertungsmethodik. Dabei werden die fünf Wettbewerbskräfte (neuer Konkurrent, vorhandener Wettbewerber, Kunde, Lieferant und Ersatzprodukt) nach PORTER als Einflussfaktoren berücksichtigt. Die Strategien haben unterschiedliche Auswirkungen auf die Unternehmensziele im Zielsystem

Detaillierung der Bewertungsmethodik

und stellen somit eine Randbedingung bei der Ermittlung der Soll-Werte der operativen Ziele dar. Auf die grundlegenden Vorgehensweisen und Bedingungen beim Ableiten von Zielsystemen und Unternehmenszielen wird bei der Durchführung der Bewertungsmethodik nicht detailliert eingegangen. Sie werden als gegeben vorausgesetzt. Zur quantitativen Potenzialbewertung in Kapitel 4.3 werden die im Unternehmen formulierten Fundamentalziele wie Kosten, Zeit und Qualität herangezogen und den operativen Zielen zugeordnet. Hieraus werden im Folgenden die operativen Zielsetzungen abgeleitet.

4.1.2 Ableitung der operativen Ziele

Voraussetzung für eine Bewertung des Kooperationspotenzials bzgl. der Verfügbarkeitssteigerung sowie der Reduzierung der Lebenszykluskosten ist ein Zielsystem für die zu betrachtenden Akteure. Das Zielsystem muss dabei hinreichend präzise formuliert sein, vgl. Bild 4-4 [SCHI98, S. 77]. Die operativen Ziele werden durch die Zielrichtung, den Zielbetrag, den Zielzeitraum und die verfügbaren Ressourcen für die Zielerreichung beschrieben. Insbesondere müssen bei der Zielformulierung die Lösungsneutralität, Vollständigkeit, Verständlichkeit und Realisierbarkeit der Ziele berücksichtigt werden [SCHI98, S. 51]. Dadurch wird die Basis für die Situationsanalyse und die anschließende Potenzialanalyse geschaffen, so dass der Ist-Zustand mit dem Soll-Zustand für jeden Akteur verglichen werden kann.

Um die zuvor identifizierten Unternehmensstrategien und Unternehmensziele systematisch in der Bewertungsmethodik zu berücksichtigen, ist eine Operationalisierung dieser Zielgrößen nötig. Dabei werden die Unternehmensziele in mehrere Unterziele gegliedert und mithilfe geeigneter Kennzahlen konkretisiert [HAHN97, S. 1081 ff.]. Die Kennzahlen stehen in Beziehung zueinander und können in einem Kennzahlensystem zusammengefasst werden. Ein dafür geeigneter und zurzeit häufig beschriebener Ansatz ist die Balanced Scorecard (BSC) von NORTON und KAPLAN [KAPL93, S. 134 ff.], vgl. Bild 4-4.

Die BSC ist ein Kennzahlensystem, mit dem die Unternehmensstrategie operationalisiert werden kann. Dabei werden nicht nur die monetären Zielgrößen berücksichtigt, sondern auch andere Zielsetzungen. Die BSC gliedert die Ziele in vier Dimensionen: Finanzen, Kunden, interne Prozesse und Lernen/Entwicklung. Die letzte Dimension, Lernen und Entwicklung, wird häufig auch als die „Mitarbeiter"-Dimension bezeichnet [FISC99, S. 258]. In der Praxis wird häufig die Dimension „Innovation" hinzugefügt. Durch die Anwendung der BSC werden Wirkbeziehungen zwischen den Kennzahlen dargestellt, so dass konkurrierende Kennzahlen bzw. Zielsetzungen deutlich werden. Sollen beispielsweise die Lebenszykluskosten minimiert und die Verfügbarkeit maximiert werden, werden beide von den Wartungskosten beeinflusst. Eine Erhöhung der Wartungskosten konkurriert beispielsweise mit der Minimierung der Lebenszykluskosten, wirkt jedoch positiv auf die Verfügbarkeit eines Produkts [LEIT00, S. 57 f.]. Weiterhin werden Ergebnisgrößen und Leistungstreiber unterschieden sowie interne und externe Messgrößen berücksichtigt [HORS99, S. 195]. Wegen der systematischen Strukturierung der Ziele, der Darstellung von Wirkbeziehungen zwischen den Zielen bzw. Kennzahlen und der Unterscheidung zwischen monetären und nicht monetären Größen, ausgehend von der Unternehmensstrategie, wird der BSC-Ansatz zur Analyse der in dieser Arbeit betrachteten Zielgrößen verwendet.

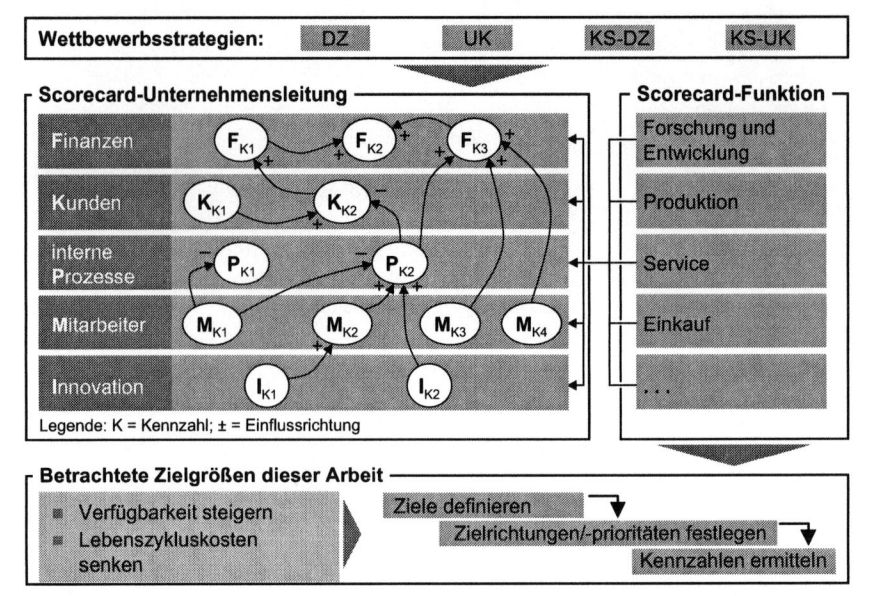

Bild 4-4: Balanced Scorecard zur Strukturierung der Ziele

Legende: DZ = Differenzierung UK = umfassende Kostenführerschaft KS = Konzentration auf Schwerpunkte

Es bleibt festzuhalten, dass die Unternehmensstrategien und -ziele der zu betrachtenden Akteure Einflüsse auf die operativen Ziele der Unternehmensbereiche haben. Die Einflüsse geben die Richtung der operativen Ziele vor und unterstützen eine Entscheidungsfindung in der Bewertungsphase. Aus diesem Grund werden diese Informationen in die Situationsanalyse mit aufgenommen.

Die direkt beeinflussbaren operativen Ziele der Akteure Hersteller, Anwender und Service-Dienstleister, die durch einen besseren Daten- und Informationsaustausch positiv beeinflusst werden können, müssen für die Durchführung der Bewertungsmethodik klar definiert und beschrieben sein. Vor diesem Hintergrund sind Erwartungen und Ziele der Akteure empirisch-induktiv aus Projekterfahrungen und Umfragen [FRAU03] ermittelt worden. Die Zielsetzungen können in verschiedene Kategorien eingeteilt werden. Die Schwerpunkte liegen jedoch im Bereich des Qualitätsmanagement sowie des Servicemanagement und der damit verbundenen Kosten. Zur Erfüllung der in Kapitel 1 beschriebenen Zielsetzung dieser Arbeit sowie der Beherrschung der Komplexität der Bewertungsmethodik werden aus den empirisch-induktiv ermittelten Zielsetzungen die zuverlässigkeitsrelevanten und die instandhaltungsrelevanten sowie die damit verbundenen lebenszykluskostenorientierten Ziele fokussiert. Als monetäre Parameter werden hier die Lebenszykluskosten in Betracht gezogen. Die Lebenszykluskosten werden entsprechend als die Gesamtheit der Kosten definiert, die ein Produkt über die gesamte Lebensdauer verursacht [FRÖH90, S. 75;

HOIT97, S. 392]. Die Lebenszykluskosten setzen sich aus den Kostenblöcken Herstellungskosten, Instandhaltungskosten, Betriebskosten und Produktionsausfallkosten zusammen [BIRO91, S. 289; BLIS94, S. 84 f.]. Für die Bewertung der Verfügbarkeit werden die Kennzahlen MTBF, MTBM, MTTM und MTTR herangezogen.[22]

Diese Ziele können mithilfe der Lebenszyklusphasen Pre-Sales, After-Sales während bzw. nach der Garantiezeit strukturiert werden. Weiterhin ist eine Zuordnung der Ziele zu den Akteuren über die Lebenszyklusphasen durchzuführen, vgl. Bild 4-5.

| Zielaufnahme je Akteur | ▶ | Differenzierung zwischen quantitativen und qualitativen Größen | ▶ | Aufnahme/Abschätzung des Ist-Zustandes bzgl. des Verantwortungsbereiches |

| Pre-Sales | After-Sales „während der Garantiezeit" | After-Sales „nach der Garantiezeit" |

Phasenzuordnung

Hersteller		Zuverlässigkeit erhöhen	Lebenszykluskosten planen/senken
	Verantwortungs- analyse	– MTBF erhöhen – MTBM erhöhen	– Herstellungskosten – Instandhaltungskosten – Betriebskosten – Kosten für Produktionsausfälle
Anwender			
Service-Dienstleister		Instandhaltung verbessern – MTTM reduzieren – MTTR reduzieren	

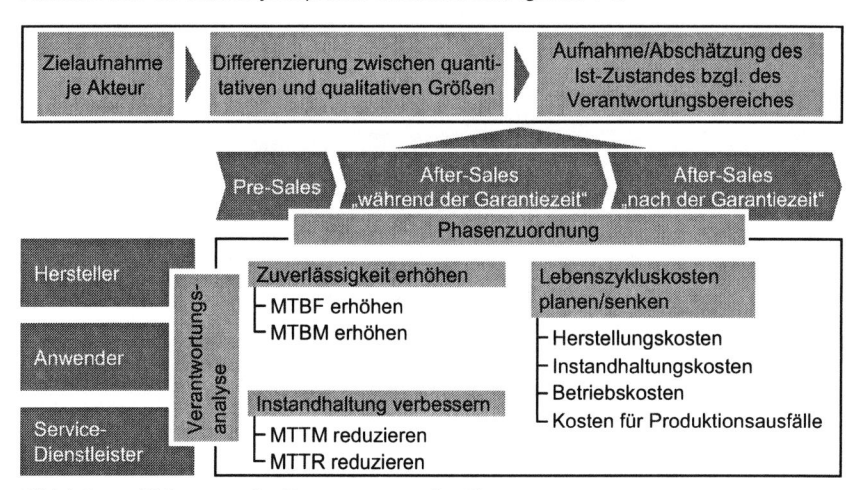

Bild 4-5: Zielsystem der Bewertungsmethodik

Die Zielsetzungen können somit über die Lebenszyklusphasen verteilt werden. Durch eine Kurzanalyse der bestehenden Geschäftsbeziehungen, wie z.b. bestehende Wartungsverträge zwischen einem Hersteller und dessen Kunden nach der Garantiezeit, ist die Verantwortung klar festgelegt. Dabei wird die Zielerreichung in Form einer quantitativen Größe aufgenommen. Qualitative Zielsetzungen bzw. Erwartungen an eine kooperative Zusammenarbeit, wie z.b. Verbesserung des Know-how oder Steigerung der Kundenbindung, können ebenfalls aufgenommen werden. Diese Zielsetzungen unterliegen zwar nicht dem Fokus dieser Arbeit, können jedoch im abschließenden Entscheidungsprozess in der Praxis hilfreich sein und eine mögliche Vereinbarung zwischen zwei Akteuren untermauern. Das Zielsystem stellt somit für die Bewertungsmethodik die Grundlage zur Potenzialbewertung bzgl. des Daten- und Informationsaustausches dar.

Ein wesentlicher Einflussfaktor auf die verfügbarkeitsrelevanten und lebenszykluskostenorientierten Ziele ist die Instandhaltungsstrategie. Aus diesem Grund wird der Strategietyp für die zu bewertende Akteurskonstellation ermittelt, so dass die gewählte Strategie in der Potenzialbewertungsphase berücksichtigt werden kann. In einem umfassen-

---

[22] Vgl. Kapitel 2.2.2 zur Identifikation von Messgrößen im Verfügbarkeitsmanagement.

den Instandhaltungskonzept, welches aus der Instandhaltungsstrategie hervorgeht, ist ein Optimum aus Ausfallbehebung, vorbeugender Instandhaltung und zustandsorientierter Instandhaltung bei minimalen Kosten zu finden. Für eine Einzelunternehmung ist dieser Ansatz plausibel; bei einer Geschäftsbeziehung, z.b. zwischen einem Service-Dienstleister und einem Maschinenanwender nach der Garantiezeit, entstehen hier die zuvor erläuterten Zielkonflikte, vgl. Bild 4-6.

Ermittlung der Instandhaltungsstrategie

MH / AW / SD	Strategietyp auswählen	IH-Maßnahmen erfassen	Intervall erfassen
	■ korrektive IH	■ Wartung	■ festes Intervall
	■ präventive IH	■ Inspektion	■ variables Intervall
	■ zustandsorientierte IH	■ Instandsetzung	■ Intervall nach Zustand
	Legende: IH = Instandhaltung	■ Schwachstellen-beseitigung	■ spontan

■ Nutzungsphase – während der Garantiezeit des Herstellers
■ Nutzungsphase – nach der Garantiezeit des Herstellers

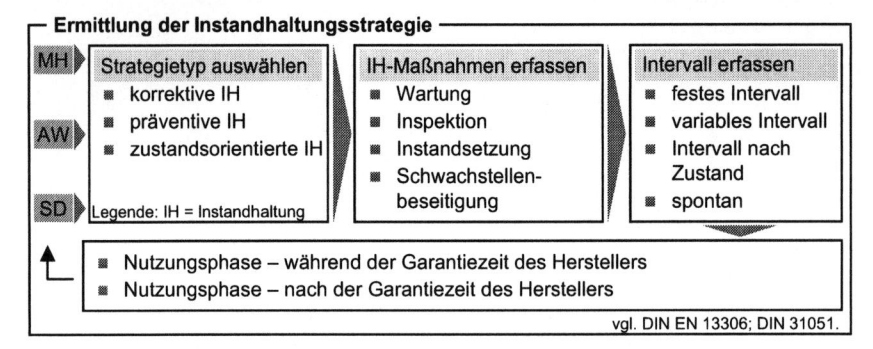

vgl. DIN EN 13306; DIN 31051.

Bild 4-6: Instandhaltungsstrategien in der Nutzungsphase

4.1.3 Aufbau einer Konstellationsanalyse

Die wesentlichen Einflussfaktoren auf eine engere Zusammenarbeit zwischen zwei oder mehreren Partnern stehen, wie im vorherigen Kapitel angemerkt, im Zusammenhang mit den bestehenden Geschäftsbeziehungen. Um diesen Ist-Zustand abbilden zu können, wird die zu bewertende Konstellation hinsichtlich bestehender Beziehungen zwischen den Akteuren untersucht. Die Stärke und die Art der Beziehungen zwischen den Akteuren haben einen wesentlichen Einfluss auf das Kooperationspotenzial und müssen in der Phase der Potenzialbewertung berücksichtigt werden. Zur Identifikation der wesentlichen Beschreibungsmerkmale der Beziehungen sind die Gestaltungsoptionen[23] für Kooperationen zu untersuchen. Die zentralen Fragestellungen lauten: Wo, wozu, mit wem, wie und wann soll eine Kooperation eingegangen werden [EVER96a, S. 2-34]. Die in der Literatur beschriebenen typischen Gestaltungsoptionen mit ihren Ausprägungen, wie z.B. die Kooperationsrichtung oder die Zeit- und Raumaspekte einer Kooperation, sind wesentliche Aspekte bei der Gestaltung von Kooperationen. Für die in dieser Arbeit beschriebene Bewertungsmethodik werden nur die Merkmale betrachtet, die auf die Potenzialanalyse und eine anschließende Bewertung bzgl. Nutzen, Aufwand und Risiko Einfluss haben. Dazu gehören im Rahmen der Ist-Zustandsanalyse die Betrachtung der beteiligten Partner und die Betrachtungsobjekte.

---

[23] Die nach LINN96 in der Literatur wesentlichen Ansätze, die signifikant auf weitere Merkmale von Kooperationen eingehen, sind ABEL80, HERM89, KLEE91, ROTE93, ROTC90 und TRÖN87.

Zur Aufnahme der Ist-Situation zwischen den Akteuren, die für eine Potenzialbewertung in Betracht kommen, sind die Akteure zu beschreiben. Die Auswahlphase eines Kooperationspartners ist hier nicht Gegenstand der Betrachtung. Es wird jedoch davon ausgegangen, dass es häufig einen Initiator gibt. Dies kann sowohl ein Hersteller, ein Anwender als auch ein Service-Dienstleister sein. Damit ist die zu bewertende Konstellation bestimmt. Dies könnte z.B. eine Wissenskooperation zwischen Hersteller und Anwender sein, zwischen denen Daten und Informationen während der Nutzungsphase in der Garantiezeit übertragen werden, vgl. Bild 4-7.

Bestehende Relationen der Akteure

		Relationen im Lebenszyklus			
MH AW — SD	MH - AW MH - SD AW - SD	Pre-Sales	After-Sales (während der Garantiezeit)	After-Sales (nach der Garantiezeit)	Recycling

Einflussfaktoren

- Anzahl Kooperationspartner
  - Initiator MH → AW_x; SD_y
  - Initiator AW → MH_x; SD_y
  - Initiator SD → MH_x; AW_y
- Konstellation im Lebenszyklus
- Anzahl Maschinen (typspezifisch) [n]
  - beim Anwender
- Anzahl Maschinentypen (MT)
  - beim Hersteller
  - beim Anwender

MT_{1A} — $n \times MT_{1B}$
MT_{1B} — MH_1 — $n \times MT_{2A}$ — AW_1
... — $n \times MT_{X1}$
MT_{2A} — $n \times MT_{1A}$ — AW_y
MT_{2B} — MH_2 — $n \times MT_{X1}$
...
MT_{X1} — SD
MT_{X2} — MH_x
...

Legende: ←→ = Geschäftsbeziehung

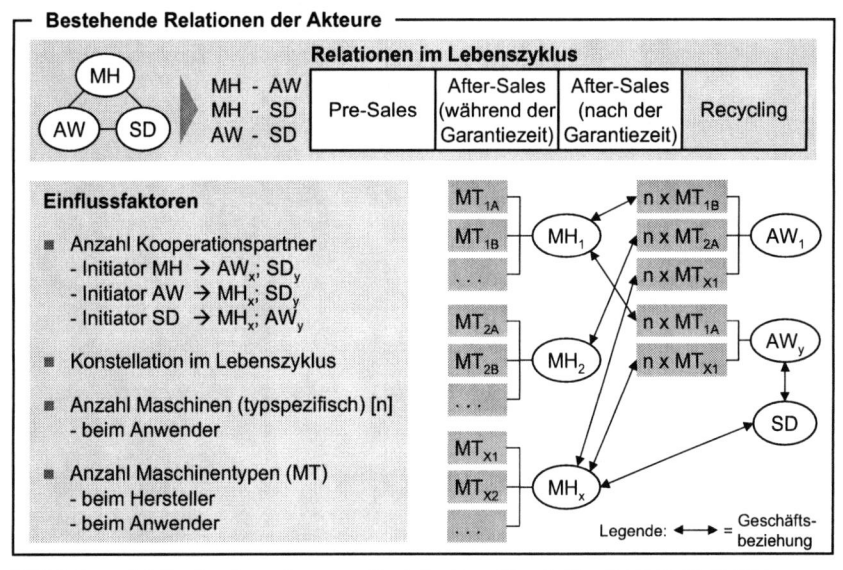

Bild 4-7: Ist-Zustandsanalyse von Beziehungen innerhalb einer Konstellation

Um im späteren Verlauf der Potenzialbewertung keine Informationslücken zu haben, ist es ebenfalls notwendig das jeweilige Umfeld der zu betrachtenden Akteure zu berücksichtigen. Dabei sind aus der jeweiligen Akteurssicht weitere potenzielle Kooperationspartner mit einzubeziehen. Bestehen z.B. bei einem Hersteller schon Wissenskooperationen mit Kunden, in denen kontinuierlich Daten und Informationen aus der Nutzungsphase vom gleichen Maschinentyp an den Hersteller gegeben werden, ist der Nutzen für den Hersteller aufrund einer aussagekräftigeren Datenbasis größer.

Die Anzahl der Maschinen ist eine weitere Größe, die für die Potenzialbewertung relevant ist. Die Maschinen, von denen Daten und Informationen, wie z.B. die Lebenslaufhistorie oder Steuerungsdaten, zwischen den Kooperationspartnern übertragen werden, sind zu identifizieren. Dies sind vorrangig die Maschinen vom kooperierenden Hersteller. Die unterschiedlichen Typen der Maschinen sind ebenfalls relevant. Bei vielen gleichen Maschinentypen eines Herstellers je Anwender ist der Nutzen der Daten und Informationen über die Maschine höher als bei vielen unterschiedlichen Typen von Maschinen. Dies ist

Detaillierung der Bewertungsmethodik

durch den damit verbundenen möglichen Aufbau einer Datenbank mit vergleichbaren Daten begründbar.

Nachdem die vorhandenen Beziehungen der zu bewertenden Konstellation und die Anzahl sowie die Typanzahl der Maschinen aufgenommen worden sind, werden Informationen über den Ist-Zustand der Zuverlässigkeit der zu betrachtenden Maschinen mithilfe des Produktstrukturmodells aufgenommen. Zur Analyse der Zuverlässigkeit hinsichtlich der Komponenten und Einzelteile wird das Modell im folgenden Kapitel den Anforderungen entsprechend angepasst und beschrieben.

4.1.4 Aufbau einer Produktstrukturanalyse

Aufgrund der hohen und steigenden Komplexität des Betrachtungsobjekts Maschine ist die Lösung eines auftretenden Problems ebenfalls komplex. Zur Analyse und Verbesserung der Zuverlässigkeit ist daher ein systematisches Zuordnen von Daten und Informationen zu den einzelnen Baugruppen und Einzelteilen notwendig. Für eine realitätsnahe Abbildung der Produktstruktur bei komplexen Produkten sind dabei folgende Anforderungen zu erfüllen [KERW00, S. 57]:

- Alle Ebenen des Produktes müssen abgebildet werden können.

- Alle Elemente der Produktstruktur müssen eindeutig zu identifizieren sein.

- Bei unterschiedlichen Varianten (Typen) muss das Modell erweiterbar und reduzierbar sein.

- Die Produktstruktur muss auch bei komplexen Strukturen transparent darzustellen sein.

Mit dem Produktstrukturmodell ist die Ordnung und Aggregation von Produktinformationen zur Vereinfachung der Informationsverarbeitung möglich [HEUS96, S. 41]. Aus diesem Grunde ist das Produktstrukturmodell für die Bewertungsmethodik ein wichtiges Element zur Reduzierung und Handhabbarkeit der Problemkomplexität.

Je nach Zielsetzung und Verwendungszweck kann das Produktstrukturmodell verschiedenartig gegliedert sein[24] [EVER96a, S. 7-45]. Aufgrund der starken Funktionsorientierung bei der Verbesserung der Produktzuverlässigkeit sowie der in dieser Arbeit entwickelten Methodik mit der Zielsetzung Potenziale zur Zuverlässigkeitssteigerung durch Daten und Informationsaustausch aus dem Feldeinsatz einer Maschine zu bewerten wird eine funktionsorientierte Strukturierung gewählt.[25] Die Erfüllung bzw. Nicht-Erfüllung einer Funktion während eines definierten Zeitraums unter bestimmten Anwendungsbedingungen kann so mit den dafür relevanten Daten und Informationen aus dem Feld verknüpft werden.

---

[24] Für eine ausführliche Darstellung vgl. z. B. [UNGE86, S. 14 ff; GRAB92, S. 51 ff.].

[25] Aus Sicht der Praxis und der Wissenschaft ist die Zuverlässigkeit ein Maß für die Fähigkeit einer Betrachtungseinheit funktionstüchtig zu bleiben [BIRO91, S. 4; BRUN87, S. 181].

Die Komponenten und Einzelteile einer Maschine oder Anlage können so eindeutig identifiziert und beschrieben werden.

Um das Produktstrukturmodell in der Phase der Situationsanalyse effizient zu nutzen, sollten aus den verschiedenen Sichtweisen der beteiligten Akteure Produktkomponenten ausgewählt werden, die ein signifikantes Potenzial zur Zuverlässigkeitssteigerung und Lebenszykluskostenreduktion der Maschine erwarten lassen. Diese Analyse muss sowohl hinsichtlich der technischen Potenziale, wie z.B. Zuverlässigkeit oder Instandhaltbarkeit, als auch der Kostenparameter, z.B. Wartungskosten, durchgeführt werden [LEIT00, S. 64]. Nach der Identifikation der relevanten Einzelteile und Komponenten aus Akteurssicht muss das vorhandene Wissen aus dem Feldeinsatz bzgl. der problembehafteten Einzelteile und Komponenten ermittelt werden. Um die vorhandenen Daten und Informationen bei jedem Akteur systematisch zu erfassen, werden im folgenden Kapitel die Aktivitäten und damit verbundenen Daten und Informationen der Akteure mithilfe von Referenzprozessen aufgenommen. Zur Strukturierung der vorhandenen Daten und Informationen wird im folgenden Kapitel ein geeigneter Strukturierungsansatz entwickelt, der mit dem Produktstrukturmodell verknüpft wird, vgl. Kap. 4.1.5.

Um die Funktionen im Produktstrukturmodell abbilden zu können, müssen die Relationen zwischen den Komponenten und Einzelteilen untersucht werden. Dabei werden für die relevanten Komponenten Zuverlässigkeitsschaltbilder aufgestellt, aus denen die Zuverlässigkeitsstruktur einer Maschine hervorgeht [BERT99, S. 99 f.]. Es ist zwischen zwei Grundstrukturen zu unterscheiden, der Serien- und Parallelstruktur. Bei einer Serienstruktur führt der Ausfall einer beliebigen Komponente zum Ausfall des gesamten Systems. Im Gegensatz dazu werden bei einer Parallelstruktur Redundanzen[26] vorgesehen, um die Zuverlässigkeit des Systems auch beim Ausfall einzelner Komponenten zu gewährleisten, vgl. Bild 4-8 [BERT99, S. 99 f; BIRO97, S. 61 f.;COX98, S. 33 f.; DIN90, S. 9 f.]. Die Funktionen können dabei in Hauptfunktionsgruppen und Unterfunktionsgruppen gegliedert werden, so dass problemrelevante Komponenten identifiziert werden können.

In der Phase der Situationsanalyse werden das Prozessmodell und das Produktstrukturmodell zur Identifizierung problemrelevanter Prozesse und Komponenten verwendet. Um die vorhandenen Daten und Informationen bzgl. der identifizierten Schwachstellen bei den zu betrachtenden Akteuren zu strukturieren, wird in Kapitel 4.1.6 die Datenstrukturierung behandelt.

---

[26] Es werden nach BIROLINI drei Redundanzarten unterschieden: Dazu zählt die heiße Redundanz, bei der das parallel geschaltete Element die gleiche Belastung erfährt wie das Ursprungselement. Bei der warmen Redundanz wird das Reserveelement einer geringeren Belastung ausgesetzt, während bei der kalten Redundanz keine Belastung des Reserveelements bis zum Ausfall des Ursprungselements vorliegt [vgl. BIRO91, S. 42]. Bei mechanischen Produkten wird häufig die Serienschaltung eingesetzt, da der Einbau von Redundanzen sehr aufwendig ist. Die Zuverlässigkeitserhöhung erfolgt dann durch eine höhere Dimensionierung der Bauteile [BERT99, S. 101]. Aus diesem Grunde werden die Redundanzen in der vorliegenden Arbeit nicht weiter fokussiert.

Detaillierung der Bewertungsmethodik

Ist-Analyse bzgl. vorhandener Daten (MH, AW, SD)
- Zuverlässigkeitsdaten
- Lebenszykluskosten
- Instandhaltung
  - Wartung
  - Inspektion
  - Instandsetzung
  - Schwachstellenbeseitigung

→ Identifikation →

- Produkt: P
- Hauptbaugruppen: HBG1, HBG2, HBG3
- Unterbaugruppen: UBG1, UBG2, UBG3
- Einzelteile: ET1, ET2, ET3
- Vormaterial: VM1, VM2

Erfassung von
- Hauptfunktionsgruppen
- Unterfunktionsgruppen
- Verwendungshäufigkeiten
- Wirkbeziehungen zwischen Bauteilen bzw. Funktionsgruppen

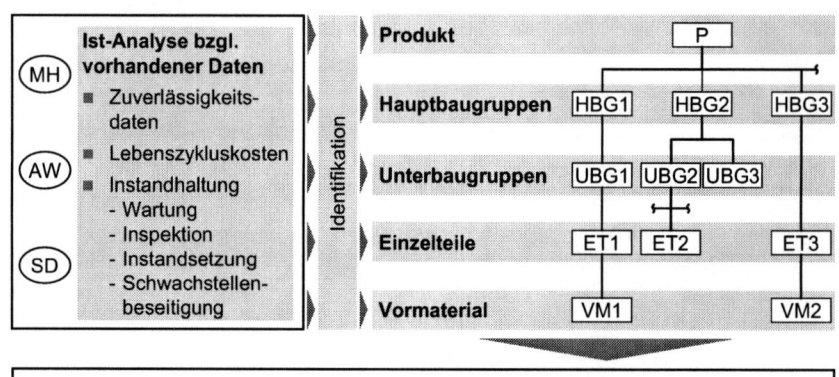

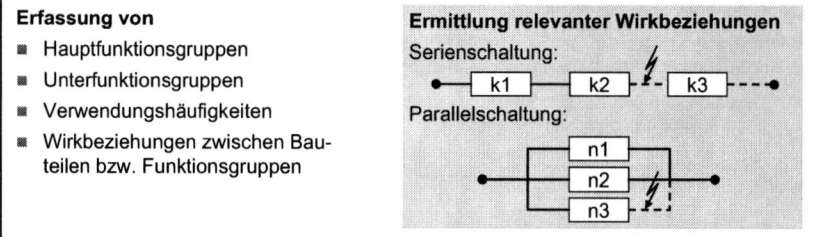

Ermittlung relevanter Wirkbeziehungen
Serienschaltung: k1 — k2 — k3
Parallelschaltung: n1, n2, n3

Legende: P = Produkt   HBG = Hauptbaugruppe   UBG = Unterbaugruppe   ET = Einzelteil
VM = Vormaterial   k = seriell geschaltetes Element   n = parallel geschaltetes Element

Bild 4-8: Produktstrukturmodell

4.1.5 Prozessmodellierung zur Daten- und Informationserfassung

Die Serviceaktivitäten sind ein wichtiger Lieferant von Felddaten und können je nach Vollständigkeit und Qualität Aufschluss über die Zuverlässigkeit eines Systems und dessen Lebenszykluskosten geben. Diese Daten und Informationen sollen im Rahmen der wissensbasierten Aufbereitung wiederum zur Optimierung der Serviceprozesse verwendet werden, unabhängig davon, welcher der in dieser Arbeit zugrunde gelegten Akteure die Verantwortung dafür hat. Mithilfe der Felddaten ist somit eine im Rahmen der Instandhaltung wirklichkeitsnahe Ursachenanalyse gestattet. Damit wird eine Grundlage im Hinblick auf die Fehlervermeidung geschaffen, die Grundursachen der jeweils aufgetretenen Probleme zu beseitigen, anstatt dass, beispielsweise durch das alleinige Auswechseln defekter Bauteile, Fehler nur vorübergehend behoben werden [EDLE01, S.57 f.].

Um die Ist-Situation bzgl. der vorhandenen Felddaten aus der Nutzungsphase während und nach der Garantiezeit aus akteursspezifischer Sicht systematisch zu erfassen, werden die wesentlichen Aktivitäten prozessorientiert abgebildet, so dass das vorhandene Wissen einfacher erfasst werden kann. Zusätzlich werden die Prozesse im weiteren Verlauf der Bewertungsmethodik zur Zuordnung von Ressourcen verwendet.[27] Die Serviceprozesse

---

[27] Vgl. hierzu Kapitel 4.2.

werden auf technische und monetäre Kenngrößen akteursspezifisch untersucht. Es werden dabei die Kenngrößen in Betracht gezogen, die durch ein exzellent aufbereitetes Wissen positiv zu beeinflussen sind, so dass eine Korrelation zwischen Kenngrößen und Felddaten ermittelt werden kann. Mithilfe der Serviceprozesse werden die wesentlichen Abläufe visualisiert, messbare Kenngrößen definiert und mögliche Daten und Informationen den Prozessschritten zugeordnet. Zu den Serviceprozessen werden in dieser Arbeit die Abläufe der Grundtätigkeiten in der Instandhaltung gezählt. Dies sind nach der DIN 31051 die Wartung, Inspektion und Instandsetzung [DIN01b, S. 2] sowie die Montage, Inbetriebnahme, Ersatzteilversorgung und Umrüstung.

Um die Prozesse in der Praxis nutzen zu können, müssen diese auf einen gemeinsamen Standard gebracht werden [EVER02b, S. 46 ff.]. Daher werden in dieser Arbeit Referenzprozesse [LEIT00] adaptiert und an die vorliegenden Anforderungen angepasst, um eine Ist-Analyse bzgl. des vorhandenen Wissens zu systematisieren. Diese werden in spezifischen Anwendungsfällen an das jeweilige Unternehmen individuell angepasst. Zur Modellierung und Anpassung der Referenzprozesse können unterschiedliche Methoden eingesetzt werden. Um eine geeignete Modellierungsmethode auszuwählen, werden entsprechend der Anforderungen an die Referenzprozesse Kriterien zur Auswahl einer Modellierungsmethodik formuliert.

Die Kriterien leiten sich aus den Anforderungen an die Modellierungsmethode ab. Dazu zählt aufgrund der Anlehnung an die Systems-Engineering-Vorgehensweise und der praxisgerechten Anwendungsorientierung die Möglichkeit bestehende und geplante Abläufe transparent darzustellen. Zur Abbildung dieser Forderung sind die Kriterien bzgl. des Ist-Zustandes, des Soll-Zustandes und der Transparenz formuliert worden. Weiterhin sind bei der Abbildung der Abläufe oder Aktivitäten die Prozesssicht, Informationssicht und Ressourcensicht relevant. Mit einer prozessorientierten Abbildung der Serviceaktivitäten der Akteure und einer Zuordnungsmöglichkeit von Daten und Informationen sowie von Ressourcen, die pro Prozessschritt anfallen, wird die Möglichkeit geschaffen, Potenziale in der folgenden Phase der Bewertungsmethodik zu ermitteln.

Die in der Praxis am häufigsten angewendeten Modellierungsmethoden sind Ansätze aus dem Bereich des Software-Engineering und der Wirtschaftsinformatik.[28] Die Ansätze des Software-Engineering und der Wirtschaftinformatik eignen sich sehr gut für die Erstellung einer Funktions- und Informations- bzw. Ergebnissicht. Insbesondere die Ansätze des Software-Engineering sind aber für die Beschreibung der Prozess-, Ressourcen- und Organisationssicht nicht geeignet. Dagegen erfüllen die Ansätze der Wirtschaftsinformatik die gestellten Anforderungen besser [KRAH99, S. 43 ff.].

Für die Modellierung der Referenzprozesse kommen unterschiedliche Ansätze aus der Wirtschaftsinformatik in Frage. Bewährte und verbreitete Ansätze der Wirtschaftsinformatik,

---

[28] Zur detaillierten Beschreibung von unterschiedlichen Modellierungsansätzen aus dem Bereich des Software-Engineerings und der Wirtschaftsinformatik vgl. KRAH. KRAH hat in seiner Dissertation verschiedene bestehende Modellierungsansätze diskutiert und gewürdigt [KRAH99].

die bzgl. der oben formulierten Anforderungen näher untersucht werden, sind die Architektur integrierter Informationssysteme (ARIS), Open System Architecture for CIM (CIMOSA), die Integrierte Unternehmensmodellierung (IUM), die Objektorientierte Methode zur Modellierung und Analyse von Geschäftsprozessen (OMEGA) und das Semantische Objektmodell (SOM). Die Modellierungsansätze stellen dabei alle Hilfsmittel zur Planung und Abbildung von Soll-Zuständen zur Verfügung. Diese Hilfsmittel können ebenfalls für die Analyse von Ist-Zuständen genutzt werden, vgl. Bild 4.9.

Ansätze aus der Wirtschaftsinformatik	Abbildung Ist-Zustand	Abbildung Soll-Zustand	Prozesssicht	Informationssicht	Ressourcensicht	transparente Darstellung
Architektur integrierter Informationssysteme (ARIS)	◐	●	◐	●	●	◐
Open System Architecture for CIM (CIMOSA)	◐	●	○	●	●	○
Integrierte Unternehmensmodellierung (IUM)	◐	●	◐	○	○	◐
Objektorientierte Methode zur Modellierung und Analyse von Geschäftsprozessen (OMEGA)	◐	●	●	●	◐	◐
Semantisches Objektmodell (SOM)	◐	◐	◐	○	○	○

Legende: ○ = Anforderung nicht erfüllt
◐ = Anforderung teilweise erfüllt
● = Anforderung erfüllt

Bild 4-9: Übersicht und Bewertung verschiedener Prozessmodellierungsmethoden

Der CIMOSA Ansatz unterstützt die Abbildung von Informationen und Ressourcen. Eine Prozessbeschreibung ist eingeschränkt aus Funktionssicht möglich. Jedoch kann die Funktions- und Ablaufbeschreibung nicht in grafischer Form umgesetzt werden; eine grafische Unterstützung ist als Möglichkeit vorgesehen, wurde aber nicht spezifiziert [FAHR95, S. 41]. Von SÜSSENGUTH wurde die Integrierte Unternehmensmodellierung entworfen. Dieser objektorientierte Ansatz unterscheidet die Objektklassen Produkt, Auftrag und Ressource [MERT94, S. 188]. Durch die Objektorientierung stehen die Zustandsänderungen der Objekte im Vordergrund, nicht jedoch Prozesse mit der geforderten Ressourcen- und Informationszuordnung. Die Prozessabbildung mithilfe des Semantischen Objektmodells orientiert sich stark an Veränderungen von Objekten und nicht an der Verkettung von Aktivitäten [FERS95, S. 447]. Weiterhin ist die Berücksichtigung von Ressourcen nicht vorgesehen und die Darstellung komplexer Abläufe nicht transparent abzubilden [KRAH99, S. 191]. Wesentliche Kritikpunkte dieser Verfahren sind somit die geringe Prozessorientierung sowie die ungeeigneten transparenten Abbildungsmöglichkeiten. Diese drei Ansätze sind für die zugrunde liegende Problemstellung nicht zielführend.

Der Modellierungsansatz OMEGA ist ebenfalls objektorientiert. Neben der Darstellung der Prozesse sollen alle für den Betrachtungsbereich relevanten Objekte berücksichtigt werden. Prozesssicht, Ressourcensicht und Informationssicht sind grundsätzlich vorhanden. Die Darstellungsform wird jedoch bei komplexeren Abbildungen schnell unübersichtlich. Dies wird durch die Fokussierung auf Objekte und nicht auf die relevanten Prozesse mit ihren

Detaillierung der Bewertungsmethodik

Wechselwirkungen verstärkt [KRAH99, S. 193 f.]. Dieser Ansatz ist für die prozessorientierte Abbildung der Ist-Situation ebenfalls nicht ausreichend geeignet.

Der Modellierungsansatz ARIS erfasst und analysiert in Vorgangskettendiagrammen relevante Prozesse der betrieblichen Leistungserstellung, die aus mehreren Vorgängen bestehen [SCHE92, S. 4]. Die Darstellung erfolgt grafisch und ist bei der Betrachtungsweise einzelner Prozesse transparent. Die Darstellung mehrerer Prozesse in einem Vorgangskettendiagramm wird schnell unübersichtlich. Durch die Abbildung von Vorgangsketten und eine mögliche Erweiterung um ressourcen- und informationstechnische Aspekte sowie die hier geforderte Abbildung einzelner Prozesse wird der Ansatz nach SCHEER für die Prozessmodellierung verwendet, vgl. Bild 4-9.

Die Referenzprozesse der Serviceaktivitäten können nicht allgemeingültig aufgestellt werden. Sie dienen als Modellierungshilfe der realen Prozesse. Dabei werden die einzelnen Prozessschritte auf Richtigkeit und Ergänzbarkeit geprüft. Bevor die individuellen Prozesse ermittelt werden, um eine eindeutige Ist-Situation der vorhandenen Daten und Informationen für die beteiligten Akteure der zu betrachtenden Konstellation zu ermitteln, müssen die Aktivitäten den Akteuren maschinenspezifisch und aufgabenspezifisch zugeordnet werden. Zur Unterstützung werden dafür die Ergebnisse aus der Konstellationsanalyse[29] verwendet. Mithilfe einer strukturierten Zuordnung der Aktivitäten über die Lebenszyklusphasen, die für die Bewertungsmethodik relevant sind,[30] können Schnittstellen für einen möglichen Daten- und Informationsaustausch ermittelt werden, vgl. Bild 4-10. Die Schnittstellen stellen Ansatzpunkte für die folgende Potenzialanalyse dar.

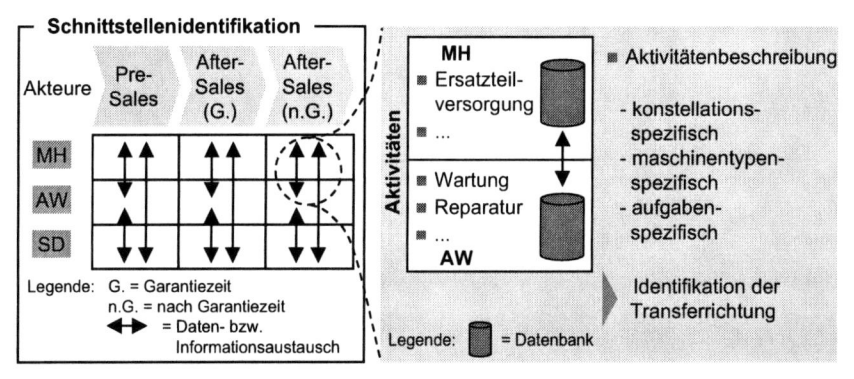

Bild 4-10: Identifikationsmatrix

Nachdem die für diese Arbeit relevanten Aktivitäten den dafür verantwortlichen Akteuren zugeordnet worden sind, werden den Prozessschritten Ressourcen wie z.B. Personal, Betriebsmittel, Material, etc. zugeordnet, so dass ein Werteverzehr für die Prozessschritte

---

[29] Vgl. Kapitel 4.1.3.

[30] Eine Abgrenzung und Definition des Betrachtungsbereiches für die Bewertungsmethodik ist in Anhang A2 vorgenommen worden.

Detaillierung der Bewertungsmethodik

beschrieben werden kann [EVER96b, S. 75 ff.]. Sind die durchschnittlichen Kosten und Zeiten bekannt, können sie direkt in der Potenzialbewertung verwendet werden. Wenn sie nicht bekannt sind, bietet sich die Ermittlung mithilfe der Referenzprozesse und einer anschließenden Analyse des Werteverzehrs an. Um den Werteverzehr systematisch zu erfassen, wird in dieser Arbeit das in Kapitel 2.4.2 ausgewählte Ressourcenmodell verwendet. Das Ressourcenmodell basiert, wie in Kapitel 2.4.2 beschrieben, auf den Vorarbeiten von SCHUH und HARTMANN [SCHU88; HART93]. Es dient zur quantitativen Analyse der Prozesse hinsichtlich Kosten, Qualität und Durchlaufzeiten.

Für die in dieser Arbeit gestellten Anforderungen ist jedoch eine Ergänzung des Ressourcenverfahrens notwendig. Um die Ist-Situation bzgl. der vorhandenen Daten und Informationen für jeden einzelnen Prozessschritt abzubilden, ist neben der klassischen Ressourcensicht die Informationssicht zu ergänzen.[31] Die Hinterlegung der einzelnen Prozesselemente mit Daten- und Informationseingang, -ausgang und -bedarf ist erforderlich, um Transparenz bzgl. vorhandener Daten und Informationen zu schaffen, vgl. Bild 4-11.

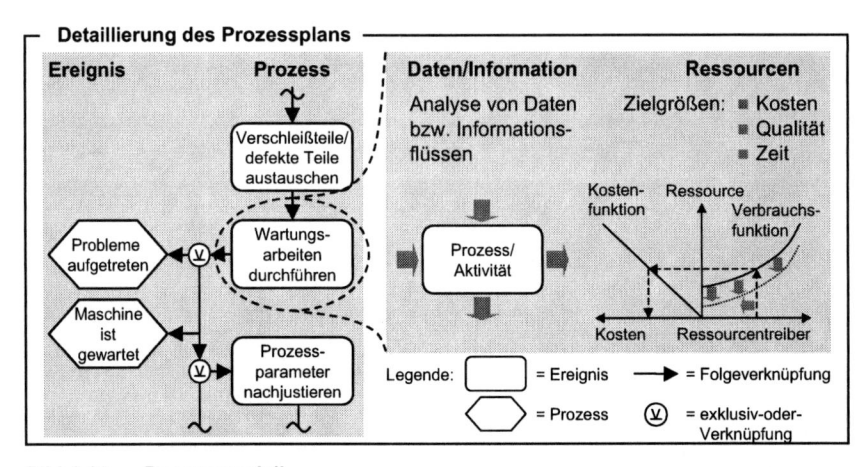

Bild 4-11: Prozessmodell

Durch eine transparente Zuordnung der vorhandenen Daten und Informationen soll die Basis für eine anschließende Potenzialbewertung geschaffen werden. Dabei sollen vorrangig Defizite in der Bereitstellung von Daten und Informationen identifiziert werden. Um die relevanten Daten und Informationen systematisch und strukturiert in der Phase der Ist-Analyse abzubilden, wird im folgenden Kapitel eine Modellstruktur der Daten und Informationen entwickelt.

---

[31] In der Literatur finden sich unterschiedliche Ansätze, um Daten- und Informationsflüsse bei einer Prozessmodellierung zu berücksichtigen. In Bezug auf das in dieser Arbeit verwendete Ressourcenverfahren hat KRUMM den Anwendungsbereich des Ansatzes um zusätzliche prozessspezifische Informationen erweitert. Er betrachtet dabei das Informationsangebot, die Informationsnachfrage und den Informationsbedarf [KRUM94].

4.1.6 Entwicklung eines Daten- und Informationsmodells

Zuverlässigkeitsdaten, Instandhaltungsdaten und Daten zur Kalkulation der Lebenszykluskosten können über den gesamten Produktlebenszyklus erhoben werden. Aus Akteurssicht kann die Datenquelle je nach Aktivität bzw. Verantwortungsbereich der Hersteller, der Anwender oder der Service-Dienstleister sein. Durch die unterschiedlichen Zielsetzungen der Akteure werden jedoch unterschiedliche Daten benötigt und erfasst. Ein Hersteller betreibt die Speicherung von verfügbarkeitsrelevanten Daten z.b. zum Nachweis von Verfügbarkeitsgarantien gegenüber dem Kunden oder um in der Entwicklung und Konstruktion Schwachstellen und somit Maßnahmen für Qualitätsverbesserungen ableiten zu können. Der Anwender hingegen führt z.b. eine Überwachung der Verfügbarkeitsgarantien durch oder ermittelt Nutzungsgrade, um ebenfalls Schwachstellen zu identifizieren.[32] Ein externer Service-Dienstleister wiederum übernimmt z.b. die Instandhaltung nach Ablauf der Garantiezeit bei einem Kunden und erhält somit Daten und Informationen aus der Nutzungsphase nach der Garantiezeit. Die Daten und Informationen werden in einigen Fällen zur Maschinenoptimierung an den Hersteller weitergegeben. Dies ist jedoch nicht die Regel. Es wird deutlich, dass die Interessen der Akteure bzgl. eines Daten- und Informationsaustausches stark unterschiedlich sind.

Um die Voraussetzung für eine akteursspezifische Bewertung des Nutzens, Aufwands und Risikos für einen möglichen Daten- und Informationsaustausch zu schaffen, muss in der Phase der Situationsanalyse zur Abbildung der akteursspezifischen Ist-Situation ein akteursneutrales Datenmodell zur Strukturierung entwickelt werden. Um das Datenmodell zu entwickeln, wurden relevante Daten und Informationen theoretisch mithilfe von Literatur und Normen ermittelt.[33] Zur strukturierten Vorgehensweise erfolgte die Literaturanalyse anhand des Lebenszyklus und der entsprechend anfallenden Aktivitäten. Anschließend wurden die ermittelten Felddaten an der Praxis gespiegelt. Dazu wurde aus den gesammelten Felddaten ein Katalog erstellt, der zur Prüfung und Ergänzung mit sechs Unternehmen diskutiert wurde. Zu den befragten Unternehmen gehören vier Werkzeugmaschinenhersteller (MH), ein produzierendes Unternehmen (AW) und ein Service-Dienstleister (SD). Die sechs Unternehmen wurden über die Auswahl und Wichtigkeit der Felddaten befragt. Dabei wurden im Durchschnitt 74,4% der vorgeschlagenen Felddaten als notwendig eingestuft, um eine kontinuierliche Verbesserung der zu betrachtenden Maschinen sicherzustellen. Zusätzlich wurden 14,8% der identifizierten Felddaten als wünschenswert eingestuft und 10,8% als nicht notwendig, vgl. Bild 4-12.

---

[32] An dieser Stelle soll keine detaillierte Zielanalyse der Akteure erfolgen, sondern lediglich auf die starken unterschiedlichen Sichtweisen der Akteure hingewiesen werden, um eine für diese Arbeit notwendige Datenstrukturierung vorzubereiten. Zur detaillierteren Zieldiskussion vgl. Kapitel 2.1 und 4.1.2.

[33] Vgl. hierzu die Literaturanalyse bzgl. unterschiedlicher Strukturierungsansätze von Felddaten in Kapitel 2.3.2.

Detaillierung der Bewertungsmethodik

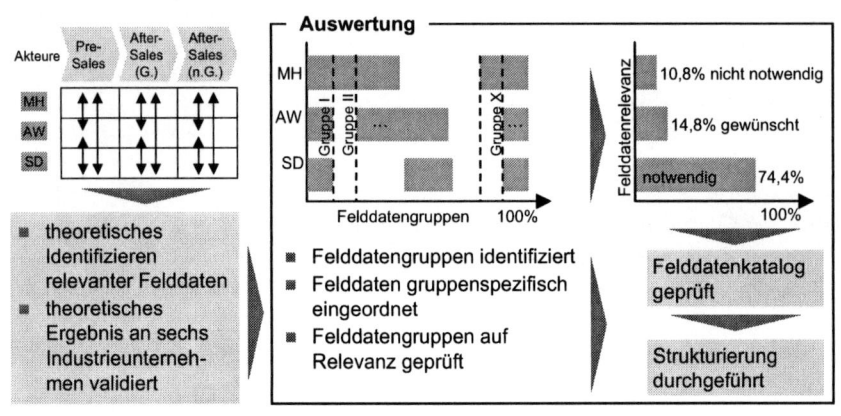

Bild 4-12: Empirische Ermittlung und Gewichtung von Felddaten

Um diese Daten systematisch in der Phase der Situationsanalyse bei jedem Akteur zu erfassen, ist eine Strukturierung notwendig.[34] Eine geeignete Datenstruktur stellt die Basis für das Datenmodell und somit für die Analyse der Ist-Situation bezogen auf die Datenverfügbarkeit bei den einzelnen Akteuren dar. Daraus ergeben sich verschiedene Anforderungen an das Datenmodell. Aufgabe des Datenmodells ist die Strukturierung aller relevanten Daten bezogen auf die Produktzuverlässigkeit, die Instandhaltung und die Lebenszykluskosten. Dabei müssen alle Phasen aus dem Lebenszyklus mit einbezogen werden, so dass die Aktivitäten der einzelnen Akteure abhängig von der zu bewertenden Konstellation berücksichtigt werden, vgl. Bild 4-10. Jede Aktivität, wie z.B. das Warten einer Maschine durch einen Service-Dienstleister bei einem produzierenden Unternehmen, kann Daten und Informationen z.B. über den Zustand einer Maschine oder durchgeführte Reparaturen bringen. Die in dieser Arbeit verwendete Felddatengruppierung ist in dem folgenden Modell dargestellt, vgl. Bild 4-13. Die Datengruppen werden nun beschrieben.

Die **Maschinenidentifikationsdaten**[35] dienen lediglich zur Identifizierung und eindeutigen Zuordnung der Maschine. Zu diesen Daten und Informationen gehören die Maschinenidentifizierungsnummer, die Typbezeichnung, die Modellbezeichnung etc.

Die Gruppe **Maschinentechnikdaten** umfasst Daten und Informationen, die die Maschine charakterisieren. Sie beziehen sich auf das Gesamtsystem und beschreiben es über die verwendeten Bauteile und Baugruppen. Beispiele für technische Daten sind mechanische, elektrische oder elektronische Daten, die entsprechenden Komponenten zugeordnet sind. Die Gruppe der **Maschinenkostendaten** beinhaltet z.B. Informationen über Anschaffungs-, Garantiekosten, etc.

---

[34] Die Strukturierung der Felddaten fand in Anlehnung an MEXIS statt [MEXI94, S. 175].
[35] Eine Zuordnung der Daten und Informationen zu den hier identifizierten Datengruppen ist im Anhang A4 dieser Arbeit dargestellt. Die Datenstruktur dient zur Orientierung und als Leitfaden bei der Ist-Analyse der Akteure in der Phase der Situationsanalyse der Bewertungsmethodik.

Detaillierung der Bewertungsmethodik

Die Gruppe der **Konstruktionsdaten, Produktions- und Montagedaten** sowie **Testdaten** beinhaltet z.B. Daten und Informationen zu Normen und Richtlinien sowie Kostendaten zu den entstandenen Aufwänden während der Konstruktion, Produktion, Montage und Tests.

Zu der **Maschinenbetriebsdatengruppe** gehören alle Daten und Informationen, die während des Betriebes der Maschine anfallen und aufgenommen werden können. Als Beispiele können hier Werkstückwartezeiten, Daten zur Beschreibung der Maschinenbetriebsart und -zyklen genannt werden.

Vorgehensweise

Zielsetzung	Gruppierung von Daten und Informationen	
■ systematische Vorgehensweise bei der Situationsanalyse unterstützen ■ Daten/Informationen für die Bewertungsphase klassifizieren	■ Maschinenidentifikationsdaten	[MID]
	■ Maschinentechnikdaten	[MTD]
	■ Maschinenkostendaten	[MKD]
	■ Konstruktionsdaten	[KD]
Anforderungen	■ Produktions- und Montagedaten	[PMD]
■ sinnvolle und notwendige Daten/Informationen verwenden ■ brauchbare und überflüssige Daten/Informationen sortieren ■ sichere und zweifelhafte Daten/Informationen trennen	■ Testdaten	[TD]
	■ Maschinenbetriebsdaten	[MBD]
	■ Instandhaltungsdaten	[IHD]
	■ Ersatzteildaten	[ED]
	■ Sensordaten	[SD]
	■ Allgemeine Ereignisdaten	[AED]
Durchführung	■ Produktqualitätsdaten	[PQD]
analytisch deduktiv empirisch induktiv	Detaillierung siehe Anhang A4	

Bild 4-13: Aufbau des Daten- und Informationsmodells

Die Gruppe der **Instandhaltungsdaten** beinhaltet Daten und Informationen über die Instandhaltungsstellen, wie z.B. Anzahl, Art, Lage, Anforderungen etc., und über die Wartungs-, Inspektions- und Instandhaltungsaktivitäten. Hinzu kommen Daten und Informationen über die entstehenden Kosten [MEXI94, S. 179].

Ersatzteildaten beinhalten Daten und Informationen zu ausgetauschten Einzelteilen und Komponenten der Maschine. Dazu werden Informationen wie Ersatzteilidentifikationsdaten, Schadensbeschreibung, Schadensursache etc. verwendet.

Alle Daten und Informationen in der Gruppe **Sensordaten** sind physikalische Daten. Sie können gemessen und angezeigt werden. Mithilfe dieser Daten können Abweichungen eines Systems vom Normalzustand gemessen werden. Beispiele für Sensordaten sind Getriebeöldruck, Temperatur eines Motors etc.

Die **Allgemeinen Ereignisdaten** beschreiben besondere Vorkommnisse, die nicht allgemeingültig zu klassifizieren sind. Ein einer Maschine zuzuordnender Unfall mit entsprechenden Beschreibungsangaben sowie Datum und Uhrzeit fallen z.B. in diese Datengruppe.

Produktqualitätsdaten fassen alle relevanten Daten und Informationen zur Qualität des zu produzierenden Gutes zusammen. In dieser Gruppe werden Daten und Informationen über Ausschuss, Nacharbeitung etc. aufgenommen.

In die Datenstruktur können alle vorhandenen und anfallenden relevanten Daten und Informationen entlang des Lebenszyklus eingeordnet werden. Die Anforderungen der Akteure wurden bei der Erstellung der Struktur berücksichtigt. Mithilfe der Strukturierung der Daten und Informationen und der Nutzung der abgeleiteten Referenzprozesse kann die Ist-Situation bei den zu betrachtenden Akteuren systematisch erfasst werden. Weiterhin ist eine systematische Zuordnung von speziellen Daten und Informationen, vorwiegend aus der Gruppe Instandhaltungsdaten und Ersatzteildaten, zu Einzelteilen und Baugruppen unter Verwendung des Produktstrukturmodells[36] möglich.

4.1.7 Zwischenfazit zur Situationsanalyse

Der Zweck der Situationsanalyse besteht in der Strukturierung und Untersuchung des problembehafteten Bereichs mit dem Ziel, das Problem besser verstehen und behandeln zu können. In dieser ersten Phase der Bewertungsmethodik werden dazu alle Informationen abgebildet, die zur Beschreibung der Ausgangssituation der einzelnen Akteure bzw. der zu betrachtenden Konstellation notwendig sind. Mithilfe des für die vorliegende Problemstellung abgeleiteten Zielsystems werden die Zielsetzungen der Akteure definiert sowie bestehende Beziehungen zwischen den zu betrachtenden Akteuren ermittelt. Im Anschluss werden drei Modelle zur Unterstützung der Analyse der Ist-Situation hinsichtlich verfügbarer Daten entwickelt. Dazu zählen das:

- das Produktstrukturmodell,
- das Prozessmodell und
- das Daten-/Informationsmodell.

Das Produktstrukturmodell ermöglicht dabei das systematische Zuordnen von Daten und Informationen sowie produktbezogener Ursachen für Schwachstellen zu den einzelnen Baugruppen und Einzelteilen einer Maschine. Im Rahmen des Prozessmodells werden im Wesentlichen zwei Ziele verfolgt: Zum einen wird die systematische Erfassung von Daten und Informationen in der Nutzungsphase unterstützt. Zum anderen werden die Referenzprozesse im weiteren Verlauf der Bewertungsmethodik zur Zuordnung von Ressourcen verwendet, um die Basis für eine monetäre Bewertung des Verbesserungspotenzials zu schaffen. Das Daten-/Informationsmodell stellt die an der Praxis gespiegelten verfügbarkeitsrelevanten Felddaten strukturiert dar. In vielen Anwendungsfällen ist es das Ziel, die Daten und Informationen nicht in ihrer Gesamtheit zu erfassen, sondern eine sinnvolle

---

[36] Eine detaillierte Beschreibung des Produktstrukturmodells liegt in Kapitel 4.1.4 vor.

Teilmenge auszuwählen. Der Erhebungsaufwand würde sonst erheblich steigen. Eine Auswahl von relevanten Daten und Informationen, insbesondere im Hinblick auf eine methodische Nutzung, steht somit im Vordergrund. Die Auswahl hängt dabei von den identifizierten Schwachstellen der einzelnen Akteure ab. Diese sollen in der folgenden zweiten Phase der Bewertungsmethodik analysiert und mit den identifizierten Daten und Informationen in Verbindung gebracht werden.

4.2 Potenzialanalyse

Im Anschluss an die erste Phase der Bewertungsmethodik folgt die Potenzialanalyse. Aus der in Kapitel 4.1 beschriebenen Situationsanalyse resultieren detaillierte Kenntnisse über das zuvor beschriebene Problemfeld[37] [HABE99, S. 157 f.] sowie über die akteursspezifischen Zielformulierungen und deren Erreichen. Die Kenntnisse liegen sowohl in qualitativer als auch quantitativer Form vor, die zu einer verbesserten Problemsicht führen und damit die Basis für Lösungsansätze bei der Potenzialermittlung hinsichtlich einer Nutzenbewertung bilden, vgl. Bild 4-14. In der Phase der Potenzialanalyse wird durch eine Fokussierung auf die aus Akteurssicht wichtigsten Daten und Informationen die Komplexität beherrschbar gemacht sowie der Nutzen hinsichtlich der relevanten Daten und Informationen qualitativ bewertet. Risiken, Aufwände sowie eine Quantifizierung des Nutzens werden in der dritten Phase, Kapitel 4.3 der Methodik berücksichtigt. Die Voraussetzung für eine Bewertung der Risiken und Aufwände wird erst in dieser Phase geschaffen.

Ergebnisse der Situationsanalyse		Zielsetzung der Potenzialanalyse
akteursspezifische Zielsetzungen - Ist/Soll	Kap. 4.1.1/4.1.2	Analyse des theoretischen Datenaustauschs zwischen den Akteuren
Merkmale der Konstellation Kap. 4.1.3	Produktstruktur - Auswahl relevanter Betrachtungsobjekte Kap. 4.1.4	Einflussanalyse zwischen Daten/ Informationen und identifizierten Schwachstellen
akteursspezifische Schwachstellen und Ressourcenbedarfe Kap. 4.1.5	akteursspezifischer Katalog der vorhandenen Daten und Informationen Kap. 4.1.5/4.1.6	Transfernutzen akteursspezifisch abschätzen
		Kurzanalyse der Nutzenpotenziale
		Potenzialbewertung Kap. 4.3

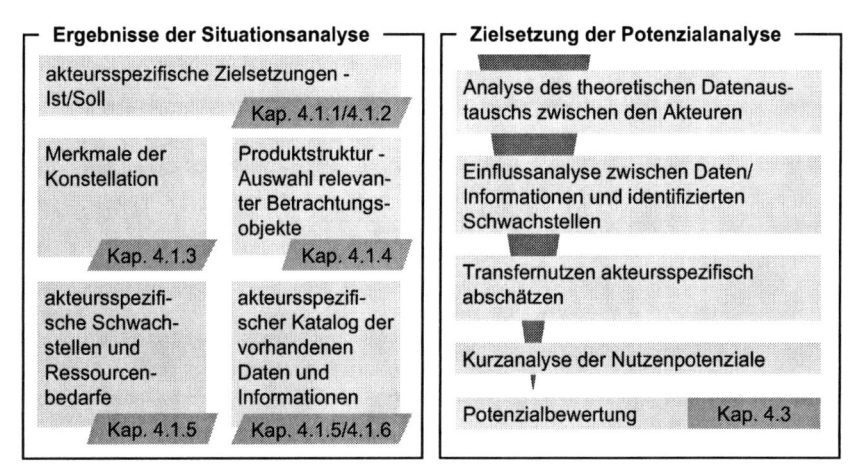

Bild 4-14: Vernetzung der Situationsanalyse mit der Potenzialanalyse

Die Potenzialanalyse besteht aus dem Transfermodell, der Einflussanalyse und der Nutzenpotenzialanalyse. Diese Hilfsmittel ermöglichen eine qualitative Einschätzung des Nutzens bzgl. einer kooperierenden Zusammenarbeit im Daten- und Informationsaustausch.

---

[37] Vgl. hierzu die Ausführungen in Kapitel 2.1.

Detaillierung der Bewertungsmethodik

Mithilfe des Transfermodells werden die theoretisch zu übertragenden Daten und Informationen redundanzfrei ermittelt. Es strukturiert den notwendigen immateriellen Ressourcenbedarf bzgl. der Daten und Informationen jedes Akteurs zur Unterstützung der in der Situationsanalyse definierten Ziele. Mit der Einflussanalyse werden die ermittelten Zielsetzungen, die aus der Situationsanalyse hervorgehen, sowie die ermittelten Randbedingungen als Eingangsgrößen verwendet. Zielsetzung der Einflussanalyse ist es, Forderungen nach Informationen/Daten der jeweiligen Kooperationspartner zu ermitteln, um die gesetzten Ziele zu unterstützen. Dabei werden entsprechende Stellgrößen von den Zielen abgeleitet, um diese zu beeinflussen.

Als Ergebnis der Potenzialanalyse werden die notwendigen Daten und Informationen, die die Zielerreichung unterstützen, jedem beteiligten Partner akteursbezogen zugeordnet, so dass konkrete immaterielle Bedarfe für die Akteure formuliert und der Nutzen des gegenseitigen Daten- und Informationstausches bewertet werden können. Dadurch wird einerseits die Möglichkeit geschaffen, die Bewertung aufgrund mangelnder Nutzenpotenziale frühzeitig abzubrechen und andererseits bei großem Potenzial die größten Schwachstellen und somit Verbesserungsmaßnahmen zu ermitteln.

4.2.1 Aufbau einer Transferanalyse

Bevor eine Bewertung auf Basis der vorangegangenen Situationsanalyse durchgeführt werden kann, müssen vorab die Daten- und Informationsdefizite der beteiligten Akteure untersucht werden. Die Eingangsgrößen für diese Untersuchung bilden die in der Situationsanalyse akteursspezifisch analysierten Daten und Informationen sowie Schwachstellen bei der Informationsversorgung im Lebenszyklus einer Maschine.

Um die Untersuchung der Daten- und Informationsdefizite systematisch durchführen zu können, wird ein Modell entwickelt, mit dem eine Auswertung der vorhandenen Daten und Informationen der zu betrachtenden Akteure durchgeführt werden kann. Ziel ist es dabei, die Transfer- bzw. Austauschmöglichkeiten von Daten und Informationen zwischen den beteiligten Akteuren zu ermitteln. Dieses Modell wird Transfermodell genannt.

Mithilfe des Transfermodells wird eine qualitative Abschätzung des Nutzenpotenzials vorbereitet. Die zu betrachtenden möglichen Kooperationspartner sind durch die hohe Komplexität der Bewertungsmethodik paarweise zu betrachten. Das bedeutet für die Anwendung der Bewertungsmethodik bei drei Akteuren, z.B. einem Maschinenhersteller als Initiator und zwei Anwendern, dass die Bewertungsmethodik zweimal durchgeführt werden muss. Zum einen werden die Kooperationspotenziale des Herstellers und des ersten Anwenders ermittelt und zum anderen die des Herstellers und des zweiten Anwenders. Falls eine Geschäftsbeziehung zwischen den Anwendern besteht und ein Daten- und Informationsaustausch sinnvoll erscheint, ist zwischen den beiden Akteuren eine weitere Bewertung sinnvoll. Letzteres Beispiel ist in der Praxis so nicht üblich, sollte jedoch an dieser Stelle zur Erläuterung des Vorgehens dienen.

Die Nutzung des Transfermodells stellt sicher, dass alle relevanten Anforderungen bei der Untersuchung der Daten und Informationsdefizite systematisch berücksichtigt werden, vgl. Bild 4-15.

Akteur n
Akteur 2
Akteur 1
Daten- und Informationsanalyse
- Ist-Situation -

Anforderungen
- relevante Maschinentypen aus der Konstellationsanalyse berücksichtigen
- Fallunterscheidung bzgl. der Daten- und Informationsverfügbarkeit durchführen
- datengruppenspezifische Häufigkeitsverteilung der Daten- bzw. Informationsverfügbarkeit

Vorgehensweise

Unterscheidung zwischen zwei Möglichkeiten bei der Datenverfügbarkeitsanalyse:

① Datentyp ist verfügbar
② Datentyp ist nicht verfügbar

gruppenspezifische Auswertung zur Darstellung des Transferpotenzials durch Fallunterscheidung:

Identifikation der Daten bzw. Informationen, die bei beiden Akteuren vorhanden sind.

➡ Transferpotenzial

Gruppeninterne Auswertung

Legende: A = Akteur   DT = Datentyp   n = laufende Nummer
DG = Datengruppe

Gruppenspezifische Auswertung

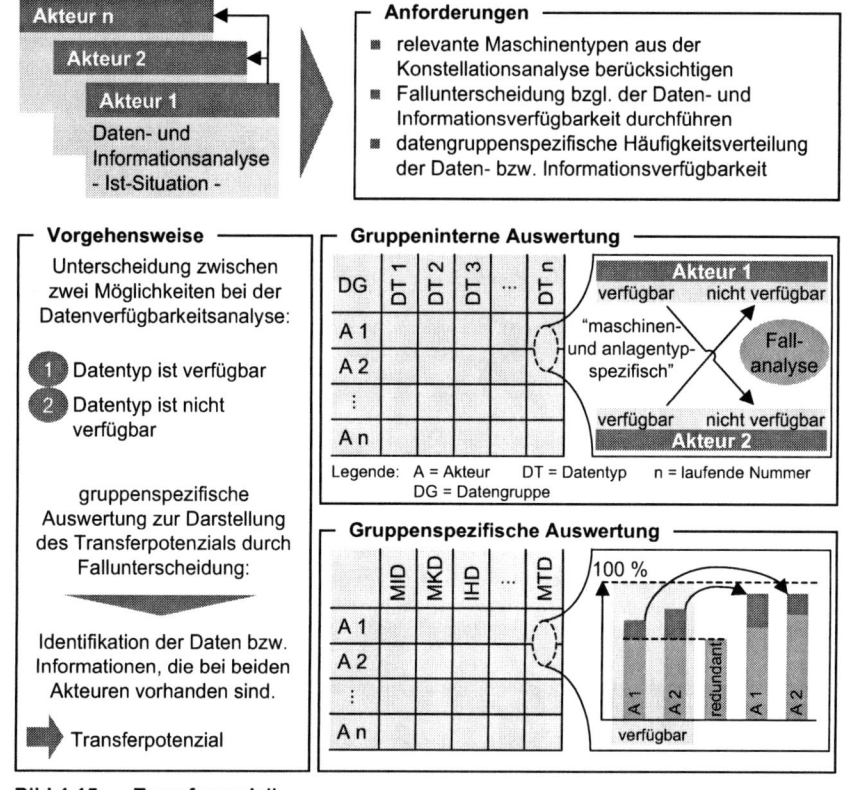

Bild 4-15: Transfermodell

Die Auswertung mithilfe der Transfertabellen erfolgt in zwei Schritten. Im ersten Schritt wird die Verfügbarkeit der Daten und Informationen für jeden Akteur aus der Situationsanalyse entsprechend den in Kapitel 4.1.6 definierten Datengruppen ermittelt. Dazu werden die Ergebnisse aus der Ist-Zustandsanalyse bzgl. der vorhandenen Daten und Informationen für die relevanten Akteure in eine Tabelle übertragen. Es wird für jede der zwölf Gruppen eine Tabelle erstellt und anschließend eine gruppeninterne Auswertung durchgeführt. Bei der Auswertung wird prinzipiell zwischen den Möglichkeiten „Datentyp ist verfügbar" und „Datentyp ist nicht verfügbar" differenziert. Dabei müssen die maschinentyp-spezifischen Daten und Informationen entsprechend der in der Konstellationsanalyse[38] beschriebenen Struktur berücksichtigt werden. Im Anschluss an die Erstellung der Tabellen wird

---

[38] Vgl. hierzu die Ausführungen in Kapitel 4.1.3.

datengruppenspezifisch das theoretische Transferpotenzial zwischen den Akteuren ausgewertet. Dazu und zur einer anschließenden transparenten Darstellung der Daten- und Informationsverfügbarkeit innerhalb der Datengruppen werden aufgrund der einfachen Handhabung Häufigkeitstabellen aus der Statistik verwendet.

Eine Häufigkeitstabelle ist die Zuordnung von Häufigkeiten zu allen sich voneinander unterscheidenden Merkmalen einer statistischen Gesamtheit oder Teilgesamtheit in Form einer Tabelle [ECKS97, S. 53]. Die Häufigkeitsverteilung ermöglicht das Auszählen von verschiedenen Merkmalen, hier zwischen „Datentyp ist verfügbar" und „Datentyp ist nicht verfügbar", und das Berechnen von prozentualen Häufigkeiten. Durch eine abschließende grafische Darstellung der Häufigkeitsverteilungen kann eine Übersicht über die zu untersuchenden Ausprägungen geschaffen werden. Dabei werden auffällige Verteilungen leicht entdeckt und können bei dieser Anwendung akteursspezifisch gegenübergestellt werden.

Die Resultate werden in einer Tabelle zusammengefasst. Für jede Datengruppe werden die Redundanzen zwischen den Akteuren ermittelt, ebenso die Daten- bzw. Informationsbedarfe sowie die an dieser Stelle der Methodik nicht zu klassifizierenden Daten und Informationen, die theoretisch transferiert werden können.

Zu den Zwischenergebnissen, die mithilfe des Transfermodells erstellt werden, gehören folgende:

- Ermittlung der Daten und Informationen, die zwischen den Akteuren theoretisch transferiert werden können, so dass ein Ausgleich zwischen den Daten und Informationen entsteht

- datengruppenspezifische Auswertung hinsichtlich der Daten- und Informationsverfügbarkeit bei den zu betrachtenden Akteuren.

Zur weiteren Abschätzung des Nutzenpotenzials der in Betracht kommenden Daten und Informationen werden im folgenden Kapitel die aus der Situationsanalyse identifizierten Zielsetzungen und Schwachstellen mit den theoretisch zu tauschenden Daten und Informationen auf Zusammenhänge untersucht, vgl. Bild 4-16. Ziel ist es, die ermittelten Daten und Informationen, mit denen eine positive Beeinflussung der Zielsetzungen und Schwachstellen durch eine entsprechende Weiterverarbeitung erreicht werden kann, für jeden beteiligten Akteur zu identifizieren.

4.2.2 Aufbau einer Einflussanalyse

Mithilfe der Einflussanalyse sollen die benötigten Informationen für eine Nutzenpotenzialabschätzung hinsichtlich ermittelter Schwachstellen identifiziert und bereitgestellt werden. Dazu wird auf die Ergebnisse der zuvor durchgeführten Situationsanalyse und das Transfermodell aufgebaut. Die ermittelten Daten und Informationen, die theoretisch zwischen den Akteuren übertragen werden können, sollen mithilfe der Einflussanalyse den identifizierten Schwachstellen zugeteilt werden. Dabei werden sie hinsichtlich ihres Einflusses auf

Detaillierung der Bewertungsmethodik

Schwachstellen und Daten- bzw. Informationsdefizite eines jeden Akteurs untersucht. Die Ergebnisse aus den zuvor beschriebenen Modellen und Analysen stellen die Eingangsinformationen für die Einflussanalyse dar. Im Folgenden werden zunächst das Ziel und der Aufbau der Einflussanalyse beschrieben, vgl. Bild 4-16.

Eingangsinformationen

Prozessmodell
- Erfassung von Defiziten bei der Daten- und Informationsverfügbarkeit
- Abbildung des Werteverzehrs auf Prozessebene

Transfermodell
- Gegenüberstellung der verfügbaren Daten und Informationen
- Identifikation theoretisch tauschbarer Daten und Informationen (Transferpotenzial)

Datenkatalog
- Kurzbeschreibung der Daten und Informationen
- Einsatzmöglichkeiten der Daten und Informationen

– akteursspezifisch – Hersteller / Anwender / Service-Dienstleister

Einflussanalyse

Zielsetzung
➡ Identifizierung von Daten und Informationen, die eine geeignete Maßnahmenableitung zur Informationsdefizit- oder Schwachstellenbeseitigung sicherstellen

Akteur 1
| Informationsdefizite und Schwachstellen | identifizierte Daten und Informationen |

↕ Transfermodell

Akteur 2
| Informationsdefizite und Schwachstellen | identifizierte Daten und Informationen |

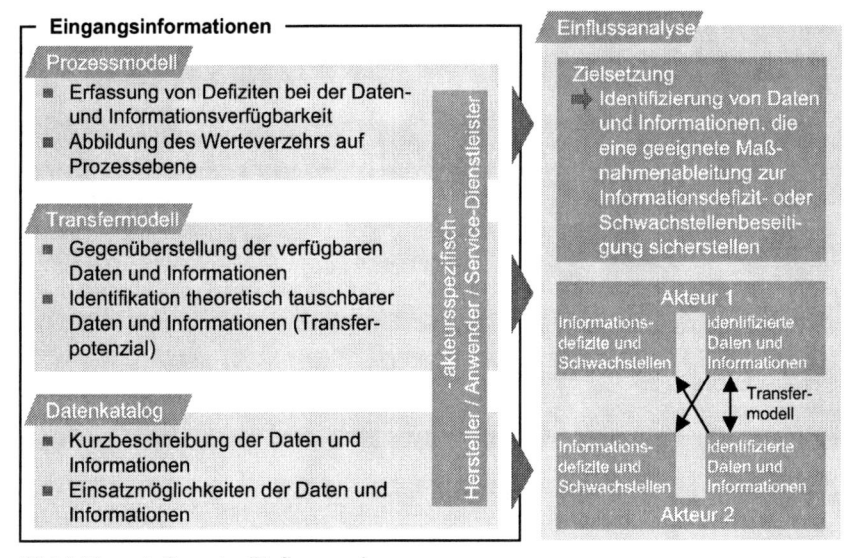

Bild 4-16: Aufbau der Einflussanalyse

Das Ziel der Einflussanalyse ist eine strukturierte Gegenüberstellung der identifizierten Schwachstellen und Informationsdefizite aus der vorangegangenen Prozessanalyse und den potenziell zu transferierenden Daten und Informationen aus dem Transfermodell. Anschließend werden die Einflussmöglichkeiten der Daten und Informationen auf die identifizierten Schwachstellen untersucht, so dass eine allgemeine Nutzenpotenzialeinstufung ohne bewertende Skala vorgenommen werden kann.

Entsprechend der in dieser Arbeit zugrunde gelegten systemorientierten Betrachtungsweise[39] wird die Ermittlung des Zusammenhangs zwischen den Daten bzw. Informationen und den Schwachstellen durch eine detaillierte Problemfeldbeschreibung abgeleitet. Die in der Situationsanalyse erarbeiteten Erkenntnisse und Resultate tragen dazu bei [HABE99, S. 109]. Sie werden als Eingangsinformationen für die Einflussanalyse verwendet. Dazu werden im ersten Schritt von jedem Akteur die bekannten oder mithilfe des Prozessmodells ermittelten Schwachstellen bzgl. der Daten- und Informationsdefizite den entsprechenden Aktivitäten zugeordnet, so dass eine klare Beschreibung des Daten- und Informationsmangels vorliegt. Zur Beschreibung zählt zum einen die konkrete Benennung, welche Daten und Informationen bei einem spezifischen Prozessschritt fehlen, und zum anderen die

---

[39] Vgl. hierzu das in Kapitel 3.2.3 dargelegte Grundverständnis des Systems Engineering sowie die in Kapitel 4.1 daran angelehnte, durchgeführte Situationsanalyse.

77

Verknüpfung der geforderten Daten und Informationen mit der zu betrachtenden Maschine. Weitere Eingangsinformationen für die Einflussanalyse sind die ermittelten verfügbaren Daten und Informationen aus dem Transfermodell und der entsprechenden Beschreibung mithilfe des Datenkatalogs. Der Datenkatalog beschreibt die Einsatzmöglichkeiten der Daten und Informationen, so dass eine anschließende Zuordnung zu den geforderten Daten und Informationen eindeutig möglich ist.[40]

Die Durchführung der Einflussanalyse erfolgt für jeden Akteur einzeln. Das bedeutet, dass bei einer zu betrachtenden Konstellation, z.B. Hersteller und Service-Dienstleister, zwei Analysen durchgeführt werden. In einer Analyse wird geprüft, welche zur Verfügung stehenden Daten und Informationen des Herstellers die identifizierten Probleme bzw. Daten- und Informationslücken bei dem Service-Dienstleister schließen können. Dazu können z.B. detaillierte Informationen über Ersatzteile oder Montageanleitungen zählen. Eine weitere Analyse wird aus Sicht des Herstellers durchgeführt, so dass ebenfalls die relevanten Daten und Informationen bzgl. eines sinnvollen Transfers mit den ermittelten Schwachstellen verknüpft werden. Dies können z.B. Daten und Informationen von an den Maschinen des Herstellers durchgeführten Reparaturen sein, die der Service-Dienstleister nach Ablauf der Garantiezeit bei einem Maschinenanwender getätigt hat. Diese Daten und Informationen sind für die Entwicklung neuer Maschinengenerationen sehr wichtig, um frühzeitig Fehler und Schwachstellen zu reduzieren. Die ermittelten Korrelationen zwischen den geforderten und den potenziell verfügbaren Daten und Informationen werden für jeden Datentyp summiert, so dass die Daten und Informationen, die mehrfach gefordert werden, identifiziert werden, vgl. Bild 4-17.

Ziel ist es dabei, den Nutzen hinsichtlich der unterschiedlichen Datentypen abzuschätzen und eine Möglichkeit zur transparenten Gegenüberstellung von Nutzen und Aufwand zu schaffen. Der Transfer eines Datentyps kann bei unterschiedlichen Schwachstellen einen positiven Einfluss haben.

Die mithilfe des Transfermodells ermittelten Daten und Informationen werden in der Regel nicht alle identifizierten Daten- und Informationsdefizite beheben können. Zum einen steht zum jetzigen Zeitpunkt noch keine Entscheidung über einen spezifisch definierten Daten- und Informationstransfer zwischen den zu betrachtenden Akteuren fest und zum anderen werden bei der Durchführung der Bewertungsmethodik in der Praxis nicht alle notwendigen Daten und Informationen zur Schwachstellenbeseitigung bei den Kooperationspartnern verfügbar sein. Eine weitere Untersuchung, ob Daten und Informationen von einem Akteur für einen anderen Akteur zukünftig erhoben werden sollen, wird in dieser Bewertungsmethodik nicht berücksichtigt. Dies ist durch die in Kapitel 1 beschriebene Situation begründet. Die hier entwickelte Methodik soll zur Potenzialabschätzung einer besseren Zusammenarbeit zwischen den betrachteten Akteuren durch den systematischen und kontinuierlichen Austausch von vorhandenen Daten und Informationen dienen.

---

[40] Vgl. hierzu Anhang A4.

Detaillierung der Bewertungsmethodik

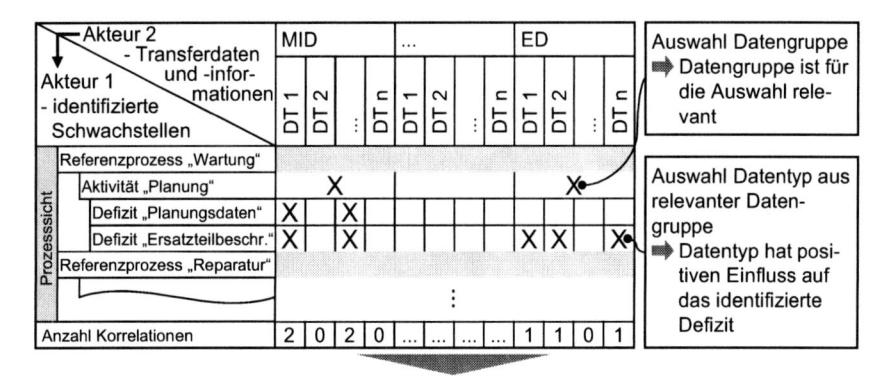

Akteur 2 - Transferdaten und -informationen / Akteur 1 - identifizierte Schwachstellen	MID						ED			Auswahl Datengruppe ➡ Datengruppe ist für die Auswahl relevant
	DT 1	DT 2	...	DT 1	DT 2	...	DT 1	DT 2	... DT n	
Referenzprozess „Wartung"										Auswahl Datentyp aus relevanter Datengruppe ➡ Datentyp hat positiven Einfluss auf das identifizierte Defizit
Aktivität „Planung"	X								X	
Defizit „Planungsdaten"	X	X								
Defizit „Ersatzteilbeschr."	X	X					X	X	X	
Referenzprozess „Reparatur"										
⋮										
Anzahl Korrelationen	2	0	2	0	...	...	...	1	1	0	1	

▶ Daten und Informationen, die zur Zeit der Bewertung nicht bei den Akteuren vorliegen, jedoch zur Unterstützung der Schwachstellenbeseitigung generiert werden können, werden in der Phase der Potenzialanalyse nicht berücksichtigt.

Bild 4-17: Durchführung der Einflussanalyse

Mithilfe der in diesem Kapitel ermittelten Korrelationen zwischen den – aufgrund von Schwachstellen geforderten – Daten bzw. Informationen und den beim Kooperationspartner theoretisch verfügbaren Daten bzw. Informationen wird im folgenden Kapitel die Nutzenpotenzialabschätzung entwickelt und beschrieben.

4.2.3 Nutzenpotenzialabschätzung

Ziel der Potenzialabschätzung ist es, eine frühzeitige Einstufung des Kooperationspotenzials zu ermitteln sowie Schwerpunkte bei den ermittelten Schwachstellen zu identifizieren, um in der anschließenden Bewertungsphase die Komplexität des Bewertungsvorgangs zu verringern. Der Erfolg einer Kooperationspartnerschaft wird im Wesentlichen durch einen klar identifizierten gegenseitigen Nutzen der Partner bestimmt. Dabei dürfen der Aufwand zur Erbringung des Nutzens sowie mögliche Risiken nicht vernachlässigt werden [LUCZ99, S. 131]. Da jedoch der Nutzen im Vordergrund steht und somit die treibende Größe für eine engere Zusammenarbeit hinsichtlich des Daten- und Informationstransfers darstellt, wird im Zuge der Bewertungsmethodik eine Nutzenabschätzung für jeden Akteur durchgeführt, so dass eine frühzeitige Entscheidung über einen möglichen Abbruch der anschließenden Detailbewertung herbeigeführt werden kann, vgl. Bild 4-18.

Um eine frühzeitige Entscheidung treffen zu können, werden vier grundlegende Alternativen des Kooperationspotenzials betrachtet. Diese setzen sich aus den akteursspezifischen Fällen hohes Nutzenpotenzial und geringes Nutzenpotenzial zusammen. Dadurch sind vier Alternativen definiert:

- Beide Akteure identifizieren ein hohes Nutzenpotenzial für eine wissensbasierte Kooperation.

Detaillierung der Bewertungsmethodik

- Beide Akteure identifizieren ein geringes Nutzenpotenzial für eine wissensbasierte Kooperation.

- Akteur 1, (2) identifiziert eine hohes Nutzenpotenzial; Akteur 2, (1) identifiziert ein geringes Nutzenpotenzial.

Situationsanalyse	■ Identifikation von Schwerpunkten
Potenzialanalyse	■ akteursspezifische Nutzenanalyse - Ziel: Schwachstellenbeseitigung
Potenzialbewertung	■ Nutzenpotenzialgegenüberstellung ➡ frühzeitiges Abbruchkriterium

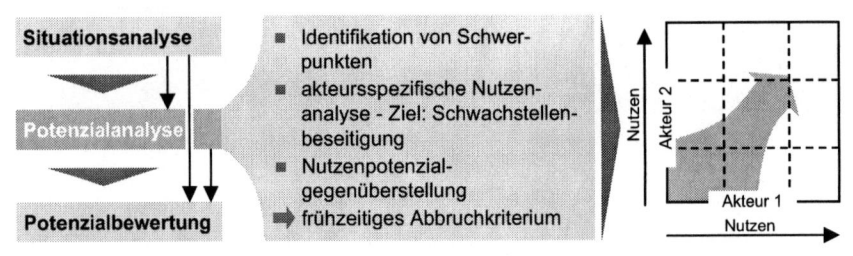

Bild 4-18: Zielsetzung der Nutzenpotenzialabschätzung

Zur Bewertung des Nutzenpotenzials aus den zuvor ermittelten Schwachstellen und Daten- bzw. Informationstransferpotenzialen für jeden Akteur muss eine geeignete Bewertungsmethodik ermittelt und auf die Anforderungen des vorliegenden Bewertungsproblems angepasst werden. Die Komplexität dieser Problemstellung beruht im Wesentlichen auf unterschiedlichen Zielsetzungen, zwischen denen auch Zielkonflikte auftreten können, sowie auf unvergleichbaren und häufig nicht eindeutig zu quantifizierenden Kriterien, mit deren Hilfe eine Messung durchgeführt werden kann. Sowohl in der Praxis als auch in der Literatur existiert eine Vielzahl anerkannter, allgemein formulierter Verfahren zur Unterstützung des vorliegenden Bewertungsfalls. Die nach der Entscheidungslehre zu verwendenden Verfahren, die den hier genannten Anforderungen genügen, werden mit dem Begriff des Multi Attribute Decision Making (MADM)[41] zusammengefasst. Ein in der Systemtheorie häufig eingesetztes Verfahren zur anwendungsorientierten Interpretation einer Bewertung mithilfe von Zielen, Kriterien und deren Gewichtung ist die Nutzwertanalyse nach ZANGEMEISTER [HABE99, S. 196 f.]. Die Nutzwertanalyse kann in vier Teilschritte gegliedert werden: Aufstellen eines Zielsystems, Zielgrößenmatrix erstellen, Aufstellen einer Zielwert-/Nutzwertmatrix und Bestimmung der Gesamtnutzwerte mit Beurteilung der Varianten [PAHL86, S. 122 ff.; ZANG70, S. 55 ff.]. Das von SAATY [SAAT80] entwickelte Verfahren des Analytic Hierarchy Process (AHP) wird zur Unterstützung risikobehafteter Entscheidungen von wirtschaftlicher und politischer Tragweite eingesetzt. AHP wird in fünf Teilschritte gegliedert: Abbildung der Entscheidungssituation in einer Hierarchie, paarweiser Vergleich von je zwei Elementen einer Hierarchieebene im Hinblick auf die nächsthöhere

---

[41] Bewertungsverfahren, die unter den Begriffen Multi Attribute Decision Making (MADM) sowie Multi Objective Decsion Making (MODM) eingeordnet sind, zählen zu den aus der Entscheidungslehre kommenden Multi-Criteria-Entscheidungen [ZIMM91, S. 21 ff.]. Im Rahmen der Anwendung von MODM-Verfahren wird die Menge der Alternativen nicht explizit vorbestimmt, während die zulässigen Handlungsalternativen bei den MADM-Verfahren vollständig vorgegeben sind [HEIT00, S. 41].

Ebene, Berechnung von Gewichtungsvektoren bzgl. der Paarvergleichsmatrizen, Konsistenzprüfung der Bewertung und Ermittlung der Alternativengewichtungen bezüglich der Ziele für die gesamte Hierarchie [ZIMM91, S. 65 ff.].

Die beiden Verfahren unterscheiden sich im Wesentlichen im Aufwand bei der Anwendung. Im Rahmen der Nutzwertanalyse werden pauschale, numerische Abschätzungen zu Zielkriteriengewichten und Zielerträgen der zu betrachtenden Alternativen vorgenommen. Hingegen werden die Gewichtungen bei der Anwendung des AHP-Ansatzes, schrittweise mithilfe von paarweisen Vergleichen bestimmt [HEIT00, S. 91]. Dadurch wird die subjektive Beurteilung der Zielgrößen objektiviert.

Für den hier vorliegenden Anwendungsfall wird das Grundmodell der Nutzwertanalyse mit den zuvor erläuterten Aspekten des AHP-Ansatzes verknüpft. Die grundlegende Gliederung und die Vorgehensweise der Nutzwertanalyse werden auf die hier beschriebene Problemstellung übertragen. Dafür werden die vier Phasen kurz beschrieben und jeweils auf das vorliegende Problem adaptiert. Anschließend wird zur Objektivierung der Gewichtungseinteilung der Paarweise Vergleich des AHP-Ansatzes in die hier angepasste Vorgehensweise integriert. Das Ziel der Nutzwert-Analyse ist es, unterschiedliche Alternativen unter Berücksichtigung der Wertvorstellungen des Entscheidenden zu ordnen. Dazu werden zu den Alternativen die Nutzwerte bestimmt [LENK93, S. 36 f.]. Die Nutzwerte stellen jeweils das Ergebnis einer ganzheitlichen Bewertung sämtlicher Zielerträge einer Alternative dar.

In dem hier vorliegenden Anwendungsfall der Nutzwertanalyse wird keine Rangfolge von bevorzugten Alternativen ermittelt, sondern der Gesamtnutzwert der beteiligten Akteure ermittelt, so dass als Ergebnis ein Nutzwert für jeden Akteur hinsichtlich seiner Schwachstellen ermittelt werden kann. Die in der Situationsanalyse akteursspezifisch ermittelten Schwachstellen durch einen verbesserten Daten- und Informationstransfer zu reduzieren, ist das Ziel der Nutzwertanalyse. Die durch Referenzprozesse ermittelten Schwachstellen werden anschließend mithilfe des paarweisen Vergleichs[42] gewichtet und normiert. Die Normierung ermöglicht, dass sich die Gesamtnutzwerte der Akteure hinsichtlich des gesamten Verbesserungspotenzials vergleichen lassen. Die Notwendigkeit dafür ergibt sich aus der nicht-monetär orientierten Potenzialanalyse. Im zweiten Schritt werden die im Transfermodell ermittelten Daten und Informationen, die verfügbar sind bzw. sehr einfach verfügbar gemacht werden können, den Schwachstellen gegenübergestellt. Anschließend werden die einzelnen Schwachstellen hinsichtlich des Verbesserungspotenzials durch den Daten- und Informationstransfer mithilfe von qualitativen Ausprägungen beurteilt. Die Ausprägungen werden in Anlehnung an die von SAATY angeführte Neun-Punkte-Skala von

---

[42] Das Hauptziel des Paarweisen Vergleichs ist das Aufstellen einer Rangfolge gegebener Objekte hinsichtlich eines bestimmten Kriteriums. Bei seiner Durchführung wird jedes Objekt einzeln mit jedem der verbleibenden Objekte verglichen. Das Ergebnis dieser Vergleiche ist eine Aussage, welches der beiden Objekte „besser" im Sinne des betrachteten Kriteriums ist. Diese Aussagen werden in einer Vergleichsmatrix gesammelt. Eingetragen werden hierbei Aussagen, wie das entsprechende Zeilenobjekt gegenüber dem Spaltenobjekt abschneidet [LENK93, S. 47].

qualitativen in metrisch skalierte Aussagen transformiert. Den Schwachstellen werden dadurch Werte aus einer Urteilsskala von [1-9] zugeordnet, vgl. Bild 4-19.

Kardinale Ausprägungen

Skalenwert	Definition	Einfluss des Daten- und Informationstransfers
1	keine Einflussnahme	keine Schwachstellenbeseitigung
3	geringe Einflussnahme	nahezu keine Schwachstellenbeseitigung
5	zufriedenstellend	deutliche Schwachstellenbeseitigung
7	vorteilhaft	nahezu vollständige Schwachstellenbeseitigung
9	sehr vorteilhaft	vollständige Schwachstellenbeseitigung
2, 4, 6, 8	Zwischenwerte	-

Bild 4-19: Definition der Skalenwerte

Die Urteilswerte werden anschließend mit dem zuvor ermittelten Gewichtungsfaktor multipliziert, so dass sich der Nutzwert der zu transferierenden Daten und Informationen bezogen auf eine Schwachstelle ergibt. Der Gesamtnutzwert ergibt sich aus der Summation der Einzelnutzwerte. Damit ist eine Beurteilung des Einflusses der zu transferierenden Daten und Informationen auf die akteursspezifischen Schwachstellen möglich, vgl. Bild 4-20.

Die Kalkulation der Nutzwerte erfolgt, wie zuvor beschrieben, mit folgender Formel:

$$N_{Ay}^{x} = \sum_{i=1}^{s} n_i \cdot g_i$$

mit:
    x = k, m, l
    y = Anzahl Akteur
    s = Anzahl Schwachstellen
    g = normierter Gewichtungsfaktor
    n = Verbesserungspotenzial
    i = Index

Zusätzlich wird bei der Kalkulation der Nutzwerte zwischen drei Kategorien unterschieden: Die Verbesserungspotenziale (n_i) werden bezüglich ihrer Realisierung in kurzfristig, mittelfristig und langfristig unterteilt. Diese Einteilung ist aufgrund unterschiedlicher Schwachstellen und damit verbundener Zielsetzungen der Akteure erforderlich. Ein Maschinenhersteller, der z.B. Daten und Informationen aus dem Feldeinsatz seiner Maschine benötigt, um eine bessere Planungsgrundlage für die Kalkulation der Lebenszykluskosten und der technischen Verfügbarkeit der Maschine aufzubauen, benötigt eine Vielzahl von unterschiedlichen Daten und Informationen über einen längeren Zeitraum. Ein Maschinenanwender hingegen braucht z.B. detaillierte Informationen über notwendige Ersatzteile seiner Maschine, die beim Hersteller vorliegen. Dieses Problem könnte kurzfristig durch eine Bereitstellung der Informationen gelöst werden. Um eine Einschätzung der Nutzenpotenziale vorzunehmen, ist es notwendig die Verbesserungspotenziale (n_i) bzw. die Nutzwerte (N_i) zeitabhängig zu ermitteln. So kann eine systematische und strukturierte Beurteilung des Nutzens zwischen den Akteuren erfolgen.

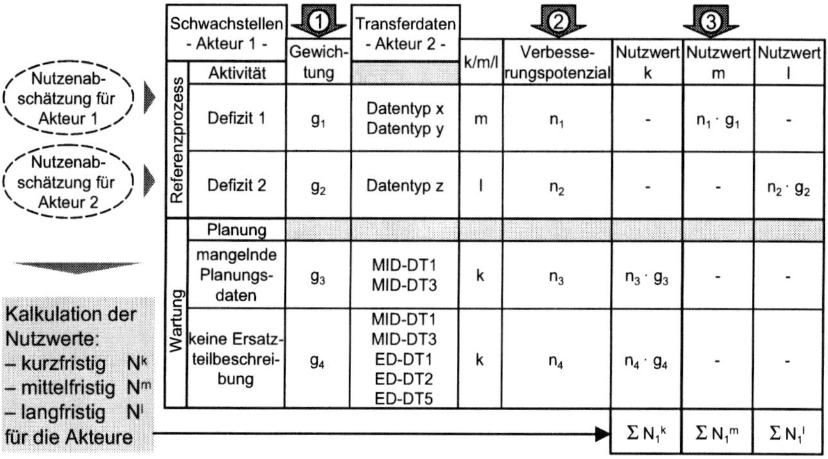

Detaillierung der Bewertungsmethodik

	Schwachstellen - Akteur 1 -		Transferdaten - Akteur 2 -					
		①		②		③		
	Aktivität	Gewichtung		k/m/l	Verbesserungspotenzial	Nutzwert k	Nutzwert m	Nutzwert l
Nutzenabschätzung für Akteur 1 → Referenzprozess	Defizit 1	g_1	Datentyp x Datentyp y	m	n_1	-	$n_1 \cdot g_1$	-
Nutzenabschätzung für Akteur 2 →	Defizit 2	g_2	Datentyp z	l	n_2	-	-	$n_2 \cdot g_2$
	Planung							
Kalkulation der Nutzwerte: – kurzfristig N^k – mittelfristig N^m – langfristig N^l für die Akteure	mangelnde Planungsdaten (Wartung)	g_3	MID-DT1 MID-DT3	k	n_3	$n_3 \cdot g_3$	-	-
	keine Ersatzteilbeschreibung	g_4	MID-DT1 MID-DT3 ED-DT1 ED-DT2 ED-DT5	k	n_4	$n_4 \cdot g_4$	-	-
						ΣN_1^k	ΣN_1^m	ΣN_1^l

Legende: g = normierte Gewichtung; N_1 = Nutzwert Akteur 1; k = kurzfristig; m = mittelfristig; l = langfristig
n = Einzelnutzwert [%]

Bild 4-20: Ablauf der Nutzenpotenzialabschätzung

4.2.4 Analyse und Darstellung der Nutzenpotenziale

Ziel der Analyse ist es, die ermittelten Nutzwerte transparent darzustellen. Dabei sind die kurz-, mittel- und langfristigen Nutzenpotenziale sowie das Gleichgewicht des Nutzens zwischen den Akteuren zu berücksichtigen. Zur Abbildung der Nutzwerte wird die Portfolio-Darstellung verwendet. Sie zählt zu den wichtigsten und in der Praxis am häufigsten angewandten Methoden zur strategischen Planung [BULL94, S. 144]. Das Portfolio-Konzept wurde in zahlreichen Varianten auf unterschiedliche Bereiche wie z.B. Märkte, Produkte und Technologien angewendet [KRUB82, S. 30 ff.; SERV85, S. 112 ff.; WÖHE00, S. 140 ff.]. Portfolios werden durch ein zweidimensionales Diagramm dargestellt. In dem hier vorliegenden Fall bildet je eine Dimension den ermittelten Nutzwert eines Akteurs ab. Durch das Eintragen der drei Nutzwerte, kurz-, mittel- und langfristiger Nutzen, können drei Positionen im Portfolio ermittelt werden. Um eine Entscheidung hinsichtlich des Abbruchs der Methode aufgrund eines zu geringen Potenzials oder einer Detailbewertung zu treffen, müssen die ermittelten Positionen im Portfolio beurteilt werden. Als Hilfestellung dazu dient eine Einteilung des Portfolios in unterschiedliche Zonen, vgl. Bild 4-21.

Die Einteilung des hier vorliegenden Portfolios gleicht nicht der in der Praxis häufig verwendeten Vier- oder Neun-Feld-Matrix. Entsprechend der hier vorliegenden Zielsetzung (Identifizierung der Einstufung bezüglich der Höhe des Nutzenpotenzials für jeden Akteur und Verteilung des Nutzenpotenzials zwischen den Akteuren) wird eine für diesen Anwendungsfall spezifische Zoneneinteilung vorgenommen. Bei der Betrachtung der Möglichkeiten, die als Ergebnis aus der Nutzenpotenzialabschätzung grundsätzlich entstehen können, gibt es vier Varianten. Die erste Variante ist die Möglichkeit, dass bei beiden Akteuren ein sehr hohes Potenzial bezüglich der Schwachstellenreduzierung identifiziert wird. Variante zwei ist die Identifizierung eines sehr geringen Potenzials bei beiden Akteuren. Die dritte und vierte Variante beschreiben die Fälle, dass bei Akteur 1 oder Akteur 2 ein sehr hohes Potenzial zur eigenen Schwachstellenreduzierung, bei dem Kooperationspartner jedoch nur ein sehr geringes Potenzial identifiziert worden ist. Anhand dieser Klassifizierung sind die Zonen des Portfolios eingeteilt worden.

- Zone 1: beidseitig hohes Potenzial

    Dieser Bereich des Portfolios liegt oberhalb der Grenze „geringe Einflussnahme",[43] so dass ein Mindestmaß an Potenzialen zur Schwachstellenbeseitigung in dieser Zone vorliegt. Zusätzlich orientiert sich diese Zone an der Diagonalen im Portfolio, mit der bei beiden Akteuren ein angenähertes Nutzengleichgewicht besteht. In dieser Zone wird eindeutig eine Detailbewertung des Kooperationspotenzials mit der Berücksichtigung von Aufwänden und Risiken empfohlen.

- Zone 2: beidseitig sehr geringes Potenzial

    Dieser Bereich des Portfolios liegt unterhalb der Grenze „geringe Einflussnahme", so dass aufgrund des geringen Nutzens ein Abbruch zu empfehlen ist.

- Zone 3: einseitig hohes Potenzial

    Im Portfolio teilt sich diese Zone in zwei Bereiche. Charakteristisch für diese Zonen ist ein einseitig hohes Potenzial, so dass bei den Akteuren ein Ungleichgewicht bezüglich des angestrebten Nutzens vorliegt. Daraus resultiert, dass individuell eine Entscheidung für eine Weiterführung der Methodik gefällt werden muss. Die Entscheidung wird maßgeblich von der eingestuften Höhe des geringeren Nutzenpotenzials sowie von der vorliegenden Geschäftsbeziehung der Akteure und den in Kapitel 2 typischen Faktoren, wie Vertrauen etc., für Kooperationen abhängen. Eine weitere Möglichkeit ist z.B. ein vertraglich geregelter monetärer Ausgleich des Ungleichgewichtes. Dazu ist jedoch eine Detailbewertung zu empfehlen.

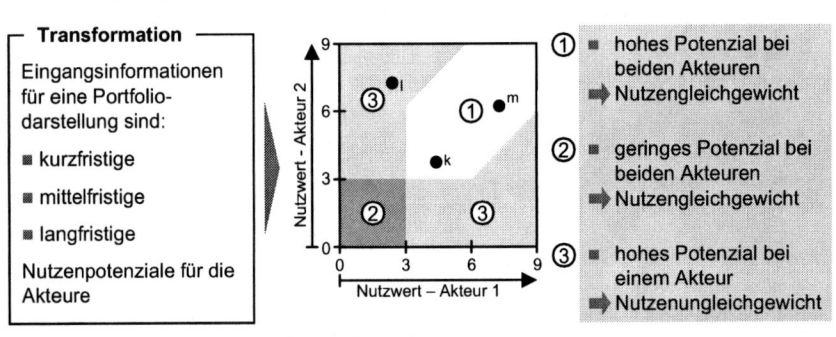

Bild 4-21: Auswertung der Potenzialanalyse

---

[43] Vgl. Bild 4-19: Definition der Skalenwerte.

Mithilfe der Nutzenpotenzialanalyse und der Zoneneinteilung im Portfolio sowie der Positionierung der kurz-, mittel- und langfristigen Nutzwerte der Akteure ist ein systematisch hergeleitetes und transparentes Instrument zur entscheidungsunterstützung entwickelt worden. Es soll dazu dienen einen frühzeitigen Abbruch bei zu geringem Erfolgspotenzial einer Kooperation zu erkennen.

4.2.5 Zwischenfazit zur Potenzialanalyse

Im Rahmen der Potenzialanalyse wird eine qualitative Einschätzung des Nutzens bzgl. einer kooperierenden Zusammenarbeit im Daten- und Informationsaustausch durchgeführt. Ziel dabei ist die Vorbereitung auf eine anschließende detaillierte Bewertung, indem die größten Nutzenpotenziale identifiziert werden. Dadurch ist eine anschließende Priorisierung möglich, mit deren Hilfe die in die folgende Potenzialbewertung eingehenden Schwachstellen ausgewählt werden können. Ein weiteres Ziel der Potenzialanalyse ist es, auf Basis der Ergebnisse einen frühzeitigen Abbruch der Methodikanwendung aufgrund mangelnder Potenziale herbeizuführen. Dadurch soll vermieden werden, dass bei einem sehr geringen identifizierten Nutzen der zu betrachtenden Akteure eine zeitaufwändige detaillierte Bewertung durchgeführt wird.

Zur systematischen Ermittlung der zwischen den Akteuren zu tauschenden Daten und Informationen wird das Transfermodell zur Unterstützung herangezogen. Anschließend wird eine Einflussanalyse hinsichtlich der in der Situationsanalyse identifizierten Schwachstellen durchgeführt. Dabei werden im Wesentlichen die relevanten Daten und Informationen bzgl. eines positiven Einflusses auf wiederkehrende Probleme untersucht, so dass anschließend eine Nutzenpotenzialabschätzung hinsichtlich eines kurz-, mittel- und langfristigen Verbesserungspotenzials durchgeführt werden kann. Die Phase schließt mit einer akteursspezifischen Auswertung ab, auf deren Basis eine Entscheidung über die Durchführung der Potenzialbewertung getroffen werden kann.

4.3 Potenzialbewertung

Nach Abschluss der ersten beiden Phasen der Bewertungsmethodik folgt die Potenzialbewertung. Die Potenzialbewertung baut auf der vorangegangenen Situationsanalyse und der Potenzialanalyse auf. Die Bewertungsphase bildet mit der abschließenden Entscheidung die letzte Phase im Problemlösungszyklus. Die Bewertung hat die Aufgabe, eine Entscheidung vorzubereiten. Dafür müssen unterscheidbare Lösungsvarianten definiert sein, zwischen denen ausgewählt werden kann. Es sind Bewertungskriterien nötig, die die wesentlichen Eigenschaften und Wirkungen berücksichtigen. Ebenso ist die Fähigkeit erforderlich, die zu beurteilenden Varianten hinsichtlich der Erfüllung der Kriterien einzustufen [HABE99, S. 190]. Bisher sind diese Anforderungen nur teilweise erfüllt. Aus Kapitel 4.2 gehen die konkreten immateriellen Bedarfe der Akteure und deren Wirkung auf die zuvor identifizierten Schwachstellen hervor. Die Auswirkungen eines möglichen Transfers der relevanten Daten und Informationen wurden nutzenorientiert bewertet. Auf dieser Basis

Detaillierung der Bewertungsmethodik

kann in der Vorgehensweise der Bewertungsmethodik ein frühzeitiger Abbruch aufgrund mangelnden Nutzens frühzeitig entschieden werden, vgl. Bild 4-22.

Zur genaueren Bewertung der Konstellation werden in der Phase der Potenzialbewertung Kostensenkungspotenziale sowie Aufwände, die durch einen Transfer der Daten und Informationen entstehen, und Verfügbarkeitssteigerungspotenziale mittels Kenngrößen akteursspezifisch untersucht. Zur Bewertung der Einflüsse eines Daten- und Informationstausches auf die Ist-Kostenstruktur bei den zu betrachtenden Akteuren wird ein Kostenmodell aufgestellt, mit dessen Hilfe eine Bewertung ermöglicht wird. Um die Potenziale hinsichtlich der Verfügbarkeitssteigerung zu ermitteln, wird ein Kenngrößenmodell entwickelt. Das Kenngrößenmodell unterstützt die Ermittlung des Verbesserungspotenzials bezüglich Verfügbarkeitssteigerung und Instandhaltungsverbesserung. Anschließend wird eine Risikoanalyse bezüglich einer angestrebten Wissenskooperation durchgeführt, so dass abschließend die Ergebnisse hinsichtlich quantitativer Nutzen- und Aufwandsbewertung unter Berücksichtigung individueller Risikofaktoren dargestellt werden können.

Ergebnisse der Situationsanalyse	Zielsetzung der Potenzialbewertung
Vergleiche Bild 4-14. *Kap. 4.1*	monetäre Bewertung der Kostensenkungspotenziale
Ergebnisse der Potenzialanalyse	
verfügbare und transferierbare Daten und Informationen je Akteur *Kap. 4.2.1*	monetäre Bewertung der akteursspezifischen Aufwände für eine Kooperation
Einflüsse der Transferdaten und -informationen auf die Schwachstellen des Kooperationspartners *Kap. 4.2.2*	Bewertung des Verbesserungspotenzials bezüglich der Kenngrößen
akteurspezifischer Nutzwert und Priorisierung der Schwachstellen *Kap. 4.2.3*	Analyse und Bewertung von Risikofaktoren

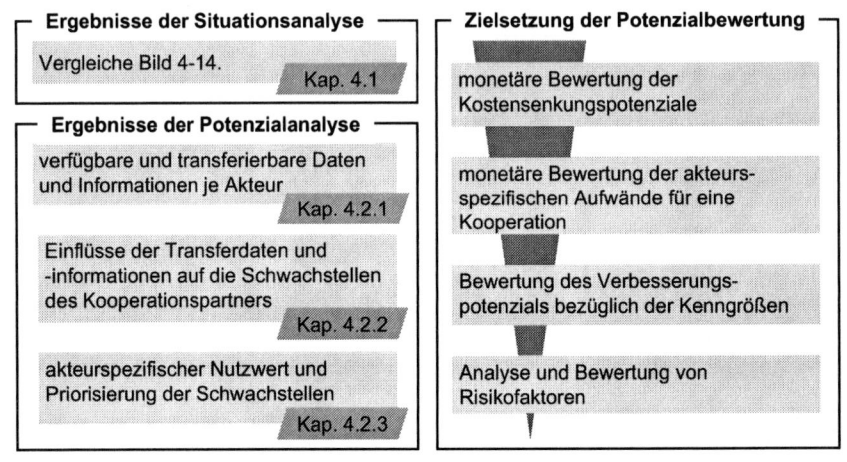

Bild 4-22: Vernetzung der Situations- und Potenzialanalyse mit der Potenzialbewertung

4.3.1 Monetärbasiertes Bewertungsmodell

Ziel des monetärbasierten Bewertungsmodells ist es, alle relevanten monetären Größen in Anlehnung an das Zielsystem für eine quantitative Potenzialbewertung abzubilden, um anschließend anhand dieser Größen die Verbesserungspotenziale sowie die entstehenden Aufwände bei einer Zusammenarbeit für die zu betrachtenden Akteure zu bewerten. Dabei wird auf die Ergebnisse der vorangegangenen Situationsanalyse und Potenzialanalyse zurückgegriffen.

Im Wesentlichen zählen dazu:

- das Zielsystem aus der Situationsanalyse

  Die im Zielsystem verankerten Ziele werden zur Messung des Verbesserungspotenzials herangezogen.[44] Durch die in der Situationsanalyse aufgenommenen Ist- und Soll-Werte der einzelnen Ziele je Akteur kann die Abweichung zwischen Ist- und Soll-Wert ermittelt werden.

- die Ergebnisse aus der Nutzenpotenzialabschätzung der Potenzialanalyse

  Aus der Nutzenpotenzialanalyse gehen priorisierte Schwachstellen sowie die zugeordneten, zu transferierenden Daten und Informationen zur Schwachstellenbehebung hervor. Zusätzlich ist eine Unterteilung des Verbesserungspotenzials in kurz-, mittel- und langfristig vorgenommen worden.

Weiterhin werden Ergebnisse aus der Konstellationsanalyse berücksichtigt. Dazu zählen die Anzahl der Maschinen und Maschinentypen, auf die eine Reduzierung der Defizite eine positive Wirkung bezüglich der Verfügbarkeit hat, sowie die dazugehörige Bauteilzuordnung, die mithilfe des Produktstrukturmodells durchgeführt werden kann. Ziel ist es, Multiplikationseffekte bei einer Schwachstellenreduzierung zu berücksichtigen. Die Multiplikationseffekte gelten dabei sowohl für Maschinen als auch für Bauteile.

Zur Bewertung des Nutzens einer kooperativen Zusammenarbeit sind die identifizierten Verbesserungspotenziale den Zielsetzungen hinsichtlich der Lebenszykluskosten zuzuordnen. Eine Gliederung und Zuordnung der anfallenden Kosten bei den Akteuren wird durch ein Kostenmodell unterstützt. Dieses orientiert sich am Zielsystem der Bewertungsmethodik. Zusätzlich werden die anfallenden Aufwände für das Eingehen einer Kooperation und den damit verbundenen Daten- und Informationstransfer als Kooperationskosten beschrieben und ebenfalls im Kostenmodell abgebildet, vgl. Bild 4-23.

Die Einteilung der Lebenszykluskosten im Zielsystem orientiert sich an den Phasen des Produktlebenszyklus.[45] Der Produktlebenszyklus umfasst die Phasen von der Produktentstehung bis zur Entsorgung [ERLE95, S. 42; PFEI96, S. 8]. Die Phase der Entsorgung wird hier nicht betrachtet. Je nach Bewertungsfall können die Kosten über die Verantwortungsbereiche im Produktlebenszyklus den Akteuren zugeordnet werden. Diese Zuordnung ist fallspezifisch und wird mithilfe der Referenzprozesse systematisiert. Um eine eindeutige Zuordnung der Lebenszykluskosten zu den Referenzprozessen sicherzustellen, werden die Hauptzielgrößen aus dem Zielsystem detailliert. Dabei werden die Herstellungskosten in F&E-, Konstruktions-, Fertigungs-, Montage- und Inbetriebnahmekosten gegliedert. Die Instandhaltungskosten hingegen werden in die Untergruppen Wartungs-, Inspektions-

---

[44] Das monetärbasierte Bewertungsmodell berücksichtigt die Zielsetzungen bezüglich der Lebenszykluskosten. Die Zielsetzungen hinsichtlich der Verfügbarkeitskenngrößen werden im kenngrößenbasierten Bewertungsmodell betrachtet, vgl. Kapitel 4.3.2.

[45] Vgl. hierzu die Eingrenzung des Betrachtungsraums in Kapitel 2.1 sowie die Ausführungen zu den Lebenszykluskosten in Kapitel 2.2.1.

Detaillierung der Bewertungsmethodik

und Reparaturkosten sowie die damit verbundenen Ersatzteilkosten und die entstehenden Kosten für Schwachstellenanalysen unterteilt.

	Pre-Sales	After-Sales (G.)	After-Sales (n.G.)	**Lebenszykluskosten**	**Kooperationskosten**
MH				■ durch Daten- bzw. Informationstransfer zu beeinflussende Kosten im Produktlebenszyklus	■ Aufwände für den Transfer verfügbarer Daten/Informationen
AW	(Bewertungsbeispiel)				■ Aufwände zur Bereitstellung nicht verfügbarer Daten/Informationen
SD					

Zielsystem	■ Herstellungskosten [HK]	■ einmalige Kosten [EMK]
⬇	├ F & E-Kosten [FEK]	├ Anschaffungskosten [AK]
Abweichung zwischen Ist-/Soll-Zielgröße	├ Konstruktionskosten [KK]	├ Hardwarekosten [HWK]
	├ Fertigungskosten [FK]	└ Softwarekosten [SWK]
	├ Montagekosten [MK]	├ Schulungskosten [SK]
Nutzenpotenziale	└ Inbetriebnahmekosten [IK]	├ Organisationskosten [OK]
⬇	■ Instandhaltungskosten [IHK]	└ Erhebung bisher nicht verfügbarer Daten und Informationen [EVD]
priorisierte Schwachstellen	├ Wartungskosten [WK]	
	├ Inspektionskosten [ISK]	■ laufende Kosten [LFK]
	├ Reparaturkosten [RK]	├ Personalkosten [PK]
	└ Ersatzteilkosten [EK]	├ Telekommunikationskosten [TK]
Multiplikatoren	└ Schwachstellenanalyse [SA]	└ Systempflegekosten [SPK]
├ Konstellationsanalyse	■ Betriebskosten [BK]	
└ Produktstrukturmodell	■ Produktionsausfallkosten [PAK]	

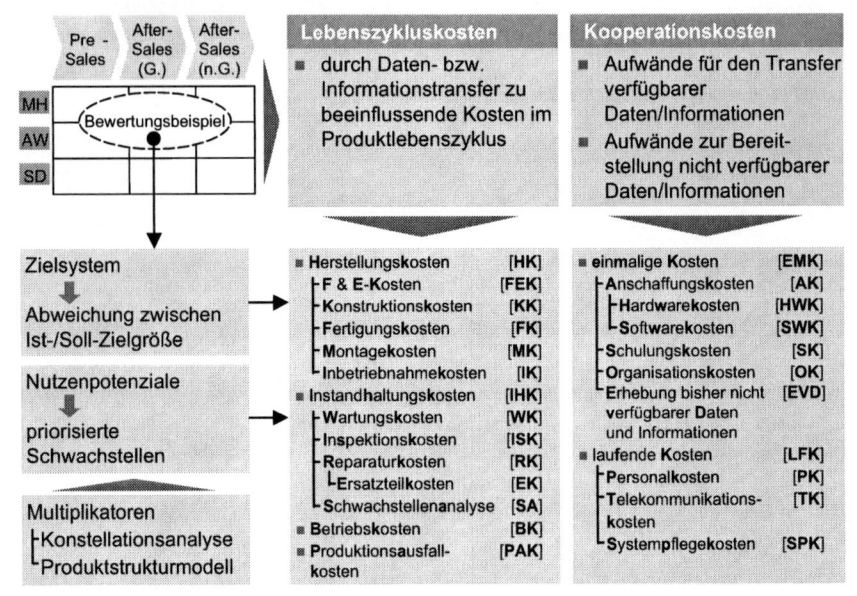

Bild 4-23: Aufbau des Kostenmodells

Weiterhin sind die Betriebskosten und die Produktionsausfallkosten zu berücksichtigen. Die Produktionsausfallkosten werden auch häufig als indirekte Kosten bzw. indirekte Instandhaltungskosten bezeichnet. Sie beschreiben die Folgekosten, die durch einen geplanten oder ungeplanten Stillstand einer Maschine entstehen [WEST99, S. 96 f.]. Die indirekten Kosten werden mithilfe der Referenzprozesse nicht erfasst, so dass diese gesondert betrachtet werden müssen. Der Einfluss eines Daten- und Informationstransfers auf die Produktionsausfallkosten wird im folgenden Kapitel mithilfe der Verfügbarkeitskenngrößen abgeschätzt. Die Produktionsausfallkosten setzen sich z.B. aus Kosten für Maschinenstillstände nachfolgender Maschinen, Kosten durch entgangene Gewinne oder Konventionalstrafen zusammen.

Um eine Basis für die quantitative Bewertung hinsichtlich der zu erbringenden monetären Aufwände der Akteure zu schaffen, wird eine Kostenstruktur für die Kooperationsaufwände aufgestellt, vgl. Bild 4-23. Ausgaben für zugekaufte Objekte und Leistungen sind in der Regel gut zu quantifizieren, während sich die Ermittlung der Aufwände für selbst erstellte Objekte und Leistungen häufig als schwierig herausstellt. Deshalb stehen für Eigenleistungen oftmals nur Näherungen bzw. Schätzungen als Eingangsgrößen zur Verfügung [HEIT00, S. 67].

Die Kostenstruktur der Kooperationsaufwände gliedert sich in die klassischen einmaligen Kosten und laufenden Kosten der Investitionsrechnung. Zu den einmaligen Kosten gehören alle Ausgaben für zugekaufte Objekte und Leistungen sowie selbst erstellte Objekte und

Leistungen. Dazu zählen im Wesentlichen die Anschaffungskosten, die Schulungskosten, die Kosten für organisatorische Veränderungen und Aufwände, die durch die Erhebung bisher nicht verfügbarer Daten und Informationen entstehen. Die Anschaffungskosten unterteilen sich in Aufwände für Hardware- und Softwarekosten. In diesen Kostenblöcken sind beispielsweise Anschaffungskosten für ein Datenmanagementsystem, Sensoren, Schnittstellenprogrammierung für Maschinensteuerungsanschlüsse etc. enthalten. Schulungskosten beinhalten alle einmaligen Aufwände, die sich durch Schulungen bezüglich eines Datenmanagementsystems oder Veränderungen im Arbeitsablauf ergeben. Zusätzlich werden gegebenenfalls notwendige Umstrukturierungsmaßnahmen in den Organisationskosten und Aufwände für die Bereitstellung bisher nicht aufgenommener Daten und Informationen berücksichtigt. Die laufenden Kosten gliedern sich im Wesentlichen in Personalkosten, Telekommunikationskosten und Systempflegekosten. In die Personalkosten gehen alle durch eine intensivierte Zusammenarbeit entstehenden personellen Kosten ein. Laufende Kosten für Wartung und Nutzung des Systems sowie Aufwände für Telekommunikationsnetznutzung bilden ebenfalls eine Kategorie im Kostenmodell.[46]

Aufbauend auf dem Kostenmodell wird die Bewertung des Nutzenpotenzials und anschließend des Kooperationsaufwandes durchgeführt.

Bewertung des monetären Nutzenpotenzials

Ziel des Bewertungsvorgangs ist eine kostenmäßige Quantifizierung des Verbesserungspotenzials hinsichtlich der identifizierten Schwachstellen durch einen gezielten Austausch von Daten und Informationen. Dazu muss der kostenmäßige Verzehr der beanspruchten Ressourcen, der durch die Schwachstellen verursacht wird, ausgewiesen werden. Grundlage für die Ermittlung des ressourcenorientierten Kostenreduktionspotenzials bildet das in der Situationsanalyse angewandte Ressourcenverfahren.[47] Die ermittelten Daten- bzw. Informationsdefizite sind somit einem Prozesselement zugeordnet. Zusätzlich wird der Ressourcenverzehr zu den jeweiligen Prozesselementen erhoben. Nachdem die Prozesselemente analysiert sind, erfolgt die Ermittlung der Bezugsgrößen bzw. der Aufwandstreiber. Es ist zu ermitteln, von welchen Bezugsgrößen die Tätigkeiten und damit der Ressourcenverzehr abhängen. Dabei sollten die Bezugsgrößen bevorzugt werden, deren Abhängigkeit zur Tätigkeit genau erfasst werden kann. Ein Beispiel für eine Bezugsgröße mit einem Zusammenhang zwischen der Tätigkeit „Beratungsleistung" und dem Ressourcenverzehr „Personal" ist die Bezugsgröße bzw. Aufwandstreiber „Anzahl der Aufträge pro Jahr" [LUCZ99, S. 146].

Zur Quantifizierung der Kosten pro Prozesselement müssen zwei Schritte durchgeführt werden: Zum einen müssen die Zeiten je Prozesselement erfasst werden, da von einem zeitspezifischen Ressourcenverbrauch ausgegangen werden soll. Zum anderen muss den Nomogrammen entsprechend der Ressourcenverbrauch monetär bewertet werden.

---

[46] Für eine weitere Aufgliederung der Kostenkategorien vgl. NAGEL [NAGE90, S. 15 ff.].

[47] Vgl. hierzu auch Kapitel 2.4.2 und 4.1.5.

Detaillierung der Bewertungsmethodik

Die Durchlaufzeit eines Gesamtprozesses ergibt sich aus der Summation der Durchlaufzeiten für die Einzelprozessschritte. Dies gilt jedoch nur für eine reine Kettenschaltung. Bei einer Aufteilung der Prozesse durch eine UND-/ODER-Verzweigung oder eine Rückschleife werden zur Durchlaufzeitberechung die Algorithmen von MÜLLER verwendet [MÜLL92, S. 95 f.], vgl. Bild 4-24.

Die Berechnungsformeln sind auf die hier ausgewählte Modellierungsmethode zu übertragen. Vor der Anwendung der Berechnungsformeln müssen den Verzweigungen im Gesamtprozess Übergangswahrscheinlichkeiten zugeordnet werden. Mithilfe der Übergangswahrscheinlichkeit kann die relative Häufigkeit an den Prozessverzweigungen definiert werden [MÜLL93, S. 95 f.]. Die Berechnungsvorschriften sind dazu ebenfalls im Bild 4-24 dargestellt.

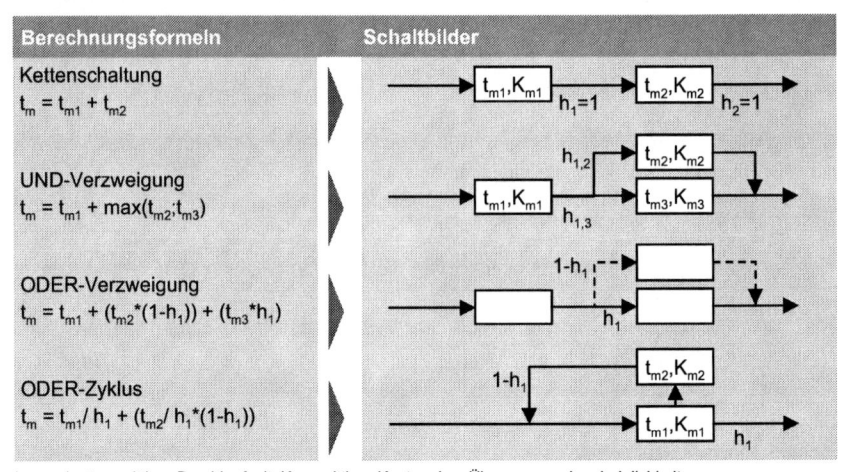

Berechnungsformeln	Schaltbilder
Kettenschaltung $t_m = t_{m1} + t_{m2}$	$\rightarrow [t_{m1}, K_{m1}] \xrightarrow{h_1=1} [t_{m2}, K_{m2}] \xrightarrow{h_2=1}$
UND-Verzweigung $t_m = t_{m1} + \max(t_{m2}; t_{m3})$	$\rightarrow [t_{m1}, K_{m1}] \begin{array}{c} h_{1,2} \rightarrow [t_{m2}, K_{m2}] \\ h_{1,3} \rightarrow [t_{m3}, K_{m3}] \end{array}$
ODER-Verzweigung $t_m = t_{m1} + (t_{m2}*(1-h_1)) + (t_{m3}*h_1)$	$\begin{array}{c} 1-h_1 \rightarrow \square \\ h_1 \rightarrow \square \end{array}$
ODER-Zyklus $t_m = t_{m1}/h_1 + (t_{m2}/h_1*(1-h_1))$	$\begin{array}{c} 1-h_1 \rightarrow [t_{m2}, K_{m2}] \\ \rightarrow [t_{m1}, K_{m1}] \xrightarrow{h_1} \end{array}$

Legende: t_m = mittlere Durchlaufzeit; K_m = mittlere Kosten; h_i = Übergangswahrscheinlichkeit

Bild 4-24: Berechnung von Durchlaufzeiten nach MÜLLER

Zur Kalkulation des Kostenreduktionspotenzials werden die identifizierten Schwachstellen aus der Potenzialanalyse einzeln bewertet. Dazu werden, je nach Anzahl, die Schwachstellen mit dem höchsten Nutzwert ausgewählt. Dadurch besteht mit geringem Aufwand die Möglichkeit einer Priorisierung der Schwachstellen. Nach der Auswahl der detailliert zu bewertenden Schwachstellen je Akteur werden die Ist-Werte der Durchlaufzeiten und des Ressourcenverbrauchs aus der Situationsanalyse in eine Kalkulationsmatrix übertragen, vgl. Bild 4-25. Den Ist-Werten werden Soll-Werte, soweit diese in der Praxis auf diesem Detaillierungsniveau vorhanden sind, gegenübergestellt. Anschließend werden für eine Schwachstellenbeseitigung - d.h. bisher nicht verfügbare Daten und Informationen werden von dem Kooperationspartner transferiert - die Durchlaufzeitersparnis und die Einflüsse auf die jeweiligen Ressourcen abgeschätzt. Zuletzt wird der Umsetzungszeitraum zur Realisierung der Ersparnisse aus der Potenzialanalyse übertragen.

Detaillierung der Bewertungsmethodik

Das Gesamtpotenzial der Schwachstellenbeseitigung je Akteur setzt sich aus der Summation der schwachstellenbehafteten Prozesselemente zusammen, für die der zu betrachtende Akteur die Kostenverantwortung trägt. Die ermittelten Kostenreduktionspotenziale werden mithilfe des Kostenmodells den Zielgrößen der Lebenszykluskosten aus dem Zielsystem zugeordnet. Eine Berechnung des Verbesserungspotenzials auf Basis der gesetzten Ziele je Akteur wird dadurch realisiert.

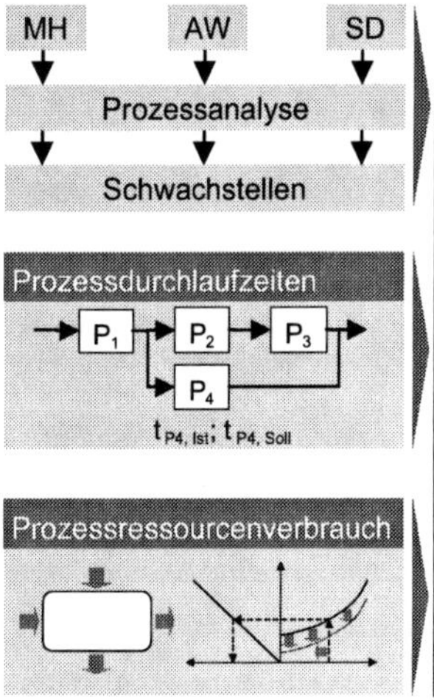

Prozess: Wartung	Schwachstelle bei P_x			Verbesserungspotenzial	
	$P_{x,Ist}$	$P_{x,Soll}$	$P_{x,red.}$	k, m, l	
Durchlaufzeiten	30 min	24 min	26 min		
Personal	100,-	100,-	90,-		
Betriebsmittel	10,-	5,-	10,-		
Gebäude/Fläche	-	-	-		
Material	2,5	2,5	2,5		
Informationen/EDV	-	-	-		
Finanzen	-	-	-		
Summe$_{Res}$ ($\Sigma_{Res.}$)	112,5	107,5	102,5		

Legende: red. = reduziert; x,y = Indizes; t = Zeit; P = Prozessschritt/Aktivität; Res. = Ressourcen
k = kurzfristig; m = mittelfristig; l = langfristig

Bild 4-25: Kalkulationsmatrix zur Bestimmung des Kostenreduktionspotenzials

Zur Kalkulation des monetären Nutzens je Akteur wird im Folgenden die Berechnungsvorschrift dargestellt.

$$mN_{Ay}^x = \sum_{i=1}^{s} \left(\sum_{j=1}^{6} K_{P_x,ist,j} \cdot t_{m,P_x,ist} - \sum_{j=1}^{6} K_{P_x,red.,j} \cdot t_{m,P_x,red.} \right)$$

mit:
- mN = monetärer Nutzen
- Ay = Akteur
- x = k, m, l
- s = Anzahl Schwachstellen
- i, j = Index
- t_m = mittlere Durchlaufzeit
- K = Kosten (Ressourcenverbrauch)
- P_x = Prozesselement mit Schwachstelle

Je nach Schwachstelle bzw. Prozessschritt sind bei der Kalkulation des monetären Nutzens Multiplikatoren zu berücksichtigen. Dies können die Anzahl der Maschinen bzw. Maschinentypen oder die Anzahl gleicher Bauteile bzw. Baugruppen sein, auf die sich die

Detaillierung der Bewertungsmethodik

Schwachstellenbeseitigung auswirkt. Weiterhin ist die Kalkulation des monetären Nutzens pro Jahr durchzuführen, indem die Häufigkeiten der auftretenden Schwachstellen pro Jahr auf Basis von vergangenheitsorientierten Werten abgeschätzt und ebenfalls als Multiplikatoren eingesetzt werden.

Der monetäre Nutzen wird auf Basis der Kalkulationsmatrix für jeden beteiligten Akteur ermittelt. Dazu werden die Ist-Prozesskosten je Prozesselement mit den abgeschätzten reduzierten Prozesskosten verglichen. Die Differenz ergibt den monetären Nutzen (mN).

Ermittlung und Integration der monetären Kooperationsaufwände

Nachdem der Nutzen für die zu betrachtenden Akteure monetär bewertet worden ist, werden die Aufwände, die bei einer Kooperation entstehen, akteursspezifisch ermittelt. Zur Kalkulation der Aufwände über einen definierten Zeitraum sind die Verfahren der Investitionsrechnung in Betracht zu ziehen.[48] Die Investitionsverfahren werden in zwei Gruppen geteilt. Das ist zum einen die Gruppe der statischen und zum anderen die Gruppe der dynamischen Verfahren. Eine Beschreibung und Diskussion der klassischen Verfahren beider Gruppen wurde durchgeführt und ist im Anhang A5 dokumentiert.

Auf Basis der Betrachtung und Diskussion der unterschiedlichen Verfahren wird für die Bewertung der Kooperationsaufwände die Vermögensendwertmethode ausgewählt. Die Auswahl des Verfahrens wurde anhand folgender Überlegungen durchgeführt [BLOH95, S. 54 ff.; EISE96, S. 11 ff.; SCHI98, S. 335]:

- Die statischen Verfahren sind mit größeren Ungenauigkeiten behaftet als die dynamischen Verfahren [NAGE90, S. 65; SCHI98, S. 319 f.]. Der damit verbundene Mehraufwand in der Methodikanwendung ist angesichts der Praxisrelevanz vertretbar und notwendig.

- Beim Vergleich der dynamischen Investitionsrechnungsarten ist festzustellen, dass die entnahmeorientierten Verfahren, Kapitalwert-, Vermögensendwert- und Annuitätenmethode, der renditeorientierten Methode des internen Zinsfußes in Bezug auf die eindeutige Lösbarkeit überlegen sind [SCHR96, S. 92]. Zur Ermittlung des internen Zinsfußes ist in Abhängigkeit der Anzahl „n" der betrachteten Planungsperioden eine Polynomgleichung „n-ten" Grades zu lösen. Dies kann zu mehreren Lösungen führen. Aufgrund dieser mathematischen Schwäche sowie zahlreicher Einwände bezüglich der umfassenden Anwendbarkeit wird dieses Verfahren für diese Arbeit nicht weiter berücksichtigt [KRUS95, S. 90 ff.; SCHI98, S. 340].

- Bei der Kapitalwertmethode und Vermögensendwertmethode wird ein Vergleich zwischen Investitionsobjekten mit unterschiedlicher Nutzungsdauer ermöglicht. Dies ist bei der Annuitätenmethode nur mit erhöhtem mathematischen Aufwand durchführbar [SCHR96, S. 86 f.].

---

[48] Vgl. Diskussion prinzipieller Methoden und Hilfsmittel zur Wissensbewertung in Kapitel 2.4.2.

Detaillierung der Bewertungsmethodik

- Die Entscheidung für die Vermögensendwertmethode ist mit dem Vorteil begründbar, dass im Gegensatz zur Kapitelwertmethode zwischen Aufnahmezins und Anlagezins unterschieden werden kann [BROS82, S. 248]. Dieser Vorteil verleiht der Vermögensendwertmethode eine größere Realitätsnähe [BLOH94, S. 74 ff.].

Die Vermögensendwertmethode arbeitet mit einem gespaltenen Zinssatz. Es wird zwischen Aufnahmezins (i_s), Aufzinsung von Ausgaben, und Anlagezinssatz (i_h), Aufzinsung von Einnahmen, unterschieden. Bei der Verwendung eines einheitlichen Zinssatzes ($i=i_s=i_h$) stellt die Vermögensendwertmethode eine Umformung der Kapitalwertmethode dar, die anstatt auf den Projektbeginn (t=0) auf das Projektende (t=T) bezogen ist:

$$V_{T_j} = \sum_{t=0}^{T} Z_{t_j} \cdot (1+i)^{T-t}$$

Die Vermögensendwertmethode kann in zwei Vorgehensweisen gegliedert werden, zum einen in das Kontenausgleichsverbot und zum anderen in das Kontenausgleichsgebot [BROS82, S. 248].

Die Variante des Kontenausgleichsverbot wird im Fall des vollkommenen Kapitalmarkts verwendet. Der vollkommene Kapitalmarkt setzt voraus, dass der Sollzinssatz gleich dem Habenzinssatz ist [WÖHE90, S. 779 f.; KRUS87, S. 64 f.]. Bei der Durchführung werden zwei voneinander getrennte Konten gebildet, das positive Vermögenskonto (V^+_T), welches bis zum Planungsende mit dem Habenzins (i_h) aufgezinst wird, und das negative Vermögenskonto (V^-_T), welches bis zum Planungsende mit dem Sollzins (i_s) aufgezinst wird. Die positiven Nettozahlungen werden bis zum Abschluss des Projektes auf dem Konto mit Zins und Zinseszins belassen. Durch die Aufnahme finanzieller Mittel am Kapitalmarkt werden die negativen Nettozahlungen geleistet und am Projektende getilgt. Der Endwert (V_T) ergibt sich aus der Summe der beiden Konten [BROS82, S. 248 f.].

$$V_{T_j} = V^+_{T_j} + V^-_{T_j} = \sum_{t=0}^{T} Z^+_{t_j} \cdot (1+i_h)^{T-t} - \sum_{t=0}^{T} Z^-_{t_j} \cdot (1+i_s)^{T-t}$$

mit: T   = Berechnungszeitraum
        t   = Projektstand

Das Kontenausgleichsgebot wird verwendet, wenn der Fall des unvollkommenen Kapitalmarkts eintritt. Beim unvollkommenem Kapitalmarkt sind die Haben-Zinssätze immer kleiner als die Soll-Zinssätze [KRUS87, S. 62]. Bei dieser Variante, d.h. der Führung eines gemeinsamen Kontos, werden sowohl positive als auch negative Nettozahlungen geführt. Die negativen Nettozahlungen werden, soweit möglich, aus selbst erwirtschafteten Mitteln finanziert. Bei zu geringen selbst erwirtschafteten Mitteln werden finanzielle Mittel aufgenommen, bis diese durch die selbst erwirtschafteten abgelöst werden können. Die Methode des Kontenausgleichsgebots lässt sich mathematisch nur mithilfe des Amortisationszeitpunktes (A) darstellen. Bis der Amortisationszeitpunkt erreicht ist, werden die Nettozahlungen (Z_T) mit dem Sollzinssatz (i_s) aufgezinst, da das Vermögenskonto

Detaillierung der Bewertungsmethodik

insgesamt noch negativ ist. Bei Erreichen des Amortisationszeitpunktes wird das Vermögenskonto positiv. In diesem Fall werden die Nettozahlungen mit dem Habenzinssatz (i_h) auf das Projektende aufgezinst [BROS82, S. 249 f.].

$$V_T = \begin{pmatrix} \sum_{t=0}^{T} Z_{t_j}(1+i_s)^{T-t}; mit\ 0 \le t \le A \\ \sum_{t=0}^{T} Z_{t_j}(1+i_h)^{T-t}; mit\ A \le t \le T \end{pmatrix}$$

Durch diese Berechnungsmethoden ist es möglich, einen vollständigen Finanzplan mit Berücksichtigung der Soll- und Haben-Zinsen für jedes zu bewertende Projekt aufzustellen, vgl. Bild 4-26. Aufgrund der realitätsnahen Abbildung des Kapitalmarktes wird die Variante des Kontenausgleichsgebotes im weiteren Verlauf der Methode verwendet.

Für die Erstellung eines vollständigen Finanzplans je Akteur werden der ermittelte monetäre Nutzen (kurz-, mittel- und langfristig) sowie die einmaligen und laufenden Kooperationsaufwände in Anlehnung an das Kostenmodell verwendet. Der monetäre Nutzen wird je nach Fristigkeit den Planungsperioden zugeordnet, vgl. Bild 4-26.

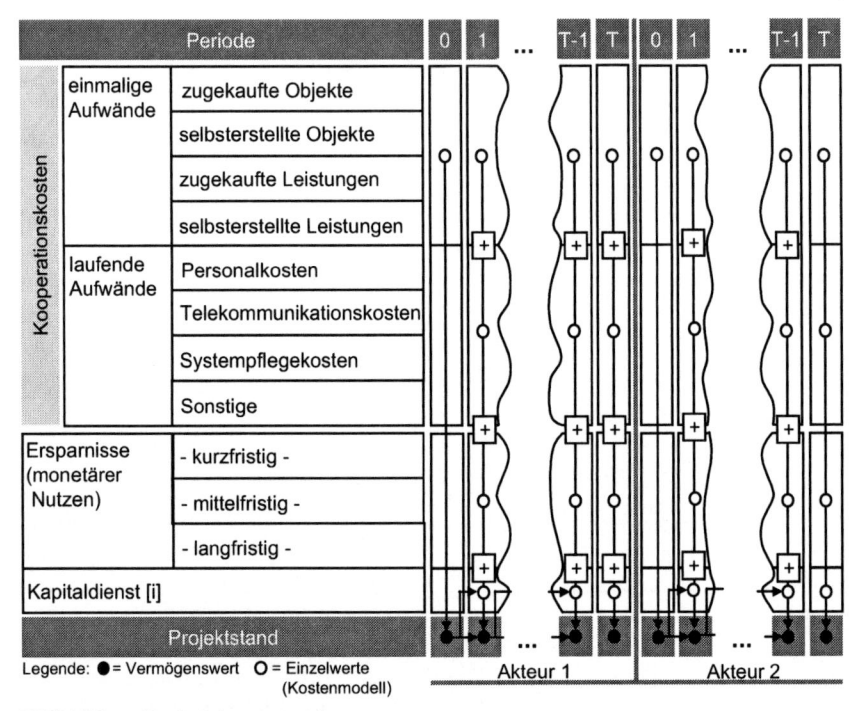

Bild 4-26: Kapitaleinsatzmatrix

Zur alleinigen Bewertung des Kooperationsaufwands werden die einmaligen Kosten und die laufenden Kosten mit dem Sollzinsatz (is) über eine Planungsperiode akteursspezifisch

Detaillierung der Bewertungsmethodik

kalkuliert. Anschließend können die Aufwände der Akteure, die durch eine engere Zusammenarbeit entstehen, gegenübergestellt werden. Die aus der Sicht der Investitionsrechnung zu bewertenden Alternativen sind bei der Anwendung der Bewertungsmethodik die zu betrachtenden Akteure, vgl. hierzu die Kapitaleinsatzmatrix in Bild 4-26. Bei einer reinen Aufwandskalkulation werden die Erlöse nicht betrachtet.

4.3.2 Kenngrößenbasiertes Bewertungsmodell

Wesentliche Einflussfaktoren auf die Lebenszykluskosten sind technische Kenngrößen, die die Instandhaltung bzw. die Zuverlässigkeit beschreiben. Diese wurden in der Situationsanalyse ermittelt. Um das Verbesserungspotenzial durch einen gezielten Daten- und Informationstransfer zwischen den Akteuren bezüglich der Kenngrößen messbar zu machen, müssen die Abhängigkeiten zwischen den Daten und Informationen und den Kenngrößen untersucht werden. Dazu wird zum einen die Berechnung der Kenngrößen in Abhängigkeit der im Produktstrukturmodell beschriebenen Funktionsstruktur erläutert und zum anderen werden die Ergebnisse aus der Situationsanalyse und Potenzialanalyse, wie z.B. die identifizierten Schwachstellen, für eine Potenzialbewertung herangezogen. Zunächst wird jedoch der Zusammenhang zwischen den im Zielsystem herangezogenen Kenngrößen und den identifizierten Schwachstellen hergeleitet. Zur Identifikation der relevanten Größen werden die Kenngrößen näher beschrieben. Anschließend werden mithilfe der Schwachstellenanalyseergebnisse die Zusammenhänge zwischen zu ergreifenden Maßnahmen und identifizierten Schwachstellen ermittelt, so dass das Verbesserungspotenzial abgeschätzt werden kann.

Die MTBF-Kenngröße gibt die durchschnittliche Zeit zwischen Fehlerereignissen an. Die Kenngröße lässt sich mithilfe der mathematischen Funktion der Ausfallrate sowie auf Basis von Versuchs- bzw. Felddaten berechnen. Zur Erläuterung der Ermittlung der Nutzenpotenziale wird die datenbasierte Berechnung als Erklärungsbeispiel verwendet.[49] Die datenbasierte Berechnung der Kenngröße setzt sich aus der Summe der Betriebszeiten T einer Maschine dividiert durch die Anzahl der Fehler F zusammen [LEIT00, S. 22]. Dabei gehen geplante Stillstandszeiten und ungeplante Stillstandszeiten, die nicht der Maschine zuzurechnen sind, nicht in die Betriebszeit für die Ermittlung der MTBF-Kenngröße mit ein. Fehler sind Ereignisse, die zu einem ungeplanten Stillstand führen. Dazu zählen nur Fehler, die auf maschinenspezifischen Ursachen beruhen. Weiterhin setzt sich die MTBF-Kenngröße einer Maschine aus den MTBF-Kenngrößen der Subsysteme[50] zusammen. Eine weitere Zuverlässigkeitskenngröße ist die MTBM-Kenngröße. Sie gibt den mittleren Zeitabstand zwischen zwei Wartungsaktivitäten an. Ziel ist es, die Intervalle der Wartungen zu erhöhen ohne das Risiko eines nicht geplanten Ausfalls zu erhöhen. Die Intervall-

---

[49] Für weitere Ausführungen bzgl. der Erhebung der MTBF-Kenngröße vgl. [BIRO91, S. 289; LEIT00, S. 21 f.; WEIB51, S. 293 ff.].

[50] Zu den Subsystemen gehören die im Produktstrukturmodell definierten Hauptbaugruppen, Unterbaugruppen etc.; vgl. hierzu Kapitel 4.1.4.

Detaillierung der Bewertungsmethodik

verlängerung ist nur durch eine verbesserte Einsatzplanung der Wartungsaktivitäten realisierbar. Dies setzt jedoch die Kenntnis über die Zustände der Maschine und deren Subsysteme voraus.

$$MTBF = \frac{T}{F}$$

mit: T = kumulative Betriebszeit
F = Anzahl Fehler während T

$$MTBM = \frac{T}{W}$$

mit: T = kumulative Betriebszeit
W = Anzahl Wartungen

Die durchschnittliche Zeit für eine Reparatur wird durch die Kenngröße MTTR[51] angegeben. Diese Größe ist ein Maß für die Wartungsfreundlichkeit des zu betrachtenden Objektes. Sie ist als Mittelwert der Reparaturzeiten T_R definiert. Eine weitere Kenngröße der Instandhaltbarkeit ist die MTTM-Kenngröße.[52] Sie gibt die mittlere zu erwartende Dauer für eine Wartung T_W an. Dabei setzt sich die Reparatur- bzw. Wartungszeit im Wesentlichen aus Zeiten für administrative Aufgaben, Diagnose- bzw. Analysezeiten, Beschaffungszeiten für Werkzeuge, Ersatzteile etc., der eigentlichen Reparatur- bzw. Wartungszeit sowie der Inbetriebnahmezeit zusammen [vgl. DIN01b].

$$MTTR = \frac{1}{N}\sum_{i=1}^{N} T_{R_i}$$

mit: T_R = Reparaturzeit

$$MTTM = \frac{1}{N}\sum_{i=1}^{N} T_{W_i}$$

mit: T_W = Wartungsdauer

Zur Ermittlung des Verbesserungspotenzials hinsichtlich der Kenngrößen muss bei der Vorgehensweise zwischen den Zuverlässigkeitskenngrößen und den Instandhaltungskenngrößen unterschieden werden, vgl. Bild 4-27.

---

[51] Vgl. hierzu Kapitel 2.2.2.

[52] Die Kenngröße MTTM ist auch unter den Bezeichnungen MTTPM (Mean Time To Preventive Maintenance) und MRDP (Mean Related Downtime for Preventive Maintenance) bekannt [BIRO91, S. 131 f.; VDI4004/4].

Detaillierung der Bewertungsmethodik

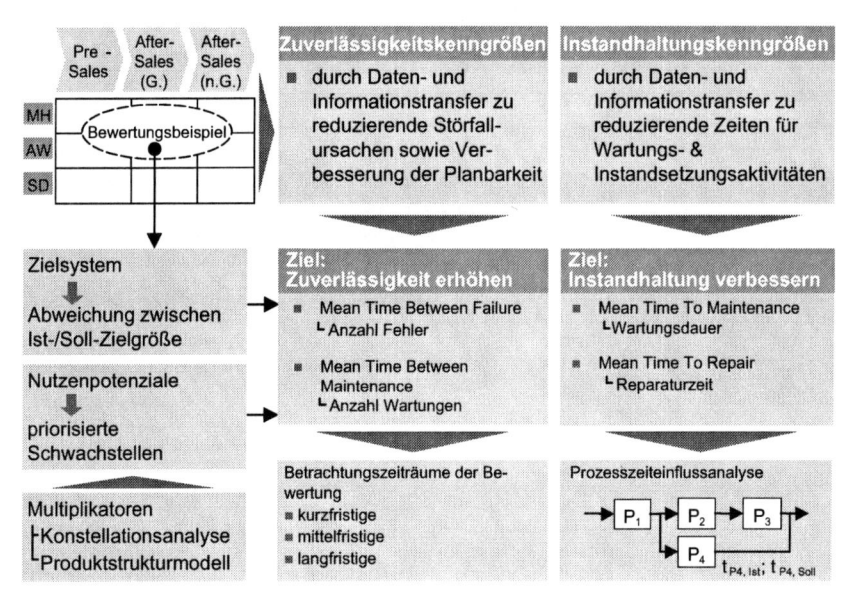

Bild 4-27: Aufbau des Kenngrößenmodells

Die Abschätzung des Verbesserungspotenzials bei den Instandhaltungskenngrößen beruht auf Reduzierungen von Wartungs- und Instandsetzungszeiten. Die akteursspezifische Potenzialabschätzung erfolgt mithilfe der Kalkulationsmatrix in Kapitel 4.3.1. Dabei wird der Einfluss identifizierter Schwachstellen auf die Prozessdurchlaufzeit ermittelt, so dass das Verbesserungspotenzial bezüglich der MTTM- und MTTR-Kenngröße ermittelt werden kann, vgl. Bild 4-28. Bei einer Auswertung des Kostenreduktionspotenzials und des Verbesserungspotenzials bezüglich der Instandhaltungskenngrößen ist der Zusammenhang der identifizierten Potenziale zu berücksichtigen. Die Potenziale sind nicht unabhängig voneinander und müssen bei einer Gegenüberstellung entsprechend gewertet werden.[53]

Die Abschätzung des Verbesserungspotenzials der Zuverlässigkeitskenngrößen basiert auf der Intention, maschinenbezogene Schadensursachen von ungeplanten Stillständen zu verringern und besser zu planen. Um das Verbesserungspotenzial durch die Bereitstellung von Daten und Informationen zwischen den beteiligten Akteuren messbar zu machen, werden die in der Situationsanalyse identifizierten Schwachstellen den Zielgrößen, Fehler reduzieren und Anzahl der Wartungen verringern, akteursspezifisch zugeordnet. Anschließend können die Transferdaten ebenfalls den Zielgrößen zugeordnet werden, so dass eine Potenzialbewertung mithilfe einer Nutzwertanalyse[54] durchgeführt werden kann, vgl. Bild 4-28. Zur Nutzwertbestimmung werden Kenntnisse über die Ursachen bezüglich

---

[53] Vgl. hierzu die Analyse und Darstellung der Ergebnisse in Kapitel 4.3.4.

[54] Das Vorgehen zur Bewertung des Verbesserungspotenzials ist vergleichbar mit der Nutzenpotenzialabschätzung in Kapitel 4.2.3.

Maschinenschäden sowie festgelegten Wartungsintervallen vorausgesetzt.[55] Zusätzlich sind die in der Situationsanalyse ermittelten Instandhaltungsstrategien in die Nutzwertbildung mithilfe der Gewichtungsfaktoren mit einzubeziehen.

Zuverlässigkeitskenngrößen

- MTBF
  └ Zielgröße: F
- MTBM
  └ Zielgröße: W

- Schwachstellen aus Situationsanalyse den Zielgrößen akteursspezifisch zuordnen
- Transferdaten den Zielgrößen zuordnen
- Verbesserungspotenzial mit Hilfe einer Nutzwertanalyse abschätzen

Schwachstellen mit Einfluss auf die Fehleranzahl	Gewichtung	Transferdaten zur Beeinflussung der Zielgröße	k/m/l	Verbesserungspotenzial	Nutzwert k	Nutzwert m	Nutzwert l
Defizit 1	g_1	Datentyp x	m	n_1	-	$n_1 \cdot g_1$	-
Defizit 2	g_2	Datentyp z	l	n_2	-	-	$n_2 \cdot g_2$

Instandhaltungskenngrößen

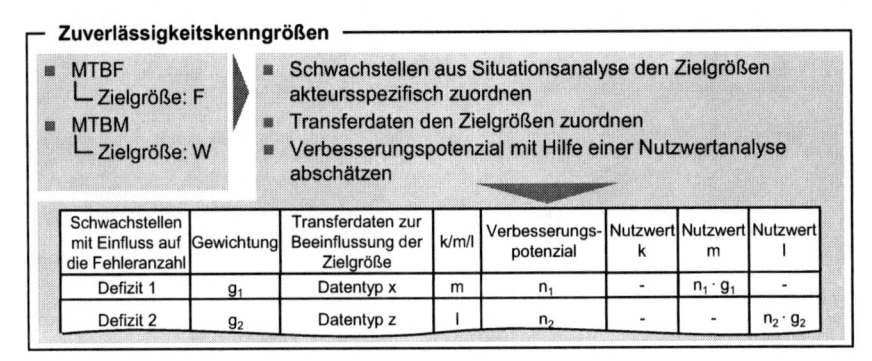

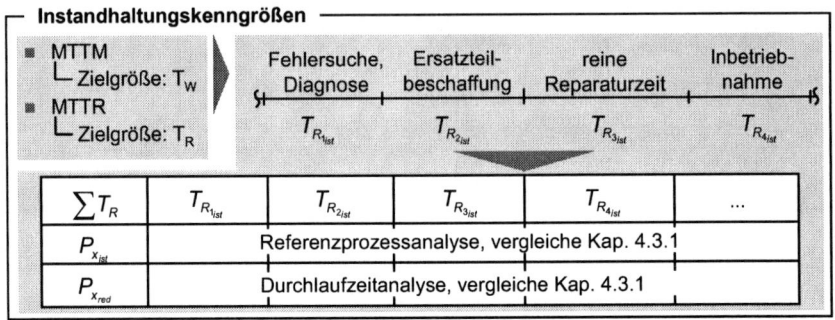

- MTTM
  └ Zielgröße: T_W
- MTTR
  └ Zielgröße: T_R

Fehlersuche, Diagnose — $T_{R_{1ist}}$
Ersatzteilbeschaffung — $T_{R_{2ist}}$
reine Reparaturzeit — $T_{R_{3ist}}$
Inbetriebnahme — $T_{R_{4ist}}$

$\sum T_R$	$T_{R_{1ist}}$	$T_{R_{2ist}}$	$T_{R_{3ist}}$	$T_{R_{4ist}}$	...
$P_{x_{ist}}$	Referenzprozessanalyse, vergleiche Kap. 4.3.1
$P_{x_{red}}$	Durchlaufzeitanalyse, vergleiche Kap. 4.3.1

Bild 4-28: Berechnung des Zuverlässigkeits- und Instandhaltungsverbesserungspotenzials

4.3.3 Risikobasiertes Bewertungsmodell

In den vorangegangenen Abschnitten wurden die Vorgehensweise und die Hilfsmittel zur Bewertung des Nutzens und des Aufwands entwickelt. Dies sind zwei der wesentlichen Faktoren, die eine Entscheidungsgrundlage für oder gegen eine Kooperation bilden. Für Entscheidungen mit geringer Tragweite ist die Betrachtung von Nutzen und Aufwand ausreichend. Dies gilt jedoch nicht für Fälle, bei denen Fehlentscheidungen mit dem Risiko negativer Auswirkungen auf betriebswirtschaftliche, gesellschaftliche oder gesamtwirtschaftliche Strukturen behaftet sein können[56] [BREI97, S. 215]. Demnach müssen potenzielle Risiken akteursspezifisch analysiert werden.

---

[55] Zahlreiche Ansätze und Methoden sowie Strukturierungshilfsmittel zur Analyse von Schäden und deren Ursachen stellt MEXIS zusammen [MEXI94].

[56] Vgl. hierzu die Ausführungen zur Entscheidungslehre in Kapitel 3.2.1.

Detaillierung der Bewertungsmethodik

In der Literatur der klassischen Risikobewertung erfolgt die Bewertung stets in zwei Richtungen: Einerseits wird die Höhe des maximalen drohenden „Schadens" und andererseits die Eintrittswahrscheinlichkeit des „Schadens" bewertet [BITZ99, S. 40; BREI97, S. 217 f.; COX98, S. 221 f.; HABE99, S. 215 f.]. Die Eintrittswahrscheinlichkeit bezeichnet die relative Häufigkeit der Risikoeintritte. Beide Risikodeterminanten zusammen ergeben den Grad der Bedrohung, der von dem jeweiligen Risiko ausgeht [HÖLS99, S. 304], vgl. Bild 4-29.

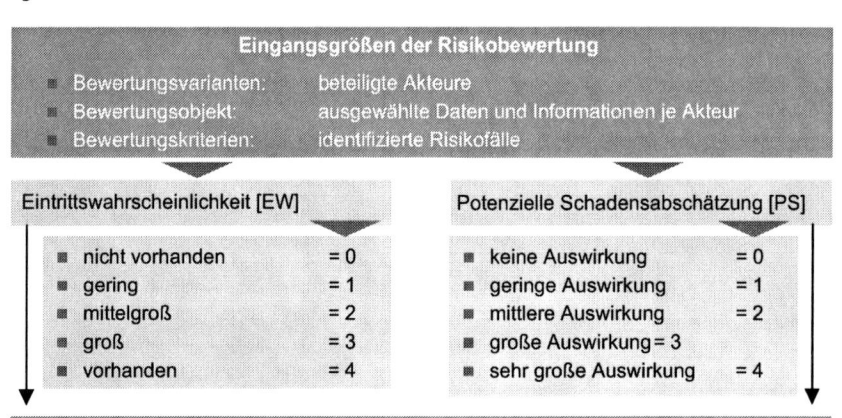

Eingangsgrößen der Risikobewertung	
Bewertungsvarianten:	beteiligte Akteure
Bewertungsobjekt:	ausgewählte Daten und Informationen je Akteur
Bewertungskriterien:	identifizierte Risikofälle

Eintrittswahrscheinlichkeit [EW]		Potenzielle Schadensabschätzung [PS]	
■ nicht vorhanden	= 0	■ keine Auswirkung	= 0
■ gering	= 1	■ geringe Auswirkung	= 1
■ mittelgroß	= 2	■ mittlere Auswirkung	= 2
■ groß	= 3	■ große Auswirkung	= 3
■ vorhanden	= 4	■ sehr große Auswirkung	= 4

Risiko [R] = Eintrittswahrscheinlichkeit [EW] x potenzielle Schadensabschätzung [PS]

Bild 4-29: Vorgehen der Risikobewertung

Zur Einschätzung der Eintrittswahrscheinlichkeit eines Risikofalls muss eine Punkteskala vorgegeben werden. Die Punkteskala kann dabei beliebig abgestuft sein. In der Literatur werden Punkteskalen von 0-4 bis 0-13 vorgeschlagen [BREI97, S. 217 f.; HABE99, S. 215 f.; ZBIN01, S. 54 f.]. Für die hier zu bewertenden Daten und Informationen bezüglich der Eintrittswahrscheinlichkeit wird eine Skala von 0-4 verwendet. Die Einschätzung des potenziellen Schadens erfolgt ebenfalls auf einer Skala von 0-4. Von einer detaillierteren Abstufung der Skalen wird bei diesem Anwendungsfall abgesehen, weil eine exaktere Einschätzung hinsichtlich der Eintrittswahrscheinlichkeit und der Schadensabschätzung, bezogen auf die Daten und Informationen, nur schwer möglich ist.

Zur Durchführung der Risikoanalyse müssen zunächst Risikofälle identifiziert werden, auf deren Basis die Analyse durchgeführt werden kann. Die in dieser Arbeit identifizierten Risikofälle sind in Bild 4-20 zusammenfassend dargestellt und den in dieser Arbeit zu betrachtenden Akteurstypen zugeordnet. Das Ergebnis basiert auf einer durchgeführten Literaturanalyse[57] bezüglich Risiken beim unternehmensübergreifenden Wissenstransfer und

---

[57] Vgl. hierzu die Expertenbefragung und die empirischen Studien von WEISSENBERGER-EIBL [WEIS00, S. 113-172].

einer Befragung des Fraunhofer IPT von Industrieunternehmen im Rahmen des EU Forschungsprojektes Top-Fit[58] [FRAU03].

identifizierte Risikofälle	Risikofallzuordnung
■ Know-how Verlust	[MH] [SD] [AW]
■ Know-how Offenlegung	[MH] [SD] [AW]
■ Weitergabe von vertraulichen Informationen	[MH] [SD] [AW]
■ Verteilung von fehlerhaftem Wissen	[MH] [SD] [AW]
■ steigende Abhängigkeit	[AW]
■ steigende Anforderungen	[MH] [SD]

Bild 4-30: Identifizierte Risikofälle

Zur näheren Erläuterung der Risikofälle werden die wesentlichen Anmerkungen aus den Interviews der befragten Unternehmen zusammengefasst und abgebildet:

- Know-how Verlust (globale Sichtweise)
  - Vergabe von spezifischem Unternehmenswissen
  - Offenlegung von Geschäftgeheimnissen

- Know-how Offenlegung
  - transparente Preise und Kosten
  - Ableitung der aktuellen Geschäftssituation (transparente Maschinenauslastung)

- Weitergabe von vertraulichen Informationen (lokale Sichtweise)
  - Weitergabe von Prozesswissen an Dritte
  - Weitergabe von Produktwissen an Dritte

- Verteilung von fehlerhaftem Wissen
  - Weitergabe von inkorrekten Daten und Informationen

- steigende Abhängigkeit des Anwenders
  - Kundenbindung wird verstärkt
  - Preisvergleiche zwischen verschiedenen Anbietern werden zunehmend schwieriger
  - Verlust von Garantieansprüchen aufgrund totaler Transparenz

- steigende Anforderungen an den Maschinenhersteller und Service-Dienstleister
  - Garantieforderungen werden langfristig steigen
  - Anforderungen an das Ersatzteilgeschäft werden steigen
  - Anforderungen an Serviceaktivitäten werden steigen

Die hier vorgestellten Kriterien müssen bei einer Anwendung der Methodik diskutiert und gegebenenfalls ergänzt werden. Bei der Erstellung neuer Kriterien ist allerdings zu

---

[58] Vgl. hierzu [EVER02c, S. 22 f.].

Detaillierung der Bewertungsmethodik

berücksichtigen, dass die Risiken nicht bereits in die Bewertung des Nutzens eingegangen sind, um das Endergebnis nicht zu verfälschen. Weiterhin sind bei der Erstellung neuer Kriterien Redundanzen zu vermeiden.

Die Bewertungsobjekte sind die zu transferierenden Daten und Informationen. Diese wurden zuvor mithilfe der Einflussanalyse in Kapitel 4.3.3 für die Akteure identifiziert und sind Eingangsgrößen bei der Analyse der Risiken je Akteur, vgl. Bild 4-31.

Bewertungsobjekt
- Die zu bewertenden Daten und Informationen ergeben sich aus der Einflussanalyse je Akteur.
- Die Daten und Informationen werden mithilfe der Risikofälle analysiert.

Risikofälle je Akteur	Akteur 1	Akteur 2
Know-how Verlust [MH]	EW PS ER	EW PS ER
Know-how Offenlegung [SD]		
Weitergabe von vertraulichen Informationen [AW]	EW x PS = ER	EW x PS = ER
Verteilung von fehlerhaftem Wissen		
steigende Abhängigkeit	Summe (Σ) R_{A1}	Summe (Σ) R_{A2}

Legende:
EW = Eintrittswahrscheinlichkeit
PS = potenzieller Schaden
ER = Einzelrisiken
R = Risikofaktor (gesamt)

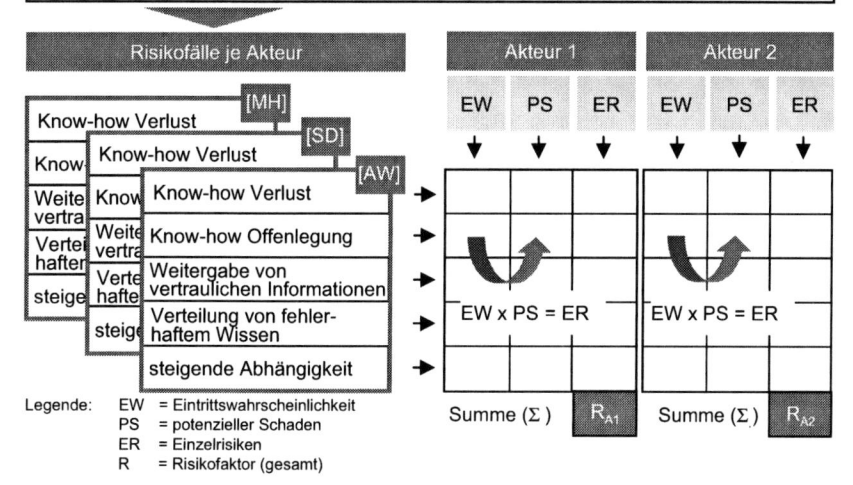

Bild 4-31: Risikomodell zur Kalkulation der akteursspezifischen Risiken

Die Kalkulation des Risikofaktors (R_{Ay}) für die zu bewertenden Daten und Informationen erfolgt mithilfe folgender Formel [HÖLS99, S. 304 f.]:

$$R_{Ay}^D = \sum_{i=1}^{5} EW_i \cdot PS_i$$

mit:
    D = Daten-/Informationsbezeichnung
    i = Anzahl der Risikofälle
    Ay = Akteursbezeichnung
    EW = Eintrittswahrscheinlichkeit
    PS = Potenzieller Schaden

Aufgrund der zuvor festgelegten Skalierung kann der Risikofaktor einen Wert zwischen Null und Achtzig annehmen. Um eine Einteilung der Risikofaktoren in Risikoklassen vorzunehmen, wird die Einteilung nach HÖLSCHER verwendet. HÖLSCHER unterteilt die Risiken in drei Klassen [HÖLS99, S. 305]:

Detaillierung der Bewertungsmethodik

- Kleinrisiko [Wertebereich von 0-26]
  - zwingt zur Änderung von Mitteln und Wegen
- mittleres Risiko [Wertebereich von 27-53]
  - zwingt zur Änderung von Zielen und Erwartungen
- Großrisiko [Wertebereich von 54-80]
  - stellt die Existenzsicherheit des Unternehmens infrage

Mithilfe dieser Klasseneinteilung können die Daten und Informationen risikobasiert analysiert werden. Eine Mittelwertbildung der Risikofaktoren je Akteur mit anschließender Normierung ist nur für eine grobe Gesamteinschätzung der Risiken zielführend, weil dadurch einzelne, ggf. sehr sensible Daten und Informationen nicht mehr identifiziert werden können.

4.3.4 Analyse und Darstellung der Ergebnisse

Nach Bestimmung der einzelnen Werte zur Kalkulation des monetären Nutzens, der einmaligen und laufenden Aufwände bzw. Kosten, der Verbesserungspotenziale bezüglich der Verfügbarkeitskenngrößen sowie der Risiken sollten im letzten Schritt der Bewertungsmethodik die Ergebnisse in übersichtlicher Form abgebildet werden. Die Ergebnisse werden dabei akteursspezifisch und in Verbindung mit den in der Situationsanalyse erfassten strategischen Zielsetzungen dargestellt. Ziel ist es, die wesentlichen Informationen transparent und übersichtlich abzubilden, so dass der Entscheidungsprozess für oder gegen eine Kooperation unterstützt wird. Zur Darstellung der Ergebnisse wird, neben einer Gegenüberstellung der Kooperationskosten und Ersparnisse aus der monetären Bewertung, die Portfoliotechnik verwendet. In diesem Falle bietet es sich an, die Achsen der Portfolios mit den zu betrachtenden Akteuren zu belegen, vgl. Bild 4-32.

Als Ergebnis der Methodikanwendung stehen die Ersparnisse den Aufwänden in monetär abgeschätzter Form gegenüber. Verbesserungspotenziale hinsichtlich der Kenngrößen werden in Portfolios dargestellt. Dabei ist zu berücksichtigen, dass die Verbesserungspotenziale der Kenngrößen nicht unabhängig von den Ersparnissen sind, weil die Bewertung auf der Reduzierung von Durchlaufzeiten basiert. Aufgrund der hohen Relevanz dieser Kenngrößen werden sie jedoch zusätzlich als Messgröße herangezogen. Die Zuverlässigkeitskenngrößen werden mithilfe normierter Nutzwerte im Portfolio eingetragen. Demnach ist die Skalierung zwischen Null und Eins gewählt. Das Verbesserungspotenzial der Instandhaltungskenngrößen hingegen wird im Portfolio mit einer zeitorientierten Skalierung eingetragen, so dass akteursspezifische mögliche Zeitersparnisse transparent dargestellt werden.

Abschließend sind die Risiken für jeden Akteur zusammengefasst abgebildet. Die Zusammenfassung ergibt sich aus der Mittelwertbildung mit anschließender Normierung der Risikofaktoren der betrachteten Daten und Informationen. Durch die Mittelwertbildung und Normierung sind sehr sensible zu transferierende Daten und Informationen nicht mehr transparent. Eine separate Betrachtung der Einzelbewertungen ist an dieser Stelle absolut notwendig.

Detaillierung der Bewertungsmethodik

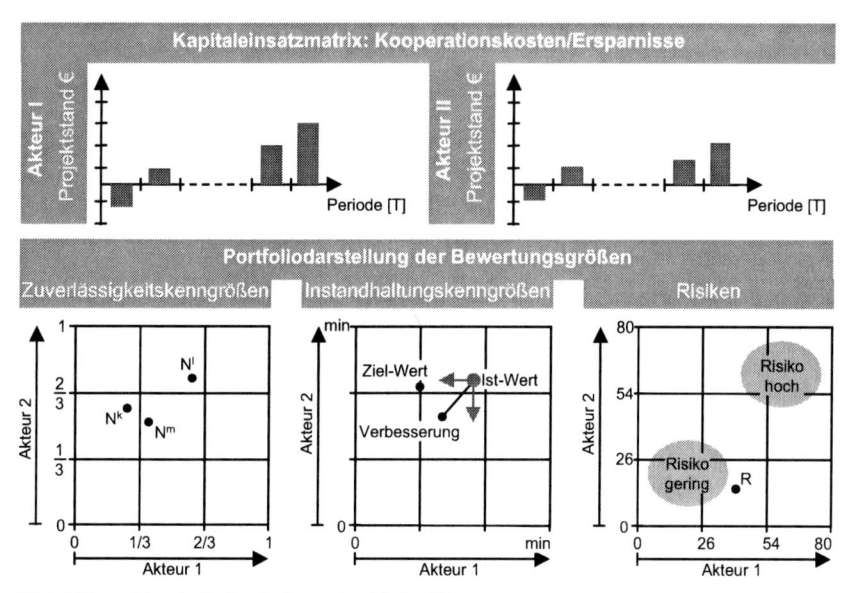

Bild 4-32: Ergebnisdarstellung der Methodik

4.4 Zwischenfazit zur Potenzialbewertung

Aufbauend auf der in den Kapiteln 4.1 und 4.2 erläuterten Situations- und Potenzialanalyse ist in diesem Abschnitt die Potenzialbewertung detailliert worden. Die wesentlichen Bestandteile setzen sich aus dem monetärbasierten Bewertungsmodell, dem kenngrößenbasierten Bewertungsmodell, dem risikobasierten Bewertungsmodell und einer anschließenden Ergebnisdarstellung zusammen.

Mit dem monetärbasierten Bewertungsmodell wurde ein Kostenmodell aufgestellt, in dem die Lebenszykluskosten, auf die die zuvor identifizierten Verbesserungspotenziale wirken, und die Kooperationskosten, die zur Aufwandsbetrachtung herangezogen werden, abgebildet worden sind. Anschließend wurde der monetäre Nutzen ermittelt, der durch eine Schwachstellenreduzierung bezüglich nicht verfügbarer Daten und Informationen erzielt werden kann. Dazu dienten die ressourcenorientierte Prozesskostenrechnung und eine entwickelte Kalkulationsmatrix, in der zwischen kurz-, mittel- und langfristig zu realisierenden Kostensenkungspotenzialen unterschieden werden kann. Die Kalkulation der Aufwände erfolgt über die Identifizierung der einmaligen und laufenden Kosten einer engeren Zusammenarbeit. Mithilfe der Vermögensendwertmethode wurden die Aufwände und der monetäre Nutzen je Akteur über eine festgelegte Planungsperiode verrechnet.

Das kenngrößenbasierte Bewertungsmodell wurde zur Ermittlung des Verbesserungspotenzials bzgl. der Instandhaltungs- und Zuverlässigkeitskenngrößen erstellt. Dabei wurden die Kennzahlen hinsichtlich beeinflussender Faktoren analysiert, so dass anschließend die Schwachstellen und Transferdaten aus der Situationsanalyse mit den Kennzahlen verknüpft werden konnten. Darauf aufbauend wurde das Verbesserungspotenzial der jeweiligen Kennzahl akteurs- und objektspezifisch bewertet.

Im risikobasierten Bewertungsmodell wurde beschrieben, wie potenzielle Risiken akteursspezifisch analysiert werden. Dazu wurden in Interviews Risiken und Bedenken bezüglich eines Austausches von Daten und Informationen identifiziert und zu sogenannten Risikofällen verdichtet. Die zu transferierenden Daten und Informationen je Akteur werden einerseits auf die Höhe des maximal drohenden „Schadens" und andererseits auf die Eintrittswahrscheinlichkeit des „Schadens" anhand der Risikofälle analysiert. Das Ergebnis ist ein Risikofaktor für die jeweils zu übertragenden Daten und Informationen.

Abschließend wurden die Ergebnisse zusammenfassend dargestellt. Die Verbesserungspotenziale wurden in quantitativer und qualitativer Form akteursspezifisch transparent abgebildet, so dass eine Handlungsempfehlung bezüglich einer Kooperation zwischen den Beteiligten abgeleitet werden kann.

Mithilfe der entwickelten Methodik ist eine effiziente Bewertung des Kooperationspotenzials zwischen Maschinenhersteller, Anwender und Service-Dienstleister bezüglich eines Daten- und Informationsaustausches möglich. Dabei werden die jeweiligen Aufwände für eine Kooperation quantifiziert sowie die einzugehenden Risiken bei der Transferierung von Daten und Informationen an den Kooperationspartner analysiert und bewertet. Durch die systematische Vorgehensweise und Verknüpfung der Phasen Situationsanalyse, Potenzialanalyse und Potenzialbewertung mit den dafür entwickelten Modellen ist ein wirksames Hilfsmittel zur methodischen Bewertung des Kooperationspotenzials entwickelt worden.

Evaluierung

5 Methodikanwendung: Fallbeispiele

Entsprechend dem Forschungsprozess nach ULRICH sind in den vorangegangen Kapiteln die Ziele der Arbeit, die Grundlagen des Forschungsbereichs und die Entwicklung der Methodik durchgeführt worden. In der letzten Phase wird die Methodik empirisch überprüft [ULRI76b, S. 348]. Anhand der Fallbeispiele soll untersucht werden, ob die entwickelte Methodik funktionsgerecht durchzuführen und im praktischen Einsatz mit vertretbarem Aufwand einsetzbar ist.[59] Dazu soll zunächst das Vorgehen zur Evaluierung der Methodik beschrieben werden.

5.1 Vorgehensweise und Dokumentation zur Evaluierung der Methodik

Um die Anwendbarkeit der entwickelten Gesamtmethodik zu evaluieren, wurden zwei Fallbeispiele mit jeweils zwei Unternehmen durchgeführt. Einige Funktionen und Teilmodelle der Bewertungsmethodik sind dabei an einem Einzelunternehmen durchzuführen, andere können nur in der Gesamtbetrachtung, das bedeutet im kooperativen Zusammenhang, untersucht werden. Das führt dazu, dass einige Funktionen und Teilmodelle der Bewertungsmethodik vierfach durchgeführt wurden und andere zweifach. Die Dokumentation der Fallbeispiele orientiert sich demnach auf die wesentlichen Erfahrungen bei der Anwendung zu den Funktionen und Teilmodellen ohne einen jeweiligen Einzelbericht je Funktion und Teilmodell zu erstellen. Eine Übersicht über die Anwendungen der Funktionen und Teilmodelle ist in Bild 5-1 dargestellt. Die Gliederung der Funktionen und Modelle orientiert sich dabei an der Ebenenstruktur der Modellierungssprache IDEF0[60].

Evaluierung der Bewertungsmethodik															
	Situationsanalyse						Potenzialanalyse				Potenzialbewertung				
Fallbeispiele	A11	A12	A13	A14	A15	A16	A21	A22	A23	A24	A31	A32	A33	A34	A35
Unternehmen I	●	●	●—●	●—●	●	●	●	●—●	●—●	●	●	●	●	●	●
Unternehmen II	●	●	●—●	●—●	●	●	●	●—●	●—●	●	●	●	●	●	●
Unternehmen III	●	●	●—●	●—●	●	●	●	●—●	●—●	●	●	●	●	●	●
Unternehmen IV	●	●	●—●	●—●	●	●	●	●—●	●—●	●	●	●	●	●	●

Legende: ● = Evaluierung in einem Unternehmen möglich   Ax = Ebenenangabe (IDEF0)
●—● = Evaluierung nur im Kooperationsverbund möglich

Bild 5-1: Evaluierung der Bewertungsmethodik

Innerhalb der Methodikanwendung variierten der Umfang und der Fokus sowohl aufgrund der unterschiedlichen Randbedingungen in der betrieblichen Praxis als auch der spezifischen Anwendungssituation. Die Ursache dafür waren die geleisteten Vorarbeiten der Unternehmen.

---

[59] Die Überprüfung der Gesamtmethodik ist erforderlich, da die Arbeit den Realwissenschaften zuzuordnen ist und daher getroffene Hypothesen nicht als wahr angenommen werden können. Es wird daher in Anlehnung an ULRICH eine Nichtfalsifizierung vorgenommen [ULRI76b, S. 346].

Evaluierung

5.2 Fallbeispiel I – Werkzeugmaschinenhersteller/Automobilzulieferer

Die im vorliegenden Fall betrachteten Unternehmen sind ein Werkzeugmaschinenhersteller und ein produzierendes Unternehmen der Automobilzulieferindustrie. Die Unternehmen stehen seit mehreren Jahren in geschäftlicher Beziehung und agieren im internationalen Raum. Das produzierende Unternehmen setzt mehrere Maschinen des Herstellers in der Fertigung ein.

Das produzierende Unternehmen zählt zu den Automobilzulieferern. Der Produzent ist international in weit über 10 Ländern mit über 50 Produktionsstandorten und ca. 50.000 Mitarbeitern vertreten. Der hier betrachtete Produktionsstandort ist in Deutschland angesiedelt und hat ca. 1500 Mitarbeiter. Der Produzent stellt im Wesentlichen Getriebegehäuse, Differenziale, Achsen sowie Komponenten für diese Baugruppen her. Dazu werden 62 Maschinen des Werkzeugmaschinenherstellers genutzt.

Der Werkzeugmaschinenhersteller ist spezialisiert auf vertikale Dreh-, Fräs-, Bohr und Schleifmaschinen bzw. Bearbeitungszentren. Er entwickelt, fertigt, montiert und wartet die Maschinen für seine Kunden. Die wesentlichen Kunden kommen aus der Automobilindustrie, Lagerherstelleung und Hydraulikkomponentenherstellung. Der Hersteller produziert und montiert in vier Ländern. Verkaufs- und Servicebüros sind in allen Industrieländern vertreten. Das für das Fallbeispiel herangezogene Unternehmen hat seinen Standort in Deutschland und beschäftigt ca. 400 Mitarbeiter.

Das produzierende Unternehmen wird im Folgenden Akteur I und der Maschinenhersteller Akteur II genannt. Die Methodik wurde bei beiden Akteuren angewendet und anschließend in ihrem Gesamtzusammenhang in Form der Kooperationspotenzialbewertung abgeschlossen.

5.2.1 Darstellung der Ausgangssituation

Das produzierende Beispielunternehmen, Akteur I, beschäftigt sich seit mehreren Jahren intensiv mit dem Thema Zuverlässigkeits- und Instandhaltungsmanagement, mit der Zielsetzung, die Produktivität zu verbessern und die Lebenszykluskosten zu senken. Die Zielsetzung soll durch eine engere Zusammenarbeit mit den Maschinenherstellern und höhere Anforderungen an beide Akteure realisiert werden. Zu den Anforderungen an die Maschinenhersteller, hier beispielhaft Akteur II, gehören die folgenden:

- Erstellung detaillierter Wartungspläne und Verbesserung der technischen Dokumentation

- Möglichkeiten schneller Umrüstungen ohne Reduzierung der Zuverlässigkeit

- Verwendung von Standard-Bauteilen zur Reduzierung der Lager- und Ersatzteilkosten

- Umsetzung konstruktiver Verbesserungen in neuen Maschinengenerationen

---

[60] Vgl. hierzu Bild 4-1.

Evaluierung

- Online-Datenerfassung an der Maschine
- Felddatenerfassung bei allen Kunden
- Integration der Sub-Lieferanten in den Feedback to Design Prozess.

Die wesentlichen Anforderungen des Herstellers an das produzierende Unternehmen sind folgende:

- Aufbau eines Feedback to Design Prozesses während und nach der Garantiezeit bzgl. Mängelberichten, Ausfallprotokollen, Lebenszyklusdaten, Serviceberichten und verwendeter Ersatzteile

Die Umsetzung und die Umsetzungsqualität dieser Maßnahmen basiert auf dem Transfer von Daten- und Informationen. Daher planen die Akteure gemeinsam ein internetbasiertes IT-Tool zur gegenseitigen Daten- und Informationsübertragung. Voraussetzung dafür ist die detaillierte Untersuchung der relevanten Daten und Informationen. Für die Durchführung des Fallbeispiels wurde der folgende Maschinentyp anhand der Konstellationsanalyse identifiziert:

Hartdrehmaschine mit	• 1 Spindel	• 3-6 Sekunden Werk-	• Abmessungen:
Schleifvorrichtung	• 4000 U/min	stückwechselzeit	4000/3000/2000
(Anzahl 4)	• 10 kW	• Schichtbetrieb	• Gewicht: 10.000 kg

5.2.2 Schilderung der Anwendungsfälle zum Fallbeispiel I

Im Folgenden ist die Durchführung der Methodik bei den zuvor beschriebenen Akteuren dokumentiert. Die Evaluierung der Methodik erfolgte entsprechend ihrem Aufbau, der in die Hauptphasen Situationsanalyse, Potenzialanalyse und Potenzialbewertung gegliedert wurde. Die Situationsanalyse wurde dabei vollständig in ihren Teilschritten angewendet und lieferte die notwendige Daten- und Informationsbasis.

Dazu wurden gemäß der definierten Vorgehensweise in den ersten Schritten die Strategien bzw. Visionen und Ziele der Akteure ermittelt. Dabei steht für den Produzenten (Akteur I) aufgrund der derzeitigen Marktsituation und einer massiven Umstrukturierung die Reduzierung der Kosten bei gleichbleibender Qualität im Vordergrund. Bezogen auf die Produktion bedeutet dies im Wesentlichen eine Steigerung der Zuverlässigkeit und Reduzierung der ungeplanten Produktionsausfälle. Die Realisierung dieser Zielsetzung soll durch eine Verbesserung des Zuverlässigkeitsmanagements, unterstützt durch eine konsequente Feedback to Design Schleife zwischen Maschinenherstellern, Service-Dienstleistern und Produzenten erreicht werden. Diese Vision wird mit dem zuvor beschriebenen Hersteller (Akteur II) geteilt. Voraussetzung für eine engere Zusammenarbeit, insbesondere bezogen auf den Austausch von Daten und Informationen, ist jedoch eine detaillierte Untersuchung der potenziell zu transferierenden Daten. Zur weiteren Detaillierung der Zielsetzungen wurden die operativen Ziele gemäß dem Zielsystem der Bewertungsmethodik aufgenommen.

Evaluierung

Die akteursspezifische Identifikation von Schwachstellen und verfügbaren Daten und Informationen wurde durch das Produktstrukturmodell, das Prozessmodell und das erarbeitete Datenmodell unterstützt. Dabei wurden die relevanten Betrachtungsbereiche bei jedem Akteur identifiziert und anschließend analysiert. Zu den betrachteten Bereichen zählten im Fallbeispiel die Wartung, Instandsetzung und die Schwachstellenanalyse des Produzenten (Akteur I) sowie die Konstruktion und Produktion des Herstellers (Akteur II). Dabei wurden zum einen verfügbare Daten und Informationen dokumentiert, zum anderen die ausgewählten Betrachtungsbereiche prozessorientiert untersucht. Aktivitäten wurden auf Eingangs- und Ausgangsinformationen, Schwachstellen und den jeweiligen Ressourcenverbrauch untersucht. Zahlreiche Schwachstellen und deren Ursachen wurden identifiziert. Die Schwachstellen sind dabei in verschiedene Kategorien unterteilt worden. Zum einen wurden Schwachstellen identifiziert, die aus den direkten Abläufen bzw. durchzuführenden Aktivitäten hervorgehen. Dazu zählen im Wesentlichen ungeplante Unterbrechungen der Produktion, vgl. Bild 5-2. Diesen Schwachstellen werden soweit möglich Ursachen zugeordnet sowie entsprechende Maßnahmen zugeteilt. Zum anderen wurden Schwachstellen bei der Daten- und Informationsverfügbarkeit ermittelt. Dies sind z.B. mangelnde Ersatzteilbeschreibungen beim Produzenten oder keine Rückmeldungen über selbstständig durchgeführte Instandsetzungen an den Hersteller.

Schwachstellen	Ursachen	Maßnahmen für A1 und A2
Unterbrechung der Stromzufuhr	axiale Verschiebung der Antriebsmotoren des Spänebandes aufgrund der konstruktiven Auslegung	Hersteller informieren [A1] konstruktive Änderungen in bestehende und neue Konstruktionen einarbeiten [A2]
Produktionsausfall	ungünstige Positionierung eines Näherungsschalters	Hersteller informieren [A1] konstruktive Änderungen in bestehende und neue Konstruktionen einarbeiten [A2]
Aktivierung eines Filters schlug fehl Filter verstopfte	Erstausstattung war nicht optimal ausgelegt Korrosion	Filter werden durch korrosionsbeständige Materialien ersetzt [A1, A2] Änderungen werden in Neukonstruktionen berücksichtigt [A2]
Produktionsausfall	Defekt einer Rollenkette am Öffnungsmechanismus der Fronttür	Änderungen werden in Neukonstruktionen berücksichtigt (Ersetzen durch handbetätigte Fronttür) [A2]
Produktionsausfall	Kabelbruch einer Druckmessdose	Änderungen werden in Neukonstruktionen berücksichtigt (Knick des Kabels vermeiden) [A2]
...	...	...

Legende: A1 = Akteur I; A2 = Akteur II

Bild 5-2: **Auszug identifizierter Schwachstellen, Ursachen und Maßnahmen**

Im Anschluss an die Situationsanalyse wurde die Potenzialanalyse durchgeführt. Im ersten Schritt wurden potenziell zu transferierende Daten und Informationen zwischen den beiden Akteuren mithilfe des Transfermodells untersucht. Dabei wurden die verfügbaren Daten und Informationen der jeweiligen Akteure tabellarisch gegenübergestellt, so dass die Transferpotenziale deutlich zu erkennen sind. In dem hier dokumentierten Fallbeispiel wurden bei den Akteuren verfügbare Daten und Informationen sowie Daten und Informationen, die durch geringen Zusatzaufwand[61] für den potenziellen Kooperationspartner verfügbar gemacht werden können, berücksichtigt. In Summe wurden 82 unterschiedliche Datentypen in Anlehnung an den Datenkatalog im Anhang A4 untersucht. Als Erklärungsbeispiel wird die Auswertung der Instandhaltungsdaten (Datengruppe IHD) und Ersatzteildaten (Datengruppe ED) im weiteren Verlauf des Fallbeispiels angeführt. Die Gesamtheit der zu untersuchenden Datentypen lag dabei bei 18. Sieben der identifizierten Datentypen liegen nur jeweils bei einem Akteur vor. Im Folgenden sind diese mit der Angabe der örtlichen Verfügbarkeit aufgelistet:

- Instandhaltungsdokumentation [IHD]
  - durchgängig verfügbar bei Akteur I; während und nach der Garantiezeit

- Instandhaltungskosten [IHD]
  - durchgängig verfügbar bei Akteur I; während und nach der Garantiezeit

- Fehlererkennungszeit [IHD]
  - verfügbar bei Akteur II; Daten liegen von allen Maschinen gleichen Typs vor

- Ersatzteilbeschaffungsdauer [IHD]
  - verfügbar bei Akteur II; Daten liegen von allen Maschinen gleichen Typs vor

- Anlaufdauer [IHD]
  - verfügbar bei Akteur II; Daten liegen von allen Maschinen gleichen Typs vor

- ersetzte Teile [ED]
  - durchgängig verfügbar bei Akteur I; während und nach der Garantiezeit

- Ersatzteilkosten [ED]
  - durchgängig verfügbar bei Akteur I; während und nach der Garantiezeit

Nach der Identifikation theoretisch tauschbarer Daten und Informationen wurden mithilfe der Einflussanalyse die Daten und Informationen identifiziert, die eine geeignete Maßnahmenableitung zur Informationsdefizit- oder Schwachstellenbeseitigung bei dem jeweiligen Akteur sicherstellen. Darauf aufbauend wurden die Nutzwerte anhand der definierten Skalenwerte und der dokumentierten Vorgehensweise akteursspezifisch ermittelt. Es zeigte sich, dass die Gewichtung der Defizite eine hohe Relevanz bei der Abschätzung der Nutzenpotenziale hat. Prinzipiell gewichtete der Hersteller alle Daten und Informationen, die Rückschlüsse auf Entwicklungs- und Konstruktionsverbesserungen sowie Aufschluss über die Lebenszykluskosten liefern, sehr hoch. Dazu zählen im Wesentlichen alle Tätigkeiten, die der Anwender an der Maschine nach Ablauf der Garantiezeit durchführt. Der Anwender gewichtete Daten

---

[61] Es werden nur vorliegende Daten und Informationen berücksichtigt, die ggf. noch aufbereitet werden müssen. Daten und Informationen, die nur durch erhebliche organisatorische und technische Maßnahmen verfügbar gemacht werden können, werden, wie in Kapitel 4.2.2 beschrieben, nicht berücksichtigt.

und Informationen bezüglich einer besseren Instandhaltungsdokumentation sehr hoch. Dazu zählen Informationen zu Ersatzteilen, Reparaturbeschreibungen und neutrale Informationen zu Störfällen bei anderen Kunden.

Das Ergebnis der Nutzenpotenzialabschätzung ist die Ermittlung sehr hoher Potenziale für eine wissensbasierte Kooperation bei beiden Akteuren. Dabei ist das kurzfristig zu realisierende Potenzial das höchste. Die Durchführung der Potenzialbewertung wird somit empfohlen.

Im ersten Schritt der Potenzialbewertung erfolgte die Anwendung des monetär orientierten Bewertungsmodells. Hierzu wurden die Verbesserungspotenziale zu den größten Schwachstellen mithilfe der Ressourcenorientierten Prozesskostenrechnung berechnet. Anschließend wurde der Kooperationsaufwand über die einmaligen und laufenden Kosten ermittelt. Dabei wurde deutlich, dass eine Priorisierung der Schwachstellen zur Reduktion des Bewertungsaufwandes sinnvoll war. Aufgrund offensichtlicher Verbesserungspotenziale drängten die beiden Akteure schon in diesem Abschnitt der Bewertungsmethodik auf eine engere Zusammenarbeit.

Zur Ermittlung des Verbesserungspotenzials hinsichtlich der Kenngrößen für die ausgewählte Maschine wurden die ausgewählten Schwachstellen den Kenngrößen zugeordnet. Das Potenzial wurde bei den Zuverlässigkeitskenngrößen MTBF und MTBM mithilfe einer Nutzwertanalyse abgeschätzt. Dabei wurde zwischen kurz-, mittel- und langfristig zu realisieren Verbesserungen unterschieden. Der Einfluss des Daten- und Informationstransfers auf die Instandhaltungskenngrößen MTTM und MTTR wurde auf Basis der Durchlaufzeitreduzierung geschätzt.

Im Folgenden werden anhand eines Beispiels die Wirkungen einer Schwachstellenreduktion, die durch einen Daten- und Informationstransfer ausgelöst werden, erläutert. Das Beispiel erfolgt an einem in der Situationsanalyse identifiziertem Defizit, vgl. Bild 5-3.

Ein häufig wiederkehrender Defekt einer Rollenkette am Öffnungsmechanismus der Fronttür eines Maschinentyps des Herstellers, Akteur II, löst in regelmäßigen Abständen Produktionsstillstände aus. Der Antrieb des Öffnungsmechanismus erfolgt dabei über die Rollenkette in Verbindung mit einem Gewichtsausgleich. Die durchschnittliche Verfahrdauer einer Fronttür beträgt dabei je nach Maschinentyp 6 Sekunden. Ziel dieser konstruktiven Ausführung sind Kundenanforderungen, die die Bedienerfreundlichkeit verbessern sollen. Aufgrund der Instandhaltungsdatenauswertung auf Basis der von Akteur I zur Verfügung gestellten Daten und Informationen über die gesamte Nutzungsdauer der Maschinen mit dieser Schwachstelle wurden eindeutige Verbesserungspotenziale ermittelt und bewertet, vgl. Bild 5-3.

Insgesamt zeigt die Untersuchung und Bewertung, dass der Tausch von Daten und Informationen vor dem Hintergrund der langjährigen Geschäftsbeziehung und der Zielsetzungen der beiden Unternehmen viel versprechend ist. Darüber hinaus ist zu prüfen, wie hoch das Risiko ist, das durch eine Vergabe der identifizierten Daten und Informationen entsteht. Vor diesem Hintergrund wurde die risikobasierte Bewertung anhand des zuvor dargestellten Auszugs durchgeführt.

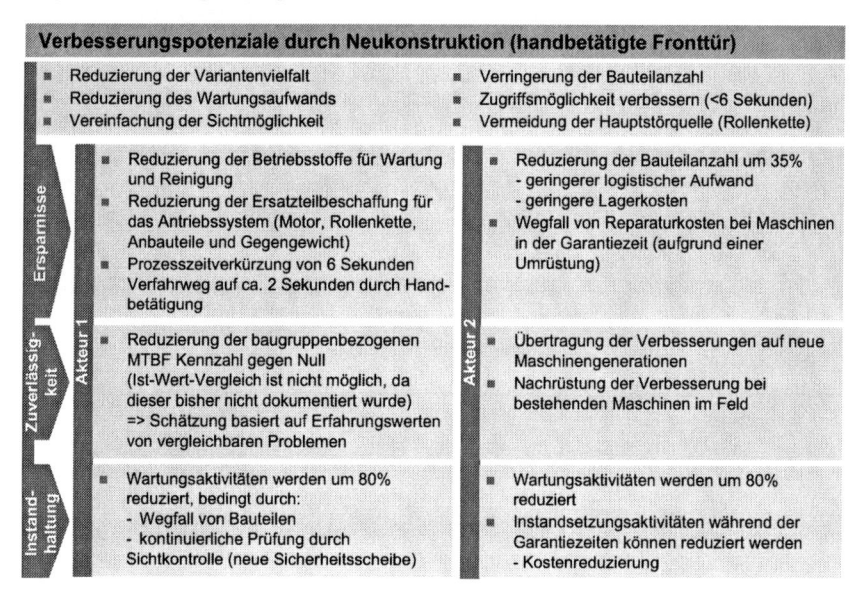

Verbesserungspotenziale durch Neukonstruktion (handbetätigte Fronttür)

- Reduzierung der Variantenvielfalt
- Reduzierung des Wartungsaufwands
- Vereinfachung der Sichtmöglichkeit
- Verringerung der Bauteilanzahl
- Zugriffsmöglichkeit verbessern (<6 Sekunden)
- Vermeidung der Hauptstörquelle (Rollenkette)

Ersparnisse / Akteur 1:
- Reduzierung der Betriebsstoffe für Wartung und Reinigung
- Reduzierung der Ersatzteilbeschaffung für das Antriebssystem (Motor, Rollenkette, Anbauteile und Gegengewicht)
- Prozesszeitverkürzung von 6 Sekunden Verfahrweg auf ca. 2 Sekunden durch Handbetätigung

Akteur 2:
- Reduzierung der Bauteilanzahl um 35%
  - geringerer logistischer Aufwand
  - geringere Lagerkosten
- Wegfall von Reparaturkosten bei Maschinen in der Garantiezeit (aufgrund einer Umrüstung)

Zuverlässigkeit / Akteur 1:
- Reduzierung der baugruppenbezogenen MTBF Kennzahl gegen Null (Ist-Wert-Vergleich ist nicht möglich, da dieser bisher nicht dokumentiert wurde) => Schätzung basiert auf Erfahrungswerten von vergleichbaren Problemen

Akteur 2:
- Übertragung der Verbesserungen auf neue Maschinengenerationen
- Nachrüstung der Verbesserung bei bestehenden Maschinen im Feld

Instandhaltung:
- Wartungsaktivitäten werden um 80% reduziert, bedingt durch:
  - Wegfall von Bauteilen
  - kontinuierliche Prüfung durch Sichtkontrolle (neue Sicherheitsscheibe)
- Wartungsaktivitäten werden um 80% reduziert
- Instandsetzungsaktivitäten während der Garantiezeiten können reduziert werden
  - Kostenreduzierung

Bild 5-3: Potenzialbewertung am Beispiel einer identifizierten Schwachstelle

Im ersten Schritt der Risikobewertung wurden die Risikofälle diskutiert und abgestimmt, so dass ein einheitliches Verständnis vorhanden war. Danach wurden die zu betrachtenden Daten akteursspezifisch mithilfe des Risikomodells bewertet. Für jeden potenziellen Datentransfer wurde die Eintrittswahrscheinlichkeit bzgl. des Risikofalls sowie der potenzielle Schaden abgeschätzt. Anschließend wurden die Risikofaktoren für jeden Akteur ermittelt. Dies wurde für jeden Datensatz durchgeführt. Anschließend wurde ein Mittelwert aus den Risikofaktoren je Datengruppe gebildet, vgl. Bild 5-4.

Anwender - Akteur I (Fokus: IHD, ED)	EW	PS	ER	EW	PS	ER	EW	PS	ER	EW	PS	ER
	Instandhaltungs-dokumentation [IHD]			Instandhaltungskosten [IHD]			ersetzte Teile [ED]			Ersatzteilkosten [ED]		
Know-how Verlust	2	2	4	2	2	4	8	1	2	2	2	3	6
Know-how Offenlegung	2	2	4	2	2	4	8	2	2	4	2	4	8
Weitergabe von vertraulichen Informationen	2	1	2	3	5	15	1	2	2	3	5	15
Verteilung von fehlerhaftem Wissen	1	1	1	1	0	0	1	1	1	1	0	0
steigende Abhängigkeit	1	0	0	1	2	2	1	0	0	3	2	6
			11			33			9			35
					Mittelwert	22					Mittelwert	22

Anwender - Akteur II (Fokus: IHD, ED)	EW	PS	ER	EW	PS	ER	EW	PS	ER
	Fehlererkennungszeit [IHD]			Ersatzteilbeschaffungs-dauer [IHD]			Anlaufdauer [IHD]		
Know-how Verlust	2	3	6	2	3	6	2	3	6
Know-how Offenlegung	3	2	6	1	2	2	2	3	6
Weitergabe von vertraulichen Informationen	2	3	6	1	1	1	2	4	8
Verteilung von fehlerhaftem Wissen	2	2	2	1	1	1	1	1	1
steigende Anforderungen	1	3	3	2	2	4	1	3	3
			23			14			24
								Mittelwert	20,33

Bild 5-4: Risikobewertung

Die Vergabe der Daten und Informationen an den Kooperationspartner wurde von Akteur II als „Kleinrisiko" bewertet. Akteur I hat die Daten und Informationen zu der Instandhaltungsdokumentation sowie den Ersatzteilen ebenfalls als „Kleinrisiko" eingestuft. Daten und Informationen zu Kosten wurden jedoch mit einem „Mittleren Risiko" bzgl. der Vergabe gewertet. Die Begründung dafür war vorrangig die Angst vor der Preisgabe von internem Know-how und transparenten Preisen.

Das durchgeführte Beispiel zeigt, dass die Bewertungsmethodik systematisch und transparent vorhandene Potenziale akteursspezifisch aufzeigt und mit ihrer Hilfe konkrete Handlungsempfehlungen und Entscheidungen abgeleitet werden können. Durch die Anwendung der Methodik konnte der Vorteil eines Daten- und Informationstransfers bei geringem bzw. kalkulierbarem Risiko nachgewiesen werden.

5.3 Fallbeispiel II – Service-Dienstleister/Triebwerkhersteller

Die im zweiten Fallbeispiel betrachteten Unternehmen sind ein Service-Dienstleister und ein produzierendes Unternehmen der Luft- und Raumfahrtindustrie. Der Service-Dienstleister ist seit mehreren Jahren in einem Produktionswerk des Unternehmens für jegliche Serviceaktivitäten verantwortlich.

Der Service-Dienstleister ist international an sechs Standorten vertreten und beschäftigt ca. 300 Mitarbeiter. Das hier betrachtete Unternehmen übernimmt für seine Kunden annähernd alle Serviceleistungen, die nicht vertraglich von den Maschinenherstellern durchgeführt werden. Dazu zählen im Wesentlichen Wartung, Instandsetzung von Standardmaschinen, Reinigung, Planung sowie Fehler- und Ursachenanalyse. Der Kundenfokus liegt dabei auf allen produzierenden Unternehmen mit hoher Fertigungstiefe und vergleichsweise hohem Anteil an Standardmaschinen.

Das produzierende Unternehmen gehört zur Branche der Luft- und Raumfahrttechnik und stellt unter anderem Triebwerke her. Dabei setzt das Unternehmen zahlreiche Werkzeugmaschinen von verschiedenen Herstellern zur Produktion von einfachen bis komplexen Bauteilen ein. Die Instandhaltung arbeitet eng mit dem Service-Dienstleister zusammen und profitiert von dem externen Know-how des Dienstleisters.

Das produzierende Unternehmen wird im Folgenden Akteur III und der Service-Dienstleister Akteur IV genannt. Es wird nun kurz die Ausgangssituation geschildert.

5.3.1 Darstellung der Ausgangssituation

Der Service-Dienstleister hat sich in den letzten 30 Jahren dem Thema Instandhaltung und Instandhaltungsberatung gewidmet. Dadurch hat das Unternehmen spezielles Know-how zu unterschiedlichen Maschinen bzw. Maschinentypen gesammelt. Das Know-how wurde zum einen bei den Kunden und zum anderen in Kooperation mit den Maschinenherstellern aufgebaut. Ziel bei der hier beschriebenen Geschäftsbeziehung zwischen den beiden Akteuren ist es, eine hohe Maschinenverfügbarkeit bei geringen Instandhaltungskosten bei Akteur III sicherzustellen und entsprechend Know-how für den Service-Dienstleister aufzubauen. Diese Zielsetzung soll durch einen systematischen Daten- und Informationsaustausch unterstützt werden. Daraus leiten sich folgende Ziele für den Service-Dienstleister ab:

- Aufnahme relevanter Daten und Informationen

- Steigerung der Maschinenverfügbarkeit und Reduzierung der Instandhaltungskosten durch vorbeugende Instandhaltung

- Aufbau eines Feedback to Design Prozesses während und nach der Garantiezeit bzgl. Mängelberichten, Ausfallprotokollen, Lebenszyklusdaten, Serviceberichten und verwendeter Ersatzteile

- Aufbau einer langfristigen Geschäftsbeziehung mit dem Kunden und daraus entstehende Kooperation mit Maschinenherstellern.

Die wesentlichen Anforderungen des produzierende Unternehmen an den Service Dienstleister sind folgende:

- Planung und Durchführung der wesentlichen Instandhaltungsaufgaben

- Verbesserung der Maschinenverfügbarkeit

- Steigerung der Produktqualität

- Durchführung der Ersatzteilbeschaffung und Übernahme aller Kontakte mit dem Maschinenhersteller.

Das Erreichen dieser Ziele hängt stark von den zur Verfügung stehenden Daten und Informationen ab. Bei dieser Konstellation müssen zusätzlich die verschiedenen Maschinenhersteller integriert werden. Für die Durchführung des Fallbeispiels wurde jedoch nur der Datentransfer zwischen den hier beschriebenen Akteuren untersucht. Dazu wurde der folgende Maschinentyp identifiziert:

CNC Drehmaschine (Anzahl 2)	• 1 Spindel • 5000 U/min • 30-37 kW	• 4 Sekunden Werkstückwechselzeit • Werkzeugwechsler für 50 Werkzeuge	• Abmessungen: 4500/3500/2400 • Gewicht: keine Angabe

5.3.2 Schilderung der Anwendungsfälle zum Fallbeispiel II

Gemäß der definierten Vorgehensweise wurde in einem ersten Schritt die notwendige Daten- und Informationsbasis aufgebaut. Dazu wurden mithilfe der Vorgehensschritte der Situationsanalyse die Strategien, Zielsetzungen sowie Schwachstellen identifiziert. Die Schwachstellen wurden dabei in zwei Kategorien unterteilt. Dies sind einerseits prozessorientierte Schwachstellen, die bei Wartungs- oder Instandsetzungsvorgängen vorhanden sind, und andererseits Defizite bzgl. der Daten- und Informationsverfügbarkeit.

Beide Akteure verfolgen die Kostenführerschaft als strategisches Ziel. Daraus ergeben sich für Akteur III im Bereich des Verfügbarkeitsmanagement die Steigerung der Produktivität und die Reduzierung der Instandhaltungskosten. Akteur IV verfolgt ebenfalls eine Kostenreduzierung durch bessere und effizientere Serviceeinsätze bei seinen Kunden.

Nach der Zielanalyse wurden mithilfe des Prozessmodells und des Datenmodells verfügbare Daten und Informationen sowie Schwachstellen identifiziert. Der Betrachtungsbereich des Fallbeispiels sind alle Serviceaktivitäten. Zur Aufnahme der Ist-Situation haben sich die Referenzprozesse mit der jeweiligen Datengruppenzuordnung als sehr hilfreich erwiesen. Anschließend wurden soweit möglich den Schwachstellen Ursachen zugeordnet, so dass eine einfachere Zuordnung der Daten und Informationen im Transfermodell ermöglicht wird.

Nach Abschluss der Ist-Analyse bei den Akteuren III und IV wurde die Potenzialanalyse durchgeführt. Dabei wurden die identifizierten Daten und Informationen mithilfe des Transfermodells ausgewertet. Das Ergebnis war eine akteursspezifische Auflistung von gewünschten und beim Kooperationspartner verfügbaren Daten und Informationen. Es wurden bei Akteur III nur die Servicetätigkeiten nach Ablauf der Garantiezeit bezogen auf das hier ausgewählte Betrachtungsobjekt berücksichtigt. Dazu zählten Wartungen, Instandsetzungen, Umrüstungen, Ersatzteilversorgungen sowie Reinigungen.

Darauf aufbauend wurden die Einflüsse der potenziell zu tauschenden Daten und Informationen auf die in der Situationsanalyse ermittelten Schwachstellen ermittelt. Dabei wurden alle denkbaren Einflüsse ohne Wertung berücksichtigt. Zur Abschätzung des Nutzenpotenzials wurden die Nutzwertanalyse und die Berechnungsvorschrift für die kurz-, mittel- und langfristig zu realisierenden Potenziale, wie in Kapitel 4.2.3 beschrieben, durchgeführt.

Anschließend wurden die Ergebnisse wie in der Potenzialanalysephase beschrieben in das Portfolio übertragen, vgl. Bild 5-5. Dabei ist zu erkennen, dass das produzierende Unternehmen, Akteur III, bei einem entsprechenden Datentransfer einen sehr hohen kurz- und mittelfristig zu realisierenden Nutzen zu erwarten hat.

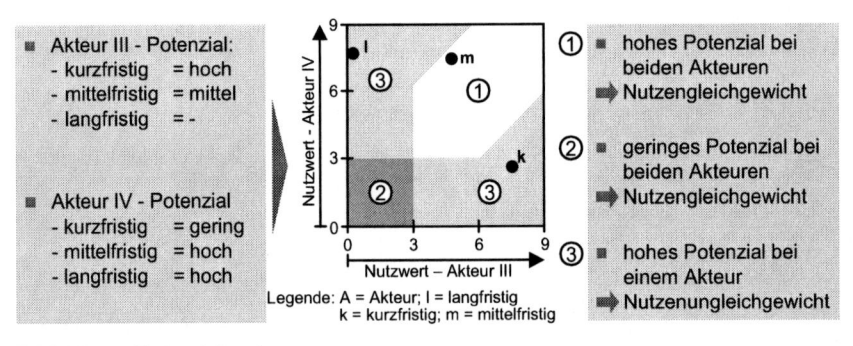

Bild 5-5: Potenzialanalyse

Evaluierung

Der langfristig zu realisierende Nutzen liegt bei Akteur III bei Null. Dies liegt unter anderem an einer nicht sichergestellten Rückführung aller Daten und Informationen an den Hersteller des Betrachtungsobjektes, so dass konstruktive Verbesserungen in neuen Maschinengenerationen nicht kontinuierlich umgesetzt werden können. Der Service-Dienstleister, Akteur IV, erwartet hingegen hohe mittel- bis langfristig zu realisierende Nutzenpotenziale. Dies ist begründbar durch die strategische Ausrichtung und Zielsetzung des Service-Dienstleisters. Er profitiert erst nach geraumer Zeit von dem Daten- und Informationstransfer.

In der Phase der Potenzialbewertung wurden der monetäre Nutzen, der Aufwand und das Risiko bewertet. Eine kenngrößenbasierte Bewertung wurde bei den Akteuren nicht durchgeführt. Bei der monetären Bewertung des Nutzens wurde mithilfe der methodischen Vorgehensweise und dem Einsatz des Kostenmodells sowie der Kalkulationsmatrix ein Kostensenkungspotenzial von ca. 7% bei den Instandhaltungskosten pro Jahr je Maschine berechnet. Die Instandhaltungskosten liegen bei ca. 100.000 Euro pro Jahr. Daraus resultiert eine Ersparnis von 7.000 Euro jährlich je Maschine. Die Kostensenkung basiert im Wesentlichen auf den folgenden Stellgrößen:

- Lohnkosten für korrektive Instandhaltung
- Lohnkosten für Wartungen
- Kosten für unplanmäßige Stillstände
- Kosten für vorbeugende Instandhaltung.

Zur Analyse der Aufwände bzgl. einer Umsetzung der potenziellen Kooperation wurden mithilfe eines Software-Entwicklers und des Kostenmodells die folgenden Investitionen für die jeweiligen Akteure abgeschätzt:

- Server mit ausreichender Kapazität bzgl. Arbeitsspeicher sowie Netzwerkkarte (ca. 4.000 Euro)
- spezielle Software für die Maschinenanbindung sowie Sammlung und Analyse von Instandhaltungsdaten und Oracle Datenbank (ca. 26.000 Euro)
- spezielle Schnittstellen zu bestehenden Programmen (SAP, individuelle Insellösungen etc.) (ca. 6.000 Euro).

Zu den Investitionskosten kommen Schulungskosten sowie einmalige Aufwände für unternehmensinterne organisatorische Anpassungen. Der jährliche Personalaufwand wurde bei Akteur III auf 25 Tage pro Jahr geschätzt und bei Akteur IV auf 12 Tage pro Jahr. Die Personalstundensätze werden aufgrund der Geheimhaltung an dieser Stelle nicht angegeben.

Bei der Analyse der Risiken wurde entsprechend der Bewertungsmethodik vorgegangen. Nach der Festlegung der Risikofälle wurden die zu transferierenden Daten und Informationen bewertet. Die von Akteur III zu vergebenen Daten und Informationen wurden mit einem

Evaluierung

zusammenfassenden Risikofaktor von 37 eingestuft. Die ist der untere Bereich der Stufe „Mittleres Risiko". Die Höhe des Risikofaktors ergab sich im Wesentlichen aus einer hohen Bewertung des „potenziellen Schadens" bei dem Risikofall „Weitergabe von vertraulichen Informationen". Die Begründung dafür liegt in der unsicheren Kenntnis über den rechtlichen Sachverhalt bei einer Vergabe von Maschinendaten an dritte Unternehmen. Diese Fragestellung wird jedoch im Rahmen der Methodik nicht behandelt. Die vom Akteur IV zu vergebenen Daten und Informationen sind mit einem geringen Risiko von 26 als „Kleinrisiko" eingestuft worden.

Zusammenfassend kann festgestellt werden, dass die erarbeitete Bewertungsmethodik für die Akteure ein sinnvolles Hilfsmittel zur Entscheidung über die Durchführung einer Kooperation darstellt. Der Nutzen und der Aufwand wurden ermittelt und die Risiken daten- bzw. informationsspezifisch bewertet.

5.4 Anwendungserfahrungen und Zwischenfazit

Die in dieser Arbeit entwickelte Methodik zur Bewertung von Kooperationspotenzialen zwischen Maschinenherstellern, Anwendern und Service-Dienstleistern wurde erfolgreich in den dokumentierten Fallbeispielen angewendet. Beide Beispiele zeigten, dass es mit der Methodik möglich ist sehr schnell zu erkennen, ob eine kooperative Zusammenarbeit zwischen den beteiligten Akteuren sinnvoll ist oder nicht.

Bei der Anwendung der Bewertungsmethodik war eine wesentliche Voraussetzung die Verfügbarkeit der benötigten Daten und Informationen. Ohne eine fundierte Kenntnis über die vorhandenen Datenquellen ist die Anwendung der Methodik nicht möglich. Dazu wurden bei den durchgeführten Fallbeispielen Mitarbeiter der jeweiligen Akteure aus verschiedenen Bereichen eingebunden. Anhand der strukturierten Vorgehensweise in der Situationsanalyse konnten die verfügbaren Daten und Informationen sowie entsprechende Defizite schnell und einfach ermittelt werden. Während der Situationsanalyse wurden durch Diskussionen mit Mitarbeitern schon frühzeitig große Verbesserungspotenziale identifiziert. Die anschließende strukturierte Daten- und Informationsaufbereitung bestätigte die in den zuvor geführten Diskussionen erwähnten Probleme der Mitarbeiter.

Der Nutzen für die Akteure zeigte sich im Wesentlichen in der auf die Situationsanalyse folgenden Potenzialanalyse und Potenzialbewertung. In diesen Phasen wurden der Nutzen und die jeweiligen Aufwände für eine Kooperation quantifiziert sowie die einzugehenden Risiken bei der Transferierung von Daten und Informationen an den Kooperationspartner bewertet und transparent gegenübergestellt. Durch das systematische und transparent erarbeitete Ergebnis konnten Hemmnisse bzgl. einer Wissenskooperation stark verringert werden.

Die Anwendung der Methodik hat bei allen vier Unternehmen gezeigt, dass eine kooperative Zusammenarbeit deutlich mehr Chancen bietet als Risiken. Zusätzlich sind die Risiken transparent und können unter Umständen vermieden werden, indem auf die risikobehafteten Daten und Informationen verzichtet wird. Prinzipiell wurden viele Verbesserungen identifiziert, die ein hohes Nutzenpotenzial besitzen und ein sehr geringes Risiko hinsichtlich des Wissenstransfers darstellen.

Die Anwendbarkeit der entwickelten Methodik konnte somit in beiden Fallbeispielen nachgewiesen werden. Zur technischen Realisierung des Datentransfers wird zurzeit im Rahmen eines Forschungsprojektes[62] eine Software entwickelt, die eine standardisierte Übertragung verfügbarkeitsrelevanter Daten und Informationen zwischen den Partnern ermöglichen soll.

---

[62] Projektbezeichnung: Top-Fit "Total Optimisation Process based on Field Data Transfer for European Machine Builders" (GRD1-2000-25064)

6 Zusammenfassung

Zuverlässigkeit, Instandhaltbarkeit und Lebenszykluskosten von Werkzeugmaschinen sind entscheidende Erfolgsfaktoren im globalen Wettbewerbsumfeld. Dies gilt sowohl für den Maschinenanwender, den Maschinenhersteller als auch für den Service-Dienstleister.

Um diese Zielgrößen zu optimieren, sind für alle Akteure problemspezifische Informationen die notwendige Basis. Hierbei handelt es sich zum einen um Daten und Informationen aus der Nutzungsphase, die systematisch erfasst, analysiert und an die Entwicklung und Konstruktion rückgeführt werden müssen und zum anderen um Informationen vom Hersteller zur Sicherstellung einer effektiven und effizienten Instandhaltung auch nach der Garantiezeit. Der Realisierung stehen jedoch häufig große Hemmnisse entgegen. Einerseits kann das Nutzen/Aufwand-Verhältnis eines Wissenstransfers nur schwer bewertet werden; andererseits bestehen unterschiedliche Risiken bei der Weitergabe von Wissen an andere Unternehmen. Zu den Hauptursachen dieser Defizite zählen

- eine unkoordinierte Datenweitergabe zwischen den beteiligten Unternehmen,
- mangelnde Berücksichtigung der spezifischen Bedürfnisse der Einzelunternehmen,
- Aufwände und Risiken werden dem Nutzen nur unzureichend gegenübergestellt und
- eine gemeinsame Zielverfolgung bei der Verbesserung der Zuverlässigkeit, Instandhaltbarkeit sowie Senkung der Lebenszykluskosten ist ebenfalls nicht gewährleistet.

Um den Erreichungsgrad der genannten Ziele durch kooperativen Wissenstransfer zwischen Maschinenhersteller, Anwender und Service-Dienstleister zu verbessern, wurde mit der vorliegenden Arbeit eine Methodik zur Bewertung von akteursspezifischen Kooperationspotenzialen entwickelt. Ziel war es, ein geeignetes Hilfsmittel bereitzustellen, mit dem Daten und Informationen, die zwischen den Akteuren übertragen werden sollen, nach Nutzen, Aufwand und Risiko bewertet werden können.

Um die Zielsetzung zu erreichen wurden zunächst Begriffsdefinitionen vorgenommen und die Betrachtungsbereiche Kooperationsmanagement und Wissensmanagement abgegrenzt. Die in dem definierten Untersuchungsraum relevanten Ansätze und Konzepte aus der Forschung und betrieblichen Praxis wurden diskutiert. Anschließend erfolgte eine Konkretisierung der Abgrenzung mithilfe einer Untersuchung der für diese Arbeit relevanten Leistungsindikatoren. Diese orientieren sich thematisch an den Lebenszykluskosten und an Zuverlässigkeits- und Instandhaltungskenngrößen. Darauf aufbauend wurden Grundlagen zur Nutzung von Zuverlässigkeitsdaten beschrieben und bestehende Ansätze hinsichtlich einer möglichen Strukturierung zuverlässigkeitsrelevanter Daten und Informationen untersucht. Entsprechend der zugrunde gelegten Forschungsmethodik wurden auf Basis der Vorarbeiten bestehende Forschungsansätze und Konzepte aus der Praxis analysiert. Die Untersuchung bestätigte, dass derzeit kein durchgängiger Ansatz und keine durchgängige

Zusammenfassung

Methodik existieren, die der Zielsetzung dieser Arbeit entsprechen. Dabei wurde nochmals deutlich, dass es an einer unternehmensübergreifenden Betrachtungsweise sowie an Ansätzen zur Nutzenbewertung bezüglich einer Wissenskooperation zwischen den Akteuren mangelt. Diese Defizite belegten den Handlungs- bzw. Forschungsbedarf für die vorliegende Arbeit und bildeten die Basis für die Ableitung der inhaltlichen Anforderungen und für die Erarbeitung eines Grobkonzeptes.

Nach der Erarbeitung der Grundlagen wurden die inhaltlichen und formalen Anforderungen an die zu entwickelnde Methodik abgeleitet, um einen Bezugsrahmen aufzustellen. Zur systematischen und strukturierten Entwicklung der Methodik wurden die Grundlagen der Entscheidungstheorie, die allgemeine Modelltheorie und die Systemtechnik erläutert und bei der Entwicklung des Grobkonzeptes angewandt. Das Grobkonzept besteht aus drei Hauptphasen, die in ihre wesentlichen Funktionen und Teilmodelle gegliedert sind. Zu den Hauptphasen zählen

- die Situationsanalyse,
- die Potenzialanalyse und
- die Potenzialbewertung.

Durch die Zielsetzung, den Bezugsrahmen und die Erstellung des Grobkonzeptes wurden die notwendigen Voraussetzungen für eine Ausarbeitung der einzelnen Funktionen und Teilmodelle geschaffen.

Die Phase der Situationsanalyse hat das Ziel, den Problembereich zu strukturieren und zu analysieren. Dazu wurden alle wesentlichen Informationen abgebildet, die zur Beschreibung der Ausgangssituation der einzelnen Akteure bzw. der zu betrachtenden Konstellation notwendig sind. In einem ersten Schritt werden die Ziele der Akteure anhand des aufgestellten Zielsystems sowie die bestehenden Beziehungen zwischen den Akteuren identifiziert. Anschließend werden verfügbare und fehlende Daten und Informationen sowie produktbezogene Schwachstellen identifiziert. Zur Unterstützung wurden dazu das Produktstrukturmodell, das Prozessmodell und das Daten-/Informationsmodell entwickelt. Mithilfe des Prozessmodells wird eine systematische Daten- und Informationserfassung sowie die Schwachstellenanalyse unterstützt. Zusätzlich ist es möglich, einzelnen Prozessschritten den jeweiligen Ressourcenverbrauch zuzuordnen, um die Basis für eine monetäre Bewertung zu schaffen. Das Daten- und Informationsmodell stellt die an der Praxis ausgerichteten und gespiegelten verfügbarkeitsrelevanten Felddaten in strukturierter Form dar. Das Produktstrukturmodell ermöglicht abschließend eine Zuordnung von identifizierten Daten und Informationen sowie produktbezogenen Ursachen für Schwachstellen zu den Baugruppen und Einzelteilen einer Maschine.

Die Potenzialanalyse hat das Ziel, das Nutzenpotenzial bezüglich einer kooperativen Zusammenarbeit durch Daten- und Informationsaustausche qualitativ einzuschätzen. Dabei werden notwendige Vorbereitungen für eine anschließende Detailbewertung durchgeführt und die Möglichkeit eines frühzeitigen Abbruchs der Methodikanwendung aufgrund

Zusammenfassung

mangelnder Nutzenpotenziale geschaffen. Zur Realisierung der Zielsetzung wurden für die Potenzialanalyse das Transfermodell, die Einflussanalyse und die Nutzenpotenzialanalyse entwickelt und integriert. Das Transfermodell ermöglicht eine redundanzfreie Strukturierung der zu übertragenden Daten und Informationen ohne Berücksichtigung der Risiken und Aufwände. Mithilfe der Einflussanalyse wird geprüft, welche verfügbaren Daten und Informationen bei einem Akteur die Zielsetzungen des anderen Akteurs unterstützen. Anschließend wird das Nutzenpotenzial akteursspezifisch mithilfe des AHP-Ansatzes abgeschätzt. Dabei kann zwischen kurz-, mittel- und langfristigen Nutzenpotenzialen unterschieden werden.

In der Phase der Potenzialbewertung wurden im Wesentlichen drei Modelle zur Bewertung des Kooperationspotenzials entwickelt. Die Modelle gliedern sich in ein monetärbasiertes Bewertungsmodell, ein kenngrößenbasiertes Bewertungsmodell und ein risikobasiertes Bewertungsmodell. Das monetärbasierte Bewertungsmodell basiert auf einem Kostenmodell, in dem die Lebenszyklus- und die Kooperationskosten, die zur Aufwandsbetrachtung herangezogen werden, abgebildet werden können. Anschließend wird die Ermittlung des monetären Nutzens, die durch eine Schwachstellenreduzierung in Bezug auf nicht verfügbare Daten und Informationen erzielt werden kann, mithilfe der ressourcenorientierten Prozesskostenrechnung und einer Kalkulationsmatrix beschrieben. Zur Kalkulation der Aufwände, die durch eine engere Zusammenarbeit verursacht werden, wurden die wesentlichen, einmaligen und laufenden Kosten in Hauptkategorien gegliedert. Die Kalkulation der Aufwände und des monetären Nutzens je Akteur wurde mithilfe der Vermögensendwertmethode realisiert. Zur Ermittlung des Verbesserungspotenzials der Instandhaltungs- und Zuverlässigkeitskenngrößen wurde das kenngrößenbasierte Bewertungsmodell entwickelt. Darin werden die identifizierten Schwachstellen den Transferdaten aus der Situationsanalyse zugeordnet, so dass anschließend eine Bewertung des Verbesserungspotenzials der jeweiligen Kennzahl mithilfe einer Nutzwertanalyse abgeschätzt werden kann. Zur individuellen Bewertung von Risiken wurde das risikobasierte Bewertungsmodell entwickelt. Dazu wurden typische Risikofälle auf theoretischer Basis identifiziert und durch Interviews an der Praxis gespiegelt. Um eine Risikoabschätzung der zu transferierenden Daten und Informationen durchzuführen, wird ein Risikofaktor durch die Höhe des maximal drohenden Schadens und dessen Eintrittswahrscheinlichkeit ermittelt. Das Ergebnis ist ein Risikofaktor für die jeweils zu übertragenden Daten und Informationen. Die Bewertungsmethodik schließt mit einer zusammenfassenden Darstellung der Ergebnisse je Akteur ab.

In zwei Fallbeispielen, in denen jeweils zwei Unternehmen betrachtet wurden, konnte der entwickelten Methodik Funktionalität, Konsistenz und Anwendbarkeit nachgewiesen werden. Es zeigte sich, dass die zur Anwendung erforderlichen Daten und Informationen schnell und strukturiert erhoben werden können. Die identifizierten Größen zur Erfolgsmessung einer Kooperation sowie die erstellte Struktur der Datengruppen und die darin enthaltenen Datentypen wurden durch eine zügige und unproblematische Anwendung der Methodik bestätigt. Sowohl die inhaltlichen als auch die formalen Anforderungen an die Methodik

Zusammenfassung

wurden realisiert. Prinzipiell zeigten sich bei der Anwendung schon auf grober Detaillierungsebene der Analyse die größten Nutzenpotenziale.

Mithilfe der entwickelten Methodik ist eine effiziente Bewertung des Kooperationspotenzials zwischen Maschinenhersteller, Anwender und Service-Dienstleister bezüglich eines Daten- und Informationsaustausches möglich. Dabei werden die jeweiligen Aufwände für eine Kooperation quantifiziert sowie die einzugehenden Risiken bei einem Transfer von Daten und Informationen an den Kooperationspartner analysiert und bewertet. Durch die systematische Vorgehensweise und die Verknüpfung der Phasen Situationsanalyse, Potenzialanalyse und Potenzialbewertung mit den dafür entwickelten Modellen ist ein wirksames Hilfsmittel zur methodischen Bewertung des Kooperationspotenzials entwickelt worden.

Zur technischen Realisierung des Datentransfers wird derzeit im Rahmen eines europäisch geförderten Forschungsprojektes[63] eine Software entwickelt, die abgestimmt auf die besonderen Anforderungen dieses Problems den Informationsaustausch zwischen den beteiligten Partnern ermöglicht und die Standardisierung unterstützt. Die Software verspricht erhebliche Vorteile gegenüber den Insellösungen, die in den Unternehmen zurzeit noch häufig anzutreffen sind. Mit dem Softwaretool soll es eine zentrale Lösung für die Datenaufnahme, -speicherung und -analyse geben.

---

[63] Vgl. Anmerkung 51.

7 Literaturverzeichnis

ABEL80   Abels, H. W.: Organisation von Kooperationen kleiner und mittlerer Unternehmen mittels Ausgliederung. Verlag Peter Lang, Frankfurt, 1980

AUGU90   Augustin, S.: Information als Wettbewerbsfaktor. Informationslogistik – Herausforderung für das Management. Verlag TÜV Rheinland, Köln, 1990

AULI99   Aulinger, A.: Wissenskooperationen – Eine Frage des Vertrauens. In: Engelhard J.; Sinz, E. J.: Kooperation im Wettbewerb – Neue Formen und Gestaltungskonzepte im Zeichen von Globalisierung und Informationstechnologie. Gabler Verlag, Wiesbaden, 1999

BAUM01   Baumann, S.: Einsatz von neuen Kommunikationsmedien in der praktischen Instandhaltung. In: VDI-Berichte 1598 (Hrsg.): Instandhaltung – Ressourcenmanagement. 22. VDI/VDEh-Forum Instandhaltung, VDI Verlag, Düsseldorf, 2001

BERT99   Bertsche, B.; Lechner, G.: Zuverlässigkeit im Maschinenbau: Ermittlung von Bauteil- und System-Zuverlässigkeiten. 2. Auflage, Springer Verlag, Berlin, 1999

BIRO91   Birolini, A.: Qualität und Zuverlässigkeit technischer Systeme – Theorie, Praxis, Management. Springer Verlag, Berlin, 1991

BIRO97   Birolini, A.: Zuverlässigkeit von Geräten und Systemen. 4. Auflage, Springer Verlag, Berlin, 1997

BITZ99   Bitz, H.: Risikomanagement nach KonTraG. Einrichtung von Frühwarnsystemen zur Effizienzsteigerung und zur Vermeidung persönlicher Haftung. Schäffer-Poeschel Verlag, Stuttgart, 1999

BLIS94   Blischke, W. R.; Murthy, D. N. D.: Warranty Cost Analysis. Marcel Dekker Inc. New York, 1994

BLOH95   Blohm, H.; Lüder, K.: Investition. 8. Auflage, Vahlen Verlag, München, 1995

BÖHL94   Böhlke, U. H.: Rechnerunterstützte Analyse von Produktlebenszyklen, Diss. RWTH-Aachen, Shaker Verlag, Aachen, 1994

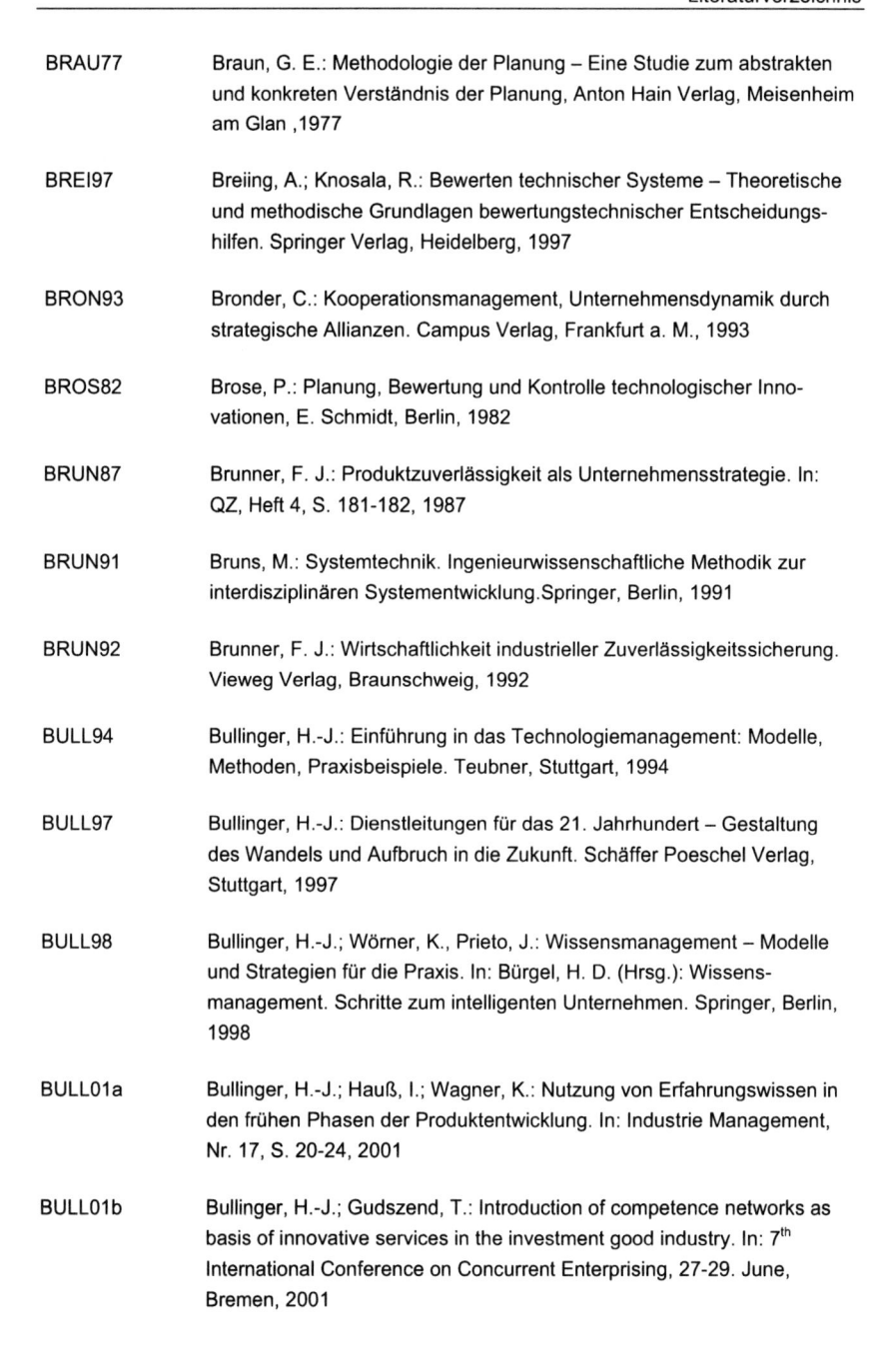

BRAU77	Braun, G. E.: Methodologie der Planung – Eine Studie zum abstrakten und konkreten Verständnis der Planung, Anton Hain Verlag, Meisenheim am Glan ,1977
BREI97	Breiing, A.; Knosala, R.: Bewerten technischer Systeme – Theoretische und methodische Grundlagen bewertungstechnischer Entscheidungshilfen. Springer Verlag, Heidelberg, 1997
BRON93	Bronder, C.: Kooperationsmanagement, Unternehmensdynamik durch strategische Allianzen. Campus Verlag, Frankfurt a. M., 1993
BROS82	Brose, P.: Planung, Bewertung und Kontrolle technologischer Innovationen, E. Schmidt, Berlin, 1982
BRUN87	Brunner, F. J.: Produktzuverlässigkeit als Unternehmensstrategie. In: QZ, Heft 4, S. 181-182, 1987
BRUN91	Bruns, M.: Systemtechnik. Ingenieurwissenschaftliche Methodik zur interdisziplinären Systementwicklung.Springer, Berlin, 1991
BRUN92	Brunner, F. J.: Wirtschaftlichkeit industrieller Zuverlässigkeitssicherung. Vieweg Verlag, Braunschweig, 1992
BULL94	Bullinger, H.-J.: Einführung in das Technologiemanagement: Modelle, Methoden, Praxisbeispiele. Teubner, Stuttgart, 1994
BULL97	Bullinger, H.-J.: Dienstleitungen für das 21. Jahrhundert – Gestaltung des Wandels und Aufbruch in die Zukunft. Schäffer Poeschel Verlag, Stuttgart, 1997
BULL98	Bullinger, H.-J.; Wörner, K., Prieto, J.: Wissensmanagement – Modelle und Strategien für die Praxis. In: Bürgel, H. D. (Hrsg.): Wissensmanagement. Schritte zum intelligenten Unternehmen. Springer, Berlin, 1998
BULL01a	Bullinger, H.-J.; Hauß, I.; Wagner, K.: Nutzung von Erfahrungswissen in den frühen Phasen der Produktentwicklung. In: Industrie Management, Nr. 17, S. 20-24, 2001
BULL01b	Bullinger, H.-J.; Gudszend, T.: Introduction of competence networks as basis of innovative services in the investment good industry. In: 7th International Conference on Concurrent Enterprising, 27-29. June, Bremen, 2001

Literaturverzeichnis

BULL02a	Bullinger, H.-J.; Klostermann, T.: Collaborative Service Engineering – Kooperative Entwicklung produktnaher Dienstleistungen in Produktionsnetzwerken. In: Milberg, J.; Schuh, G. (Hrsg.): Erfolg in Netzwerken. Springer Verlag, Berlin, 2002
BULL02b	Bullinger, H.-J.; Benz, A.; Gudszend, Tim: Tele-Maintenance and knowledge management in a maintenance co-operation network. In: Machine Engineering, Vol. 2, No. 1-2, 2002
CHEN76	Chen, P. P.-S.: The Entity Relationship Model – Towards a unified view of data. In: ACM Transactions on Database Systems. Vol. 1, 1976, No. 1, S. 9-36
COEN96	Coenenberg, A. ; et. Al.: Qualitätsbezogene Kosten und Kennzahlen. In: Wildemann, H.: Controlling im TQM – Methoden und Instrumente zur Verbesserung der Unternehmensqualität. Springer Verlag, Berlin, 1996
COX98	Cox, S. ; Tait, R.: Safety, Reliability and Risk Management. Butterworth-Heinemann, Oxford, 1998
DAVE98	Davenport, T.H.; Prusak, L.: Wenn Ihr Unternehmen wüsste, was es alles weiß – Das Praxishandbuch zum Wissensmanagement. Moderne Industrie, Landsberg, 1998
DAEN94	Daenzer, W. F.; Huber, F.: Systems Engineering: Methodik und Praxis, 8. Auflage, Verlag Industrielle Organisation, Zürich, 1994
DEGE03	Degen, H.; Möller, H.: Wissenskooperation im Werkzeugmaschinenbau – Steigerung der Verfügbarkeit und Zuverlässigkeit von Werkzeugmaschinen. In: FB/IE, S. 265-268, Heft 6, 2003
DEGE04	Degen, H.; Möller, H.: Zuverlässigkeitssteigerung europäischer Werkzeugmaschinen durch Wissenskooperation. In: ZWF, S. 41-43, 1-2/2004
DIN77	Norm DIN 199-Teil 2, 1977. Begriffe im Zeichnungs- und Stücklistenwesen, Beuth Verlag, Berlin
DIN85	Norm DIN 31051, 1985. Instandhaltung: Begriffe und Maßnahmen. Beuth Verlag, Berlin
DIN87	Norm DIN 69910, 1987. Wertanalyse. Beuth Verlag, Berlin
DIN90	Norm DIN 40041, 1990. Zuverlässigkeit: Begriffe. Beuth Verlag, Berlin

DIN99	Norm DIN 15226. 1999. Technische Produktdokumentation – Lebenszyklusmodell und Zuordnung von Dokumenten. Beuth Verlag, Berlin
DIN01a	Norm DIN EN 13306, 2001. Begriffe der Instandhaltung. Beuth Verlag, Berlin
DIN01b	Norm DIN 31051, 2001. Grundlagen der Instandhaltung. Beuth Verlag, Berlin
DOMB02a	Dombrowski, U.; Zeisig, M.: Just-In-Time-Informationskonzept befähigt die Kooperation in Produktionsnetzwerken. In: Industrie Management, Gito Verlag, S. 13-16, 18/2002
DOMB02b	Dombrowski, U.; Horatzek, S.: Entwicklung eines Werkzeugs für dezentrales Wissensmanagement. In: ZWF, Carl Hanser Verlag, Jahrg. 97 (2002) 3
DOUM84	Doumeingts, G.: Methodology to Design Computer Integrated Manufacturing Units, In: Rembold, U.; Dillmann, R. (Hrsg.): Methods and Tools for Computer Integrated Manufacturing, Springer Verlag, Berlin, Heidelberg, 1984
EBNE95	Ebner, Claus: Ganzheitliches Verfügbarkeits- und Qualitätsmanagement unter Verwendung von Felddaten. Diss. TU München, Springer Verlag, München, 1995
ECKS97	Eckstein, P. P.: Angewandte Statistik mit SPSS. Gabler Verlag, Wiesbaden, 1997
EDLE01	Edler, A.: Nutzung von Felddaten in der qualitätsgetriebenen Produktentwicklung und im Service. Diss. TU Berlin, IWF TUB, 2001
EISE95	Eisele, J.: Erfolgsfaktoren des Joint-Venture Management. Gabler Verlag, Wiesbaden, 1995
EISE96	Eisenführ, F., Weber, M.: Investitionsrechnung. 10. Auflage, Verlag der Augustinus Buchhandlung, Aachen, 1996
EISE99	Eisenführ, F., Weber, M.: Rationales Entscheiden, 3. Auflage, Springer-Verlag, Berlin, 1999

Literaturverzeichnis

ENGE99	Engelhard, J., Sinz, E. J.: Kooperation im Wettbewerb – Neue Formen und Gestaltungskonzepte im Zeichen von Globalisierung und Informationstechnologie. Gabler Verlag, Wiesbaden, 1999
ENGE00	Engelbrecht, A.: Marktkompatibilität durch Kooperation – Ein sicherer Weg in eine unsichere Zukunft. In: Industrie Management, GITO, 16 (2000) 6, S. 59-63
ERKE88	Erkes, K. F.: Gesamtheitliche Planung flexibler Fertigungssysteme mithilfe von Referenzmodellen, Diss. RWTH-Aachen, 1988
ERLE95	Erlenspiel, K.: Integrierte Produktgestaltung – Methoden für Prozessorganisation, Produkterstellung und Konstruktion. Hanser Verlag, München, 1995
EVER89	Eversheim, W.: Organisation in der Produktionstechnik. Band 4, VDI, Düsseldorf, 1989
EVER94	Eversheim, W.; Müller, G.; Katzy, B. R.: NC-Verfahrenskette. Beuth Verlag, Berlin 1994
EVER96a	Eversheim, W.; Krause, F.-L.: Produktgestaltung. In: Eversheim, W. (Hrsg.), Schuh, G. (Hrsg.): Produktion und Management. Betriebshütte, 7. Auflage, Springer Verlag, Berlin, 1996
EVER96b	Eversheim, W.: Prozessorientierte Unternehmensorganisation. 2. Aufl., Springer-Verlag, Berlin, 1996
EVER96c	Eversheim, W.: Kooperative Wertschöpfung – Produkt, Prozess, Ressourcen. In: Wettbewerbsfaktor Produktionstechnik, AWK Aachener Werkzeugmaschinen-Kolloquium. Düsseldorf, VDI-Verlag, 1996
EVER97a	Eversheim, W.; von Haake, U.; Leiters, M.; Paffrath, U.: Controlling von Garantiekosten. Kosten der Reklamationsbearbeitung senken – Kundenzufriedenheit steigern. In: QZ 42/5, S. 588-590, 1997
EVER97b	Eversheim, W.; et al.: Ganzheitliche Unternehmensreorganisation. In: VDI-Z 139, Nr. 7/8, S. 18-25, 1997
EVER97c	Eversheim, W.: Motion – ein europäischer Veränderungsansatz. In VDI-Z 139, Nr. 5, S. 8-10, 1997

EVER99	Eversheim, W.; Güthenke, G.; Leiters, M.: Fast elimination of product faults in current series. In: Total Quality Management, Vol. 10, No. 4&5, S. 569-575, 1999
EVER01	Eversheim, W.; Degen, H.; Grawatsch, M.: Zuverlässigkeitssteigerung europäischer Maschinenbauerzeugnisse – Forschungsprojekt „Top-Fit". In: VDMA Nachrichten, Nr. 09, S. 46, 2001
EVER02a	Eversheim, W.; Bauernhansl, T.; Borrmann, A.; Degen, H.; Erb, M.; Hartung, S.; Kampker, A.; Miller, N.; Schlagau, S.; Stappen, G.; Stich, V.; Vutz, J.; Zielke, A. E.: Strategien im Maschinenbau – Wege zu Wachstum und nachhaltiger Profitabilität. In: Wettbewerbsfaktor Produktionstechnik, AWK Aachener Werkzeugmaschinen-Kolloquium, Shaker, Aachen, 2002
EVER02b	Eversheim, W.; Voigtländer, C.; Perters, T.; Borrmann, A., Klappert, S.; Degen, H.: Wie gut ist Ihr Kundendienst?. In: new management, Nr. 12, S. 46-52, Zürich, 2002
EVER02c	Eversheim, W.; Degen, H.: Europäische Werkzeugmaschinen werden zuverlässiger – Systematische Nutzung von Felddaten in Entwicklung und Service. In: RWTH-Themen, 1/2002, S. 22-25, 2002
FAHR95	Fahrwinkel, U.: Methode zur Modellierung und Analyse von Geschäftsprozessen zur Unterstützung des Business Process Reengineering. Diss., Paderborn, HNI-Verlagsschriftenreihe, 1995
FERS95	Ferstl, O. K.; Mannmeusel, T.: Gestaltung industrieller Geschäftsprozesse. In: Wirtschaftsinformatik, 37, Nr. 5, S. 446-458, 1995
FISC99	Fischer, O.: Alles auf eine Karte, In: manager magazin, Heft 10, S. 257-265, 1999
FISC00	Fischer, H.: Wartungsverträge: Inspektion, Wartung und Instandsetzung technischer Einrichtungen. Erich Schmidt Verlag, Berlin, 2000
FRAU03	Fraunhofer-Institut für Produktionstechnologie IPT: Befragung zu „Risiken durch Daten und Informationstransfer" im Rahmen des EU-Forschungsprojektes Top-Fit „Total Optimisation Process based on Field Data Transfer for European Machine Builders" (GRD1-2000-25064), Aachen 2003
FREY99	Frey, H.: Zuverlässigkeits- und Sicherheitsplanung. In: Masing, W.; Handbuch Qualitätsmanagement, Hanser Verlag, München, 1999

Literaturverzeichnis

FRIE97	Friedrich, W.: Zwischenbetrieblicher Vergleich – Kennzahlen und Informationen zu Außenmontage und Kundendienst (Inland). VDMA, Frankfurt, 1997
FRÖH90	Fröhling, O.; Spilker, D.: Life Cycle Costing. In: io Management, Nr. 10, S. 74-78, 1990
GABL97	Gablers-Wirtschaftslexikon. 14. Auflage, Wiesbaden, Betriebswirtschaftlicher Verlag Dr. Th. Gabler GmbH, Wiesbaden, 1997
GARV88	Garvin, D. A.: Managing Quality – The strategic and Competitive Edge. The Free Press, New York (NY, USA), 1988
GRAB92	Grabowski, H.; Anderl, R.; Schmitt, M.: STEP: Die Beschreibung von Produktstrukturen mit dem Teilmodell PSCM. In: VDI-Z 134 (1992), Nr. 3, S. 51-55
GUDS01	Gudszend, T.; Lentes, H.-P.: IT-supported co-operation of competence networks in the fields of machinery maintenance and service. In: international conference on e-commerce engineering – New challenges for global manufacturing in the 21st century. 16-18. September, Xi´an, P. R. China, 2001
GÜTH00	Güthenke, G.: Center-Konzeption für produzierende Unternehmen – Ein Entscheidungsmodell zur kontextspezifischen Gestaltung technologieintensiver Geschäftseinheiten. Diss. RWTH-Aachen, Shaker Verlag, Aachen, 2000
HAAC96	Haacke, U.; Controlling von Garantieleistungen. Diss. RWTH-Aachen, Shaker Verlag, Aachen, 1996
HABE99	Haberfellner, R.; Becker, M.; Büchel, A.; von Massow, H.; Nagel, P.; Daenzer, W.F.; Huber, F. (Hrsg): Systems Engineering. 10. Aufl., Industrielle Organisation, Zürich, 1999
HAIS99	Haist, F.; Fromm, H.: Qualität im Unternehmen: Prinzipien, Methoden, Techniken. 2. Auflage, Hanser, München, 1991
HÄGE98	Hägele, T.; Schön, W.-U.: Überleben im Verbund. In: Automobil-Produktion, 02/98, S. 88-90, 1998
HAHN97	Hahn, D.; Taylor, B.: Strategische Unternehmensplanung – strategische Unternehmensführung: Stand und Entwicklungstendenzen. 7 Auflage, Physica Verlag, Heidelberg 1997

HANE02	Hanel, G.: Prozessorientiertes Wissensmanagement zur Verbesserung der Prozess- und Produktqualität. Diss. RWTH-Aachen, VDI Verlag, Düsseldorf, 2002
HART93	Hartmann, M.: Entwicklung eines Kostenmodells für die Montage – Ein Hilfsmittel zur Montageanlagenplanung, Diss. RWTH Aachen, Shaker Verlag, Aachen, 1993
HAUK84	Hauke, P.: Informationsverarbeitungsprozesse und Informationsbewertung. Diss. Univ. Hannover, GBI-Verlag, München, 1984
HEIT00	Heitsch, J.-U.: Multidimensionale Bewertung alternativer Produktionstechniken: Ein Beitrag zur technischen Investitionsplanung. Diss. RWTH Aachen, Shaker Verlag, Aachen, 2000
HENK92	Henkel, C. B.: Akquisitionen und Kooperationen als strategische Alternative aus Sicht der deutschen Automobilindustrie. Diss., Hochschule St. Gallen, 1992
HERM89	Hermann, R.: Joint-Venture Management: Strategien, Strukturen, Systeme und Kulturen. Diss., Hochschule St. Gallen, 1989
HEUS96	Heuser, T.: Synchronisation auftragsneutraler und auftragsspezifischer Auftragsabwicklung. Diss. RWTH-Aachen, Shaker Verlag, Aachen, 1996
HOHW00	Hohwieler, E.: Teleservice und Produktionsunterstützung mit Internettechnologien. In: ZWF 95/3, S. 97-101, 2000
HOIT97	Hoitsch, Hans-Jörg: Kosten- und Erlösrechnung – Eine controllingorientierte Einführung. Springer Verlag, Berlin, 1997
HORS99	Horstmann, W.: Der Balanced Scorecard-Ansatz als Instrument der Umsetzung von Unternehmensstrategien, In: Controlling, Heft 4/5, S. 193-199, 1999
HÖLS99	Hölscher, R.: Gestaltungsformen und Instrumente des industriellen Risikomanagement. In: Schierenbeck, H. (Hrsg.): Risk Controlling in der Praxis – Rechtliche Rahmenbedingungen und geschäftspolitische Konzeptionen in Banken, Versicherungen und Industrie. NZZ Verlag, Zürich, 1999
ISO10303	N.N.: Industrial automation systems and integration - Product data representation and exchange – part 11: The EXPRESS language reference manual, ISO 10303-11, 1994

JACO97	Jacob, H.; Voigt, K. I.: Investitionsrechnung, 5. Auflage, Gabler Verlag, Wiesbaden, 1997
JOHA02	Johansson, M.; Rosén, J.: Manufacturing data management based on an open information model for design of manufacturing systems and processes. In: Manufacturing Systems, Vol. 31, No. 2, S. 143-148, 2002
KAPL93	Kaplan, R. S.; Norton, D. P.: Putting the Balanced Scorecard to Work, In: Harvard Business Review, Heft 5, S. 134-147, 1993
KLEE91	Kleer, M.: Gestaltung von Kooperationen zwischen Industrie- und Logistikunternehmen. Schmidt-Verlag, Berlin, 1991
KLEI01	Klein, P.; Schwarz, P.; Asche, S.: E-Services in der Investitionsgüterindustrie – Studie – Eine Befragung von Anbietern und Anwendern. VDI-Verlag, Düsseldorf, 2001
KLEM98	Klemme-Wolff, H.: Schnittstellen integrieren – Grundlagen einer vorbeugenden/vorausschauenden Instandhaltung. In: Instandhaltung Management, 09/ 98, S. 10-14, 1998
KOCH58	Koch, H.: Zur Diskussion über den Kostenbegriff. In: ZfhF, S. 361 f., 1958
KOPP93	Koppelmann, U.: Produktmarketing. Kohlhammer, Stuttgart 1993
KRAH99	Krah, O.: Prozessmodell zur Unterstützung umfassender Veränderungsprozesse. Diss. RWTH-Aachen, Shaker Verlag, Aachen, 1999
KREI85	Kreimeier, D.: Bewertung der Zuverlässigkeit als Bestandswert des Gebrauchswert-Index I_q von Produktionsmitteln. In: WZTHM, Heft 5, 1985, S. 29-31
KRUM94	Krumm, S.: Bewertung des Ressourceneinsatzes bei prozessorientierter Informationsbereitstellung – Ein Beitrag zur Optimierung der technischen Auftragsabwicklung. Diss. RWTH-Aachen, Shaker Verlag, Aachen, 1994
KRZE93	Krzepinski, A.: Ein Beitrag zur methodischen Modellierung betrieblicher Informationsverarbeitungsprozesse. Diss. Univ. Karlsruhe, Shaker Verlag, Aachen, 1993
KRUB82	Krubasik, E. G.: Technologie – strategische Waffe. In: Wirtschaftswoche, 1982, Jg. 36, S. 30-46

KRUS87	Kruschwitz, L.: Investitionsrechnung. Walter de Gruyter, Berlin, 1987
KRUS95	Kruschwitz, L.: Investitionsrechnung. 6. Auflage, Walter de Gruyter, Berlin, 1995
KUHN01	Kuhn, A.; Schnell, M.: Wissensmanagement im Expertennetzwerk. In: Kuhn, A.; Bandow, G. (Hrsg.): Instandhaltungswissen besser nutzen – strategischer Faktor für den Unternehmenserfolg. Verlag Praxiswissen, Dortmund, 2001
KÜHN00	Kühnle, H.; Wagenhaus, G.: Virtuelle Unternehmensverbünde – Kooperationsmanagement und exemplarische Beispiele. In: Industrie Management, GITO, 16 (2000) 3, S. 56-62
LANG95	Lang, S. M.; Lockemann, P. C.: Datenbankeinsatz, Springer, Berlin, 1995
LAUX98	Laux, H.: Entscheidungstheorie. Springer, Berlin, 1998
LAY01	Lay, G.; Schneider, R.: Wenn Hersteller zu Serviceleistern werden – Auch mittelständische Industrieunternehmen können mit produktbegleitenden Dienstleistungen Geld verdienen. In: Harvard Business Manager, S. 16-24, 02/2001
LAY03	Lay, G.: Maschinenbau zielt auf Betreibermodelle. In: VDI Nachrichten, S. 9, 18. Juli 2003
LEIT00	Leiters, M. H.: Entscheidungsmodell zur integrierten Gestaltung von Produkt- und Serviceleistungen. Diss. RWTH-Aachen, Shaker Verlag, Aachen, 2000
LEHN91	Lehner, F.; et al.: Organisationslehre für Wirtschaftsinformatiker. Hanser Verlag, München, 1991
LENK93	Lenk, E.: Zur Problematik der technischen Bewertung. Carl Hanser Verlag, München, 1993
LINN96	Linnhoff, M.: Eine Methodik für das Benchmarking von Entwicklungskooperationen. Diss. RWTH-Aachen, Shaker Verlag, Aachen, 1996
LUCZ99	Luczak, H.; Schenk, M.: Kooperation in Theorie und Praxis – Personale, organisatorische und juristische Aspekte bei Kooperationen industrieller Dienstleistungen im Mittelstand. VDI Verlag GmbH, Düsseldorf 1999

Literaturverzeichnis

LÜRI01	Lüring, A.: Qualitative Aspekte und quantitative Modelle der Instandhaltung. Diss. TU Clausthal, Josef Eul Verlag, Köln, 2001
MÄNN81	Männel, W.: Anlagenausfallkosten, Instandhaltung – Grundlagen. Hrsg. Warnecke, v. H. J., Köln, 1981
MARC87	Marca, David A. und McGowan, Clement L.: SADT-Structured Analysis and Design Technique, Mc-Graw-Hill, New York, 1987
MAßB02	Maßberg, W.; Neuschwinger, A.: A knowledge based information system for the skilled worker M-AIS. In: Manufacturing Systems, Vol. 31, No. 4, S. 295-298, 2002
MERT94	Mertins, K.: Süssenguth, W.; Jochem, R.: Modellierungsmethoden für rechnerintegrierte Produktionsprozesse: Unternehmensmodellierung, Softwareentwurf, Schnittstellendefinition, Simulation. Hanser, München, 1994.
MERT95	Mertens, P.; Faisst, W.: Virtuelle Unternehmen – eine Organisationsstruktur für die Zukunft. In Technologie und Management, Jg. 44, Nr. 2, S. 61-68, 1995
MEXI94	Mexis, N. D.: Handbuch Schwachstellenanalyse und -beseitigung. 2. Aufl., Verlag TÜV Rheinland, Köln, 1994
MILB94	Milberg, J.; Ebner, C.: Verfügbarkeit von Werkzeugmaschinen – Teil 1: Kurzfassung für das technische Management. AiF 8649 Forschungsberichte, Verein Deutscher Werkzeugmaschinenfabriken e. V., 1994
MILL98	Millarg, K.: Virtuelle Fabrik – Gestaltungsansätze für eine neue Organisationsform in der produzierenden Industrie. Transfer Verlag, Regensburg, 1998
MÜLL91	Müller, G.: Entwicklung einer Systematik zur Analyse und Optimierung des EDV-Einsatzes im planenden Bereich. Diss. RWTH-Aachen, 1991
MÜLL92	Müller, S.: Entwicklung einer Methode zur prozessorientierten Reorganisation der technischen Auftragsabwicklung komplexer Produkte. Diss. RWTH-Aachen, 1992
MÜLL97	Müller, W.: Metamodellierung als Instrument der Verknüpfung von Unternehmensmodellen, Diss. TU Berlin, Verlag Druckhaus Berlin-Mitte, Berlin, 1997

MÜST96	Müller-Stewens, G.; Osterloh, M.: Kooperationsinvestitionen besser nutzen: Interorganisationales Lernen als Know-how-Transfer oder Kontext-Transfer? In: zfo, S. 18-24, 1/1996
MUTZ01	Mutz, M.: Informationssystem für die Zuverlässigkeitsverbesserung bestehender komplexer technischer Serienprodukte. Diss. RWTH Aachen, 2001
NAGE90	Nagel, K.: Nutzen der Informationsverarbeitung – Methoden zur Bewertung von strategischen Wettbewerbsvorteilen, Produktivitätsverbesserungen und Kosteneinsparungen. 2. Aufl., Oldenbourg Verlag, München, 1990
NEDE96	Nedeß, C.; Friedewald, A.: Reklamations- und Beschwerdemanagement als Baustein des lernenden Unternehmens. In: VDI-Z 138/19, S. 74-77, 1996
NEUM93	Neumann, K.: Operations Research, Carl Hanser Verlag, München, 1993
NIES95	Niestadtkötter, J.; Westkämper, E.: Produktlebenslauf als Informationsquelle. In: QZ 40/7, S. 799, 1995
NOEK00	Nöken, S.; Demmer, A.: Auf dem Weg ins 3. Jahrtausend. Zukünftige Herausforderungen an eine wettbewerbsfähige Fertigungstechnik. In: Aachener Tools, Nr. 1, 2000
NONA97	Nonaka, I.; Takeuchi, H.: Die Organisation des Wissens – Wie japanische Unternehmen eine brachliegende Ressource nutzbar machen. Campus, New York, 1997
NORT99	North, K.: Wissensorientierte Unternehmensführung – Wertschöpfung durch Wissen. 2. Aufl., Gabler, Wiesbaden, 1999
NOWA01	Nowak, G.: Informationstechnische Integration des industriellen Service in das Unternehmen. Diss. TU München, Herbert Utz Verlag, München, 2001
OSSA99	Ossadnik, W.: Planung und Entscheidung, In: Corsten, H.; Reiß, M. (Hrsg.): Betriebswirtschaftslehre, 3. Auflage, Oldenbourg Verlag, München, 1999

OSTE99	Von der Osten-Sacken, D.: Lebenslauforientierte, ganzheitliche Erfolgsrechnung für Werkzeugmaschinen. Jost Jetter Verlag, Heimsheim, 1999
PAHL93	Pahl, G.; Beitz, W.: Konstruktionslehre – Methoden und Anwendung. Springer-Verlag, Berlin, 1986
PATZ82	Patzack, G.: Systemtechnik – Planung komplexer innovativer Systeme: Grundlagen, Methoden, Techniken. Springer, Berlin, 1982
PETE85	Peters, G.: Aspekte der Zuverlässigkeit im Zusammenhang mit der Gestaltung von Arbeitsaufgaben in Fertigungsstrukturen der Teilefertigung. In: WZTHM, Heft 5, 1985, S. 29-31
PFEI74	Pfeiffer, W.; Bischoff, P.: Investitionsgüterabsatz. In B. Tietz: Handbuch der Absatzwirtschaft, Stuttgart 1974, S. 918 ff.
PFEI81	Pfeiffer, W.; Bischoff, P.: Produktlebenszyklen – Instrument jeder strategischen Planung. In: Steinmann, H. (Hrsg.): Planung und Kontrolle. Vahlen, München, 1981, S. 133-166
PFEI96	Pfeifer, T.: Qualitätsmanagement. Hanser Verlag, München, 1996
PFEI98	Pfeifer, T.; Franke, H.-J.: Qualitätsinformationssysteme – Aufbau und Einsatz im betrieblichen Umfeld. Carl Hanser Verlag, München, 1998
PFEI01	Pfeifer, T.: Qualitätsmanagement, Strategien, Methoden, Techniken. Hanser Verlag, München, 2001
PFER97	Pfersdorf, I.: Entwicklung eines systematischen Vorgehens zur Organisation des industriellen Service. Diss. TU-München, Springer Verlag, Heidelberg, 1997
PFOH97	Pfohl, H.-C.; Stölzle, W.: Planung und Kontrolle – Konzeption, Gestaltung, Implementierung. 2. Aufl., Vahlen, München, 1997
PICO96	Picot, H.; Reichwald, R.; Wigand, R. T.: Die grenzenlose Unternehmung – Information, Organisation und Management. 2. Aufl., Wiesbaden, Gabler Verlag, 1996
PORT97	Porter, M. E.: Wettbewerbsstrategien – Methoden zur Analyse von Branchen und Konkurrenten. 9. Aufl., Campus, Frankfurt a. M., 1997

PROB97	Probst, G.; Raub, S.; Romhardt, K.: Wissen managen – Wie Unternehmen ihre wertvollste Ressource optimal nutzen. Gabler, Wiesbaden, 1997
PÜMP92	Pümpin, C.: Strategische Erfolgspositionen: Methodik der dynamischen strategischen Unternehmensführung. Verlag Paul Haupt, Bern, 1992
RAPP95	Rapp, R.: Kundenzufriedenheit durch Servicequalität. Deutscher Universitätsverlag, Wiesbaden, 1995
REDE01	Redeker, G.; Wald, G.: Lebenszyklusorientierte Instandhaltungskooperationen. In: Industrie Management. 2001, Nr. 17, S. 23-26
ROSS77	Ross, D. T.: Structured Analysis (SA). A Language for Communicating Ideas. In: IEEE Transactions on Software Engineering, Vol. SE-3, 1977, No. 1, S. 16-34
ROTC90	Rotering, C.: Forschungs- und Entwicklungskooperationen, eine empirische Analyse. Poeschel Verlag, Stuttgart, 1990
ROTE93	Rotering, J.: Zwischenbetriebliche Kooperation als alternative Organisationsform. Schäffer-Poeschel Verlag, Stuttgart, 1993
RUMB91	Rumbaugh, J.; Blaha, M.; Premerlani, W.; Eddy, F.; Lorensen, W.: Object Oriented Modeling and Design. Prentice, Englewood Cliffs, 1991
RUPP94	Rupprecht-Däullary, M.: Zwischenbetriebliche Kooperation – Möglichkeiten und Grenzen durch neue Informations- und Kommunikationstechnologien. Gabler Verlag, Wiesbaden, 1994
SAAT80	Saaty, T. L.: The Analytic Hierachy Process. McGraw-Hill Book Company, New et al., 1980
SALI98	Saliger, E.: Betriebswirtschaftliche Entscheidungstheorie. 4. Auflage, Oldenbourg Verlag, München, 1998
SCHE92	Scheer, A.-W.: Architektur integrierter Informationssysteme – Grundlagen der Unternehmensmodellierung. 2. Auflage, Springer Verlag, Berlin, 1992
SCHE94a	Scheer, A.-W.: Wirtschaftsinformatik: Referenzmodelle für industrielle Geschäftsprozesse. 5. Auflage, Springer Verlag, Berlin, 1994

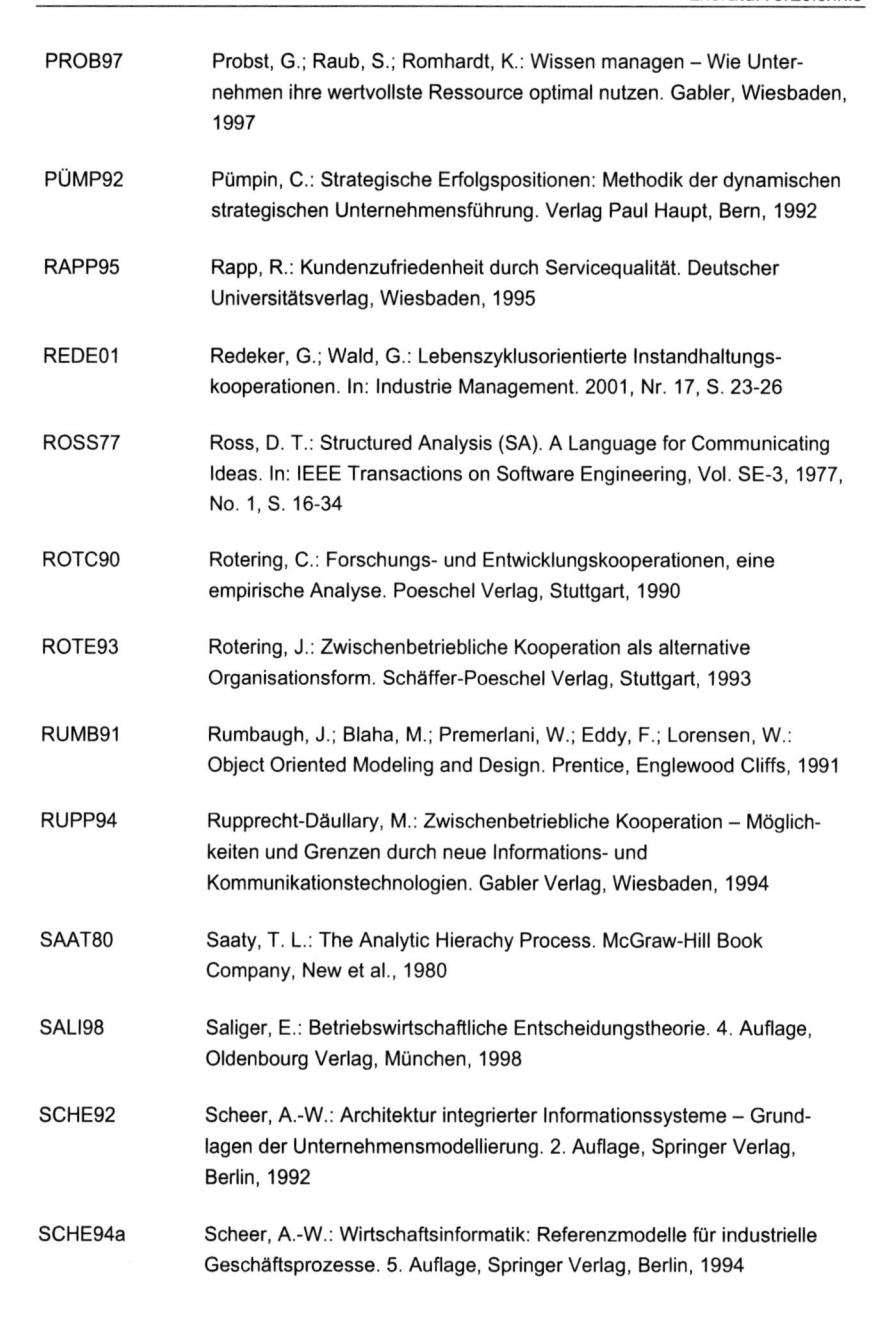

Literaturverzeichnis

SCHE94b	Schenk, D.; Wilson, P.: Information Modeling the EXPRESS Way. Oxford University Press, New York, Oxford, 1994
SCHI96	Schierenbeck, H.: Grundzüge der Betriebswirtschaftslehre. 12. Aufl., Dr. Götz Schmidt Verlag, München, 1996
SCHI98	Schierenbeck, H.: Grundzüge der Betriebswirtschaftslehre. 13. Aufl. Verlag Oldenbourg, München, 1998
SCHM63	Schmalenbach, E.: Kostenrechnung und Preispolitik. 8. Aufl., Westdeutscher Verlag, Köln, 1963
SCHM85	Schmicker, S.: Aspekte der Zuverlässigkeit im Zusammenhang mit der Gestaltung von Arbeitsaufgaben in Fertigungsstrukturen der Teilefertigung. In: WZTHM, Heft 5, S. 10-14, 1985
SCHM96	Schmitz, W.: Methodik zur strategischen Planung von Fertigungstechnologien. Shaker Verlag, Diss. RWTH-Aachen, Aachen, 1996
SCHR96	Schröder, A.: Investition und Finanzierung bei Umweltschutzprojekten. Peter Lang, Frankfurt, 1996
SCHR97	Schröder, B.; Sterrenberg, B.: Null-Fehler-Produktion in der handwerklichen Produkt-Instandhaltung. In: Westkämper, E. (Hrsg.): Null-Fehler-Produktion in Prozessketten. Springer Verlag, Berlin, 1997
SCHU88	Schuh, G.: Gestaltung und Bewertung von Produktvarianten – Ein Beitrag zur systematischen Planung von Serienprodukten. Diss. RWTH-Aachen, VDI-Verlag, Düsseldorf, 1988
SCHU97	Schuh, G.; et al.: Industrie als Dienstleister. Thexis, St. Gallen, 1997
SCHU00	Schuster, E.; Gudszend, T.: Internet als Serviceplattform in kundenorientierten Netzwerken – Neue Dienstleistungspotenzial durch e-Service. In: Service Today, S. 24-30, 02/2000
SCHU02	Schuh, G.; Milberg, J.: Erfolg in Netzwerken. Springer Verlag, Berlin, 2002
SELI00	Seliger, G.; Grudzien, W.: Dezentrale Bereitstellung von Produktinformationen. ZWF Sonderbeilage Demontage, S. 16-19, 7/2000

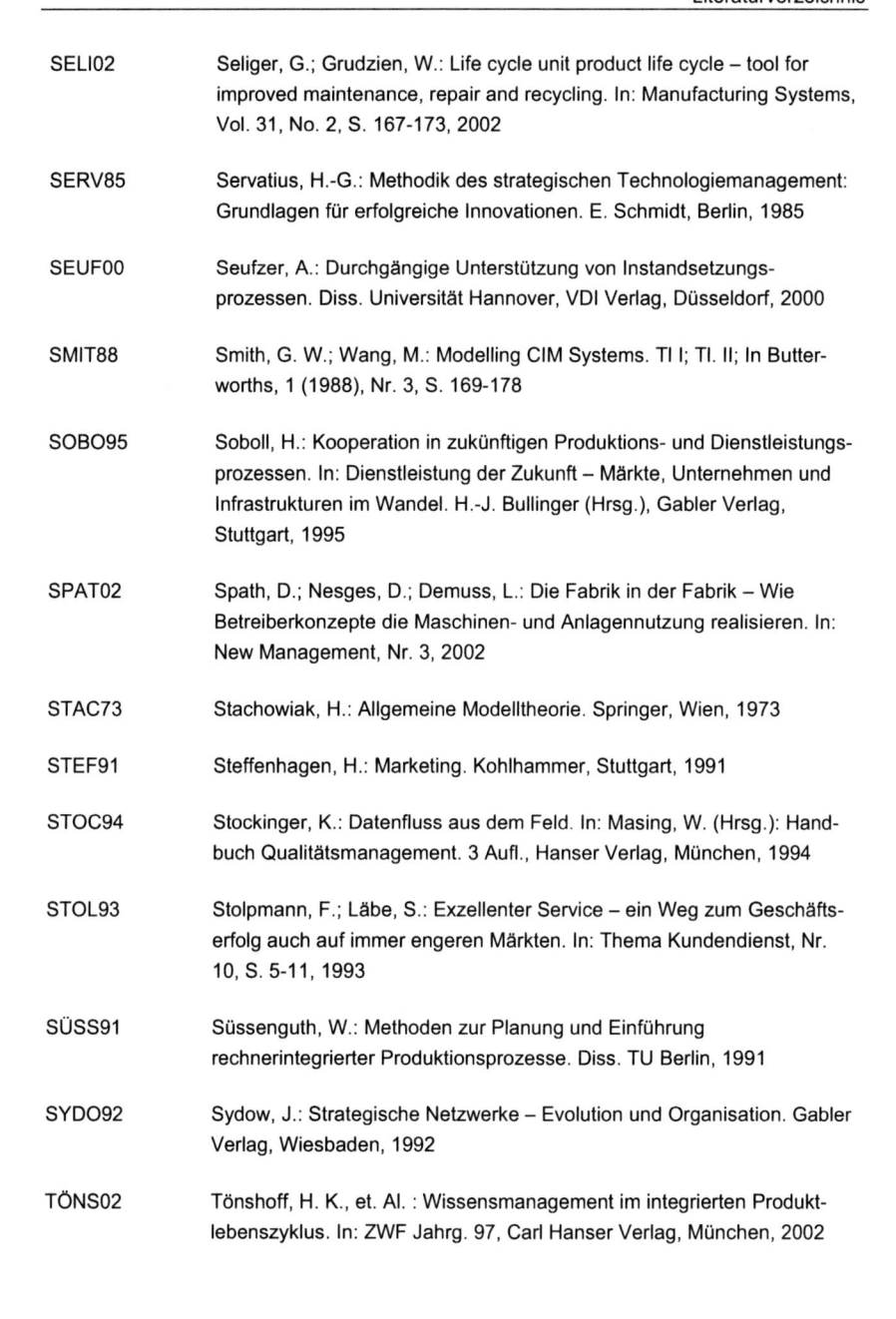

SELI02	Seliger, G.; Grudzien, W.: Life cycle unit product life cycle – tool for improved maintenance, repair and recycling. In: Manufacturing Systems, Vol. 31, No. 2, S. 167-173, 2002
SERV85	Servatius, H.-G.: Methodik des strategischen Technologiemanagement: Grundlagen für erfolgreiche Innovationen. E. Schmidt, Berlin, 1985
SEUF00	Seufzer, A.: Durchgängige Unterstützung von Instandsetzungsprozessen. Diss. Universität Hannover, VDI Verlag, Düsseldorf, 2000
SMIT88	Smith, G. W.; Wang, M.: Modelling CIM Systems. Tl I; Tl. II; In Butterworths, 1 (1988), Nr. 3, S. 169-178
SOBO95	Soboll, H.: Kooperation in zukünftigen Produktions- und Dienstleistungsprozessen. In: Dienstleistung der Zukunft – Märkte, Unternehmen und Infrastrukturen im Wandel. H.-J. Bullinger (Hrsg.), Gabler Verlag, Stuttgart, 1995
SPAT02	Spath, D.; Nesges, D.; Demuss, L.: Die Fabrik in der Fabrik – Wie Betreiberkonzepte die Maschinen- und Anlagennutzung realisieren. In: New Management, Nr. 3, 2002
STAC73	Stachowiak, H.: Allgemeine Modelltheorie. Springer, Wien, 1973
STEF91	Steffenhagen, H.: Marketing. Kohlhammer, Stuttgart, 1991
STOC94	Stockinger, K.: Datenfluss aus dem Feld. In: Masing, W. (Hrsg.): Handbuch Qualitätsmanagement. 3 Aufl., Hanser Verlag, München, 1994
STOL93	Stolpmann, F.; Läbe, S.: Exzellenter Service – ein Weg zum Geschäftserfolg auch auf immer engeren Märkten. In: Thema Kundendienst, Nr. 10, S. 5-11, 1993
SÜSS91	Süssenguth, W.: Methoden zur Planung und Einführung rechnerintegrierter Produktionsprozesse. Diss. TU Berlin, 1991
SYDO92	Sydow, J.: Strategische Netzwerke – Evolution und Organisation. Gabler Verlag, Wiesbaden, 1992
TÖNS02	Tönshoff, H. K., et. Al. : Wissensmanagement im integrierten Produktlebenszyklus. In: ZWF Jahrg. 97, Carl Hanser Verlag, München, 2002

Literaturverzeichnis

TRÄN90	Tränckner, J.-H.: Entwicklung eines prozess- und elementorientierten Modells zur Analyse und Gestaltung der technischen Auftragsabwicklung von komplexen Produkten. Diss. RWTH Aachen, 1990
TREN00	Trender, L.: Entwicklungsintegrierte Kalkulation von Produktlebenszykluskosten auf Basis der ressourcenorientierten Prozesskostenrechnung. Diss. Univ. Karlsruhe, Schnelldruck Ernst Grässer, 2000
TRÖN87	Tröndle, D.: Kooperationsmanagement. Josef Eul Verlag, Bergisch Gladbach, 1987
ULRI76a	Ulrich, P. et al.: Wissenschaftstheoretische Grundlagen der Betriebswirtschaftslehre (Teil I). In: WiSt. 1976, Heft 7, S. 304 ff.
ULRI76b	Ulrich, P. et al.: Wissenschaftstheoretische Grundlagen der Betriebswirtschaftslehre (Teil II). In: WiSt. 1976, Heft 8, S. 345 ff.
ULRI84	Ulrich, H.: Die Betriebswirtschaftslehre als anwendungsorientierte Sozialwissenschaft. In: Dyllick, T.; Probst, G. (Hrsg.): Management. Haupt, Bern, 1984
UNGE86	Ungeheuer, U.: Produkt- und Montagestrukturierung: Methodik zur Planung einer anforderungsgerechten Produkt- und Montagestruktur für komplexe Erzeugnisse der Einzel- und Kleinserienproduktion. Diss. RWTH-Aachen, VDI-Verlag, Düsseldorf, 1986
VDA84	Richtlinie VDA 3: Zuverlässigkeitssicherung bei Automobilherstellern und Lieferanten. Hrsg. Verband der Automobilindustrie, 2. Aufl., Frankfurt am Main, 1984
VDI4001/2	Richtlinie VDI 4001/2: Begriffsbestimmung zum Gebrauch des VDI-Handbuches Technische Zuverlässigkeit. Hrsg. Verein Deutscher Ingenieure, 1986
VDI4004/3	Richtlinie VDI 4004/3: Kenngrößen der Instandhaltbarkeit. Hrsg. Verein Deutscher Ingenieure, 1986
VDI4004/4	Richtlinie VDI 4004/4: Zuverlässigkeitskenngrößen, Verfügbarkeitskenngrößen. Hrsg. Verein Deutscher Ingenieure, 1986
VDI86	Richtlinie VDI 4004/2: Zuverlässigkeitskenngrößen: Überlebenskenngrößen. Hrsg. Verein Deutscher Ingenieure, 1986

VDI97a	Richtlinie VDI 4010/1: Überblick über Zuverlässigkeits-Daten-Systeme (ZDS). Hrsg. Verein Deutscher Ingenieure, 1997
VDI97b	Richtlinie VDI 4010/2: Datenarten und Datenverwendung in Zuverlässigkeits-Daten-Systemen. Hrsg. Verein Deutscher Ingenieure, 1997
VOEG97	Voegele, A.: Das große Handbuch Konstruktions- und Entwicklungsmanagement, Verlag Moderne Industrie, Landsberg/Lech, 1997
WALD01	Wald, G.: Dynamische Instandhaltungskooperationen als Erfolgsfaktor im Anlagenmanagement. In: Instandhaltung – Ressourcenmanagement. 22. VDI/ VDEh-Forum Instandhaltung, VDI Verlag, Düsseldorf, 2001
WARN94	Warnecke, H.-J.; Becker, B.-D.: Strategien für die Produktion im 21. Jahrhundert. Fraunhofer-Gesellschaft (Hrsg.) – gefördert vom Bundesministerium für Forschung und Technologie, 1994
WARN96	Warnecke, G.; Knickel, V.: Wissensbasierte Felddatenerfassung und -aufbereitung. In: Pfeifer, T. (Hrsg.): Wissensbasierte Systeme in der Qualitätssicherung. Hanser Verlag, Berlin, 1996
WEIB39	Weibull, W.: A Statistical Theory of the Strength of Materials. Generalstabens Litografiska Anstalts Förlag, Stockholm, 1939
WEIB51	Weibull, W.: Statistical Distribution Function of Wide Applicability. In: Journal of applicated Mechanics, No. 18, S. 293-297
WEIS00	Weissenberger-Eibl, M.: Wissensmanagement als Instrument der strategischen Unternehmensführung in Unternehmensnetzwerken. TCW-Transfer-Centrum GmbH, Diss. TU-München, 1. Auflage, 2000
WENG95	Wengler, M.: Methodik für die Qualitätsplanung und –verbesserung in der Keramikindustrie, VDI-Verlag, Düsseldorf, 1996
WEST97	Westkämper, E.; Kobert, S.; Niestadtkötter, J.: Der Produktlebenslauf wird transparent. In: QZ 42/1, S. 91-94, 1997
WEST99	Westkämper, E.; Sihn, W.; Stender, S.: Instandhaltungsmanagement in neuen Organisationsformen. Springer Verlag, Berlin, 1999
WEST01	Westkämper, E.; Dauensteiner, A.: Product Life Cycle. Grundlagen und Strategien. Springer Verlag, Berlin, 2001

WIED99	Wiedeking, W.; et al.: Die Zukunft produzierender Unternehmen – Ein mutiger Blick nach vorn. In: Eversheim, W.; et al. (Hrsg.): Wettbewerbsfaktor Produktionstechnik – Aachener Perspektiven, Shaker Verlag, Aachen, 1999
WIEN00	Wiendahl, H.-P.; Bürkner, S.; Sauer, F.; von Törne, T.: Internetbasierte Kundenbetreuung für die Instandhaltung – Wege zu sicheren, schnelleren und kostengünstigen Problemlösungen. In: VDI Berichte 1554 (Hrsg.): Maintenance Ideas – Von der technischen Diagnose zur betriebswirtschaftlichen Prognose. VDI/VDEh-Forum Instandhaltung & AKIDA, VDI-Verlag, Düsseldorf, 2000
WIEN02	Wiendahl, H.-P.; Lutz, S.; Begemann, C.: Produktionsmonitoring und Produktionscontrolling in Netzwerken – Flexibilitätserhöhung durch unternehmensübergreifende Produktionssteuerung. In: Milberg, J; Schuh, G.: Erfolg in Netzwerken. Springer Verlag, Berlin, 2002
WILD82	Wild, J.: Grundlagen der Unternehmensplanung. 4. Aufl., Westdeutscher Verlag, Opladen, 1982
WILD02	Wildemann, Horst: Service- und Wissensmanagement: Programme zur Leistungssteigerung von Unternehmen – Ergebnisse einer Delphi-Studie. TCW Transfer-Centrum GmbH, München, 2002
WILL98	Willke, H.: Systematisches Wissensmanagement. Verlag Lucius & Lucius, Stuttgart, 1998
WÖHE00	Wöhe, G., Döring, U.: Einführung in die allgemeine Betriebswirtschaftslehre. 20. Aufl., Vahlen, München, 2000
WOLF91	Wolfram, G.: Wirtschaftlichkeitsverfahren zur Bewertung von integrierten Informationstechnikkonzepten. In: Bullinger, H.-J. (Hrsg.): Handbuch des Informationsmanagement im Unternehmen – Technik, Organisation, Recht, Perspektiven. Band 2, S. 1063-1095, Beck Verlag, München, 1991
YOUR93	Yourden, E.: Yourden Systems Method. Prentice Hall, Englewood Cliffs. New Jersey, 1993
ZANG70	Zangemeister, C.: Nutzwertanalyse in der Systemtechnik. Wittemannsche Buchhandlung, München, 1970

ZBIN01	Zbinden, D.; Meyer-Ferreira, P.: Problemlösungsinstrument für Wissensmanagement – Identifizierung, Bewertung und Bewältigung von Wissensrisiken. In: io-management, Nr. 4, 2001
ZEHB96	Zehbold, C.: Lebenszykluskostenrechnung. Gabler Verlag, Wiesbaden, 1996
ZEMK99	Zenke, R.; Woods, J. A.: Best Practices in Customer Service. Amacon – Amercian Management Association, New York, 1999
ZIMM95	Zimmermann, H.-H.: Potenziale der integrierten Organisationsmodellierung in produzierenden Unternehmen. Diss. Univ. St. Gallen (HSG): St. Gallen, 1995
ZIMM92	Zimmermann, H.-J.: Operations Research Methoden und Modelle – Für Ingenieure, Ökonomen und Informatiker. 2. Auflage, Vieweg, Wiesbaden, 1992
ZIMM91	Zimmermann, H.-J.; Gutsche, L.: Multi-Criteria-Analyse. Springer Verlag, Berlin, 1991
ZÜST97	Züst, R.: Einstieg ins Systems Engineering. Industrielle Organisation, Zürich, 1997

8 Anhang

A1   IDEF0-Modell – Ablaufstruktur der Bewertungsmethodik

A2   Einordnung von zentralen Tätigkeiten/Verantwortlichkeiten in den Lebenszyklus

A3   Abbildung der Referenzprozesse

A4   Datenstruktur Detaillierung (in Anlehnung an Bild 4.13)

A5   Auswahl einer Investitionsrechnungsart zur Aufwandskalkulation

Anhang

A1 IDEF0-Modell – Ablaufstruktur der Bewertungsmethodik

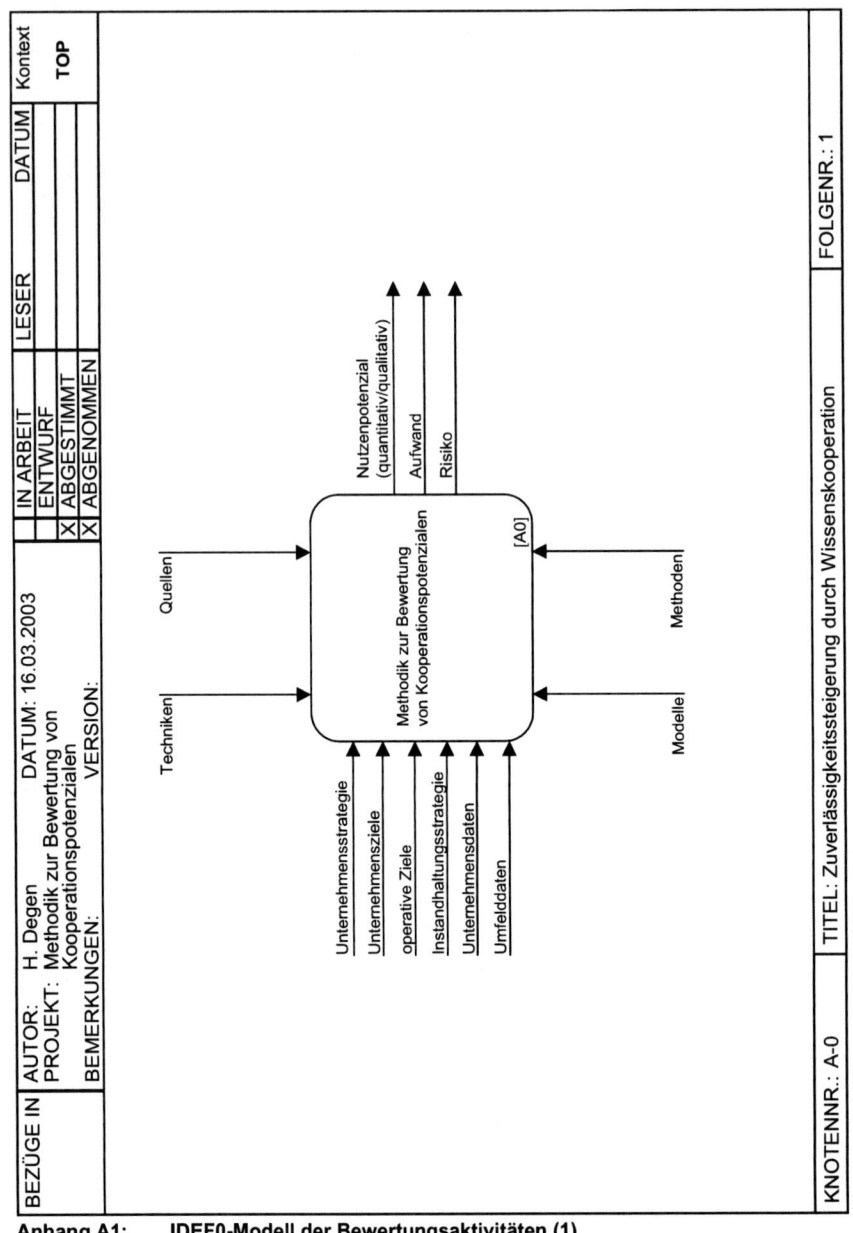

BEZÜGE IN	AUTOR: H. Degen	DATUM: 16.03.2003	IN ARBEIT	LESER	DATUM	Kontext
	PROJEKT: Methodik zur Bewertung von Kooperationspotenzialen		ENTWURF			TOP
			X ABGESTIMMT			
	BEMERKUNGEN:	VERSION:	X ABGENOMMEN			

Eingänge (von links): Quellen, Techniken

Steuerungen (von oben): Unternehmensstrategie, Unternehmensziele, operative Ziele, Instandhaltungsstrategie, Unternehmensdaten, Umfelddaten

Ausgänge (nach rechts): Nutzenpotenzial (quantitativ/qualitativ), Aufwand, Risiko

Mechanismen (von unten): Modelle, Methoden

Aktivität [A0]: Methodik zur Bewertung von Kooperationspotenzialen

KNOTENNR.: A-0 | TITEL: Zuverlässigkeitssteigerung durch Wissenskooperation | FOLGENR.: 1

Anhang A1: IDEF0-Modell der Bewertungsaktivitäten (1)

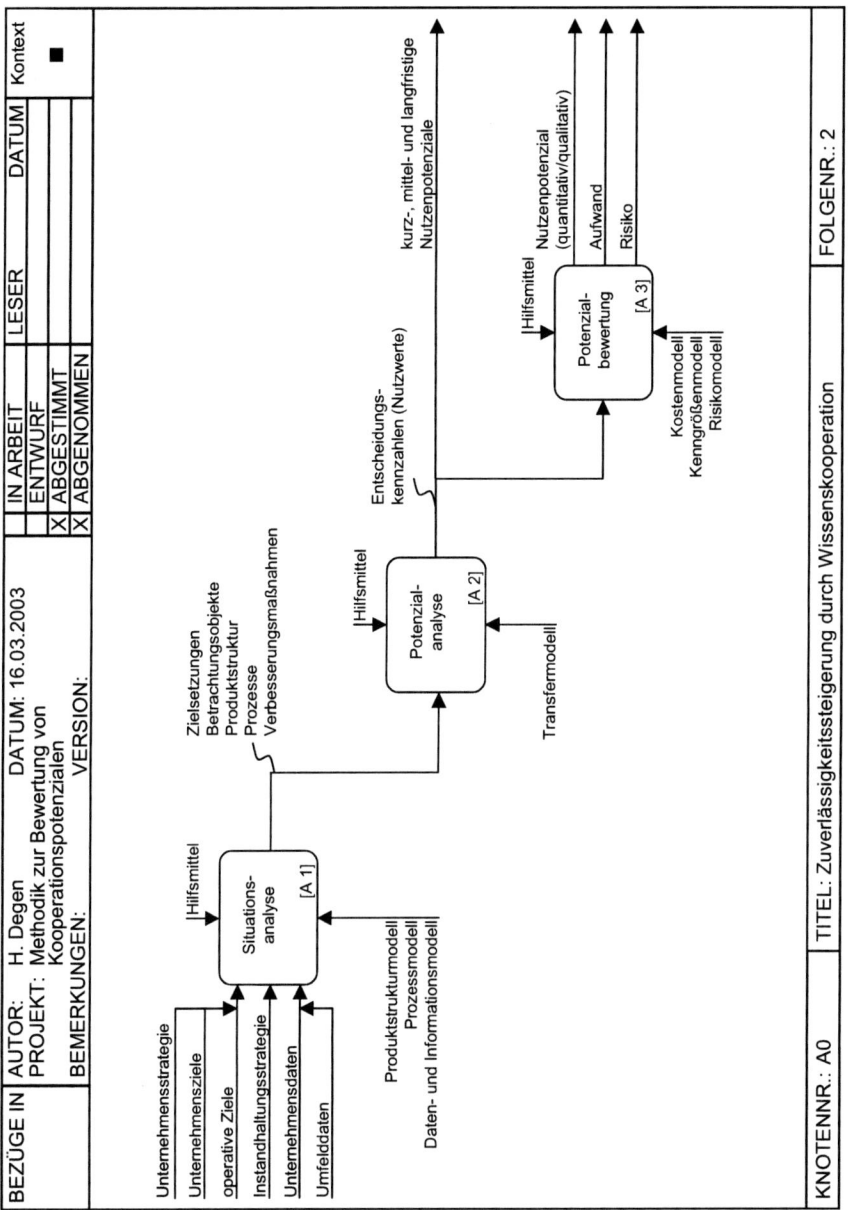

Anhang

Anhang A1: IDEF0-Modell der Bewertungsaktivitäten (2)

Anhang

Anhang A1: IDEF0-Modell der Bewertungsaktivitäten (3)

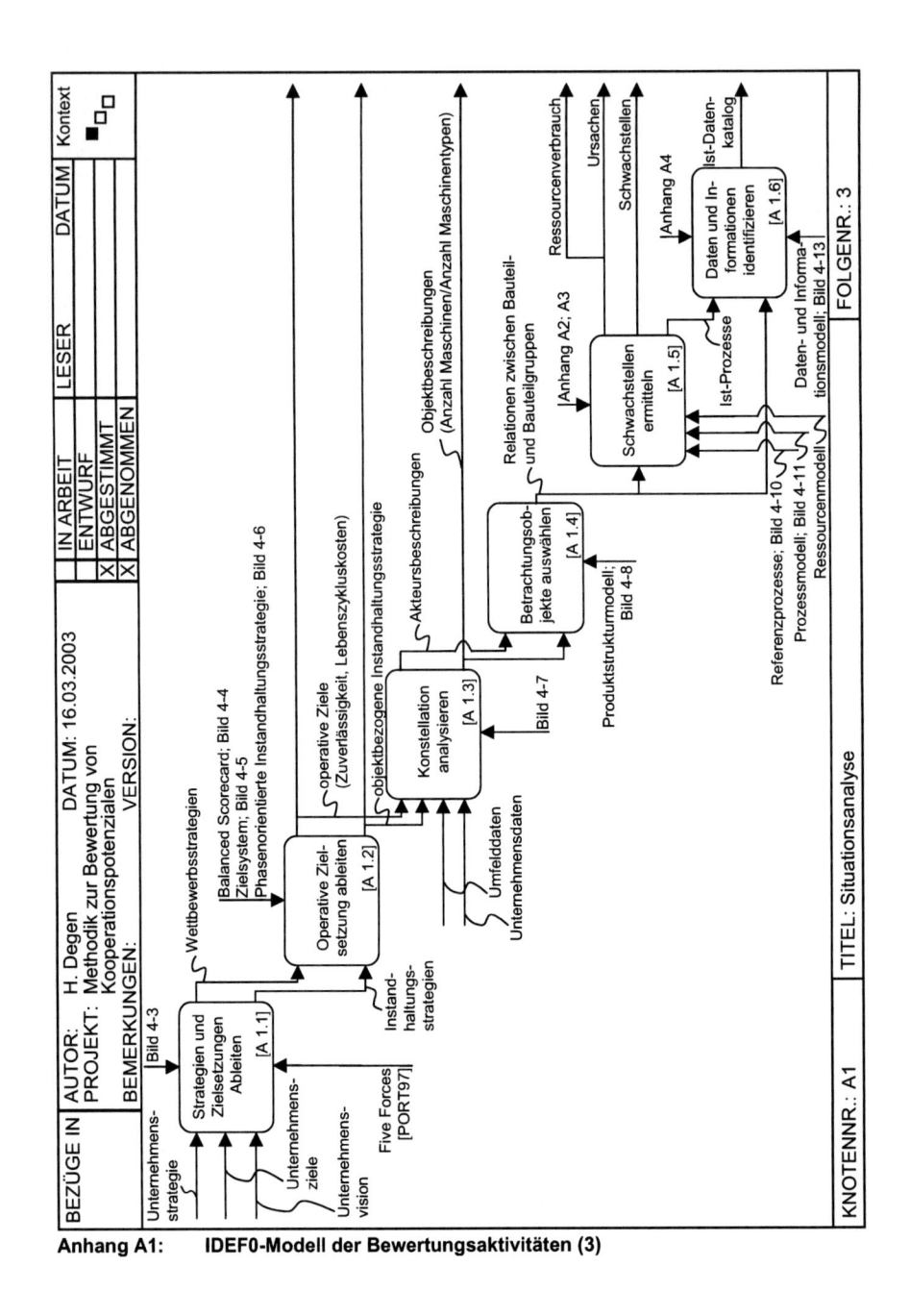

Anhang

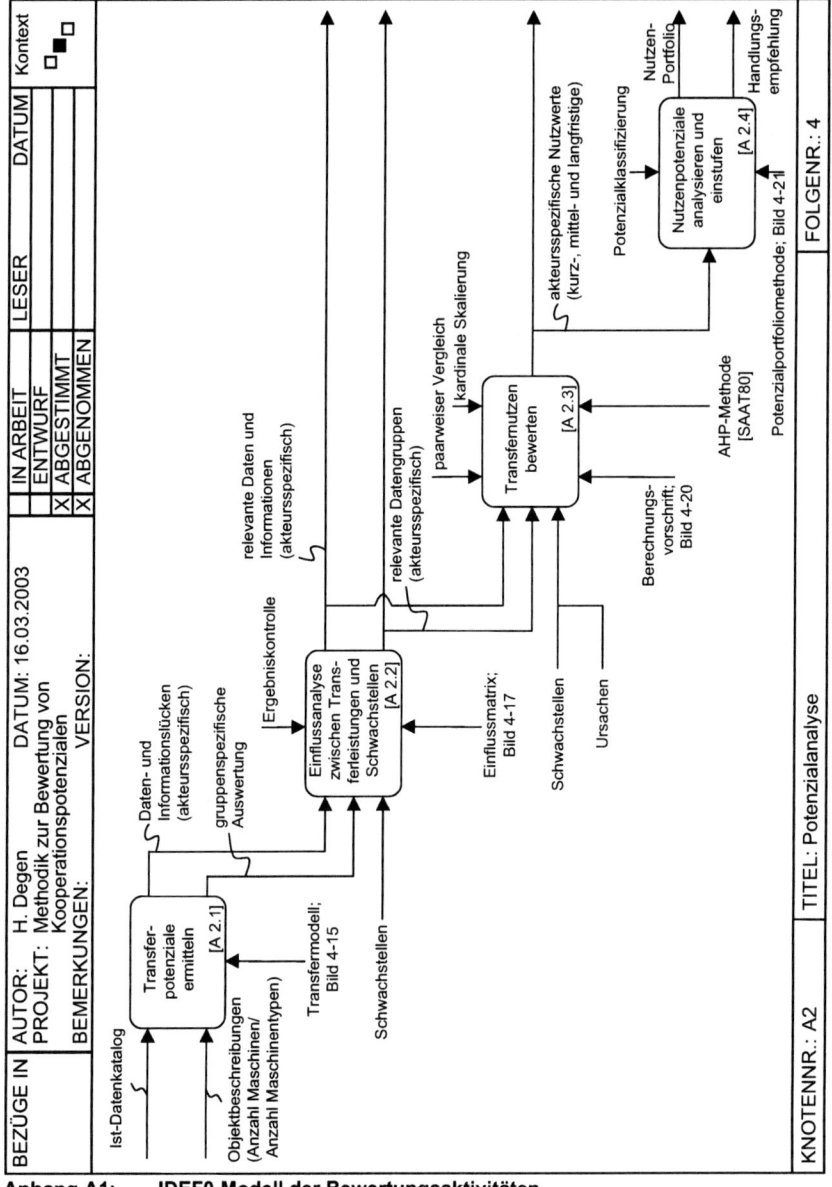

BEZÜGE IN	AUTOR: H. Degen DATUM: 16.03.2003		IN ARBEIT	
	PROJEKT: Methodik zur Bewertung von Kooperationspotenzialen	LESER	ENTWURF	DATUM	Kontext
	BEMERKUNGEN: VERSION:		X ABGESTIMMT	
			X ABGENOMMEN	

KNOTENNR.: A2 TITEL: Potenzialanalyse FOLGENR.: 4

Anhang A1: IDEF0-Modell der Bewertungsaktivitäten

Inputs/outputs (labels on the diagram):
- Ist-Datenkatalog
- Objektbeschreibungen (Anzahl Maschinen/Anzahl Maschinentypen)
- Daten- und Informationslücken (akteursspezifisch)
- gruppenspezifische Auswertung
- Ergebniskontrolle
- Transfermodell; Bild 4-15
- Schwachstellen
- Einflussmatrix; Bild 4-17
- Schwachstellen
- Ursachen
- Berechnungsvorschrift; Bild 4-20
- relevante Daten und Informationen (akteursspezifisch)
- relevante Datengruppen (akteursspezifisch)
- paarweiser Vergleich
- kardinale Skalierung
- AHP-Methode [SAAT80]
- akteursspezifische Nutzwerte (kurz-, mittel- und langfristige)
- Potenzialklassifizierung
- Potenzialportfoliomethode; Bild 4-21
- Nutzen-Portfolio
- Handlungsempfehlung

Activities:
- Transferpotenziale ermitteln [A 2.1]
- Einflussanalyse zwischen Transferleistungen und Schwachstellen [A 2.2]
- Transfernutzen bewerten [A 2.3]
- Nutzenpotenziale analysieren und einstufen [A 2.4]

Anhang

BEZÜGE IN	AUTOR: H. Degen DATUM: 16.03.2003		LESER	IN ARBEIT	DATUM	Kontext
	PROJEKT: Methodik zur Bewertung von Kooperationspotenzialen			ENTWURF		
	BEMERKUNGEN: VERSION:			X ABGESTIMMT		
				X ABGENOMMEN		

Anhang A1: IDEF0-Modell der Bewertungsaktivitäten

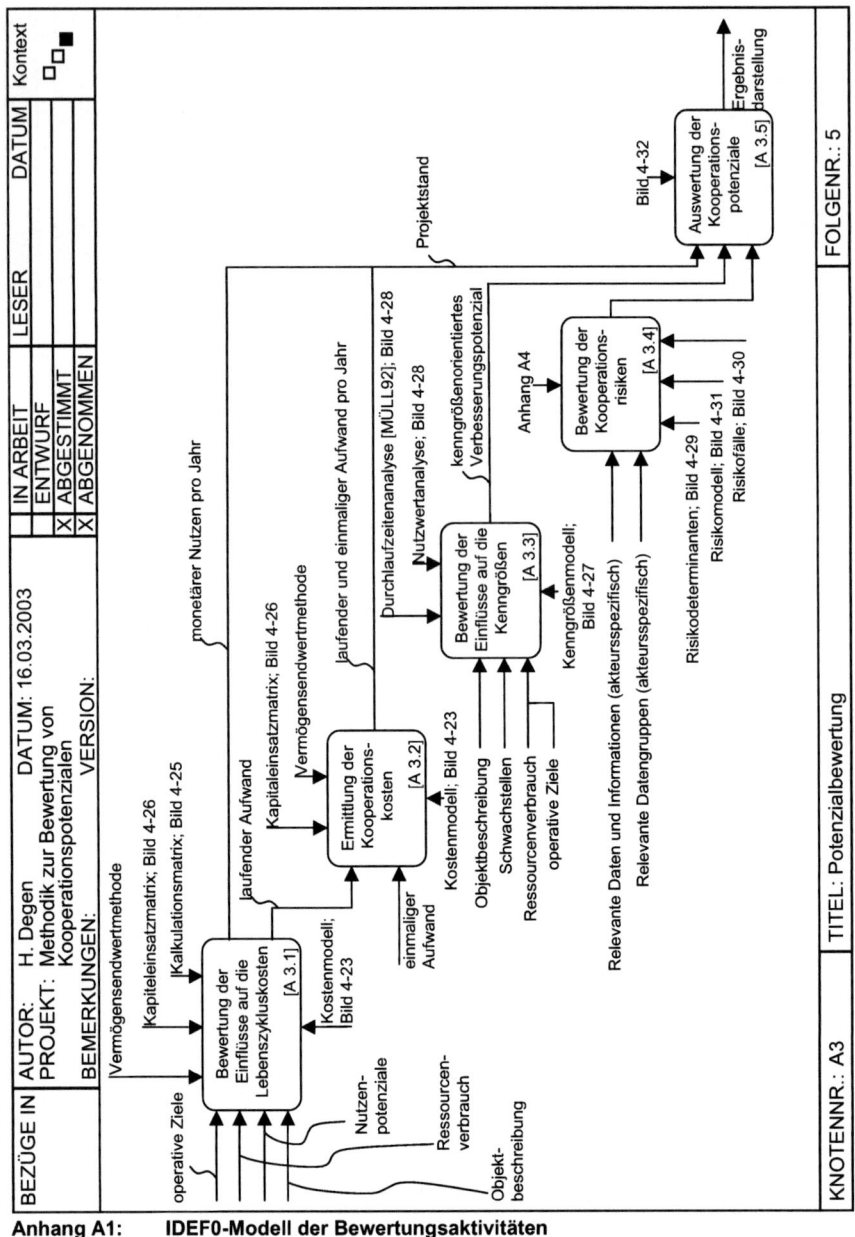

KNOTENNR.: A3   TITEL: Potenzialbewertung   FOLGENR.: 5

A2 Einordnung von zentralen Tätigkeiten/Verantwortlichkeiten in den Lebenszyklus

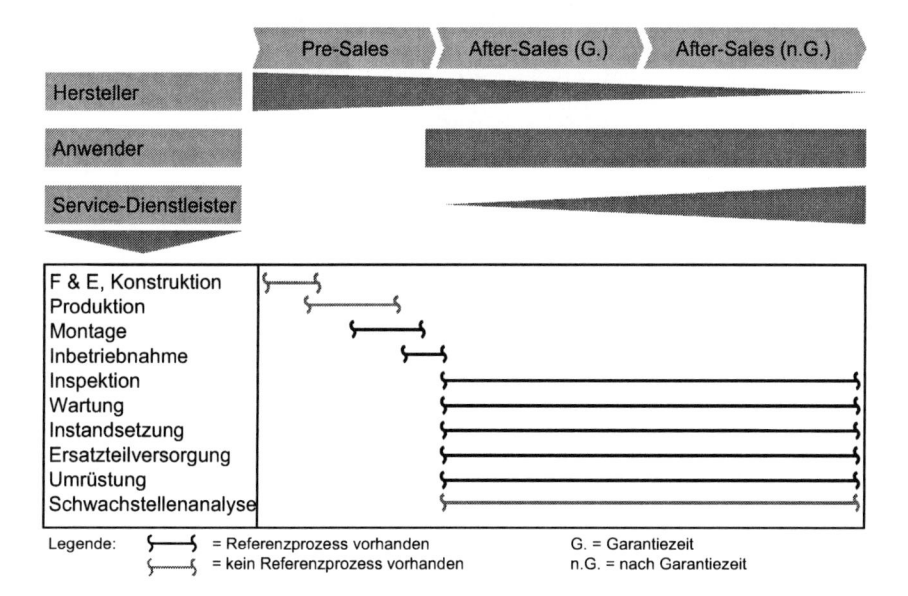

	Pre-Sales	After-Sales (G.)	After-Sales (n.G.)
Hersteller			
Anwender			
Service-Dienstleister			

F & E, Konstruktion	⊢——⊣
Produktion	⊢——⊣
Montage	⊢——⊣
Inbetriebnahme	⊢—⊣
Inspektion	⊢——————————————⊣
Wartung	⊢——————————————⊣
Instandsetzung	⊢——————————————⊣
Ersatzteilversorgung	⊢——————————————⊣
Umrüstung	⊢——————————————⊣
Schwachstellenanalyse	⊢——————————————⊣

Legende: ⊢——⊣ = Referenzprozess vorhanden G. = Garantiezeit
⊢······⊣ = kein Referenzprozess vorhanden n.G. = nach Garantiezeit

Anhang

A3 Abbildung der Referenzprozesse

"Montageprozess"

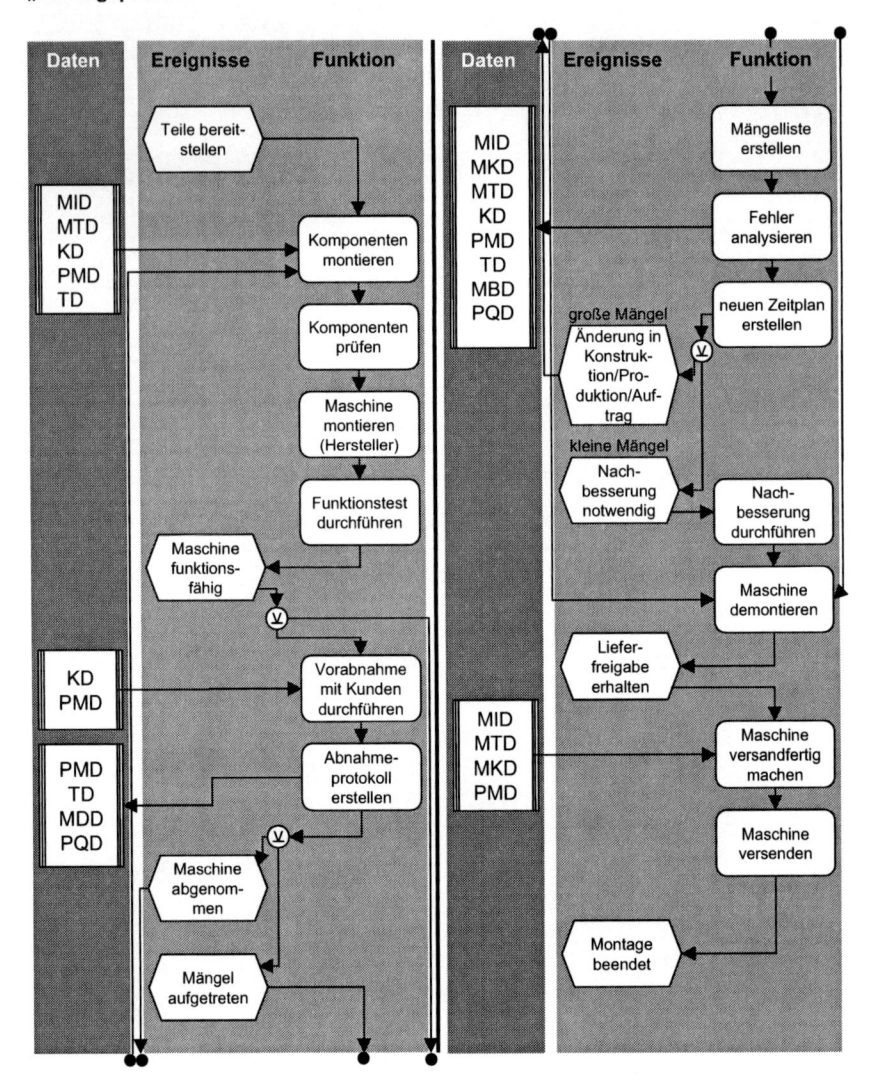

Daten	Ereignisse	Funktion	Daten	Ereignisse	Funktion
	Teile bereitstellen		MID MKD MTD KD PMD TD MBD PQD		Mängelliste erstellen
MID MTD KD PMD TD		Komponenten montieren			Fehler analysieren
		Komponenten prüfen		große Mängel → Änderung in Konstruktion/Produktion/Auftrag (V)	neuen Zeitplan erstellen
		Maschine montieren (Hersteller)		kleine Mängel → Nachbesserung notwendig	Nachbesserung durchführen
		Funktionstest durchführen			
	Maschine funktionsfähig (V)				Maschine demontieren
KD PMD		Vorabnahme mit Kunden durchführen		Lieferfreigabe erhalten	
PMD TD MDD PQD		Abnahmeprotokoll erstellen	MID MTD MKD PMD		Maschine versandfertig machen
	Maschine abgenommen (V)				Maschine versenden
	Mängel aufgetreten			Montage beendet	

viii

Anhang

„Inbetriebnahmeprozess"

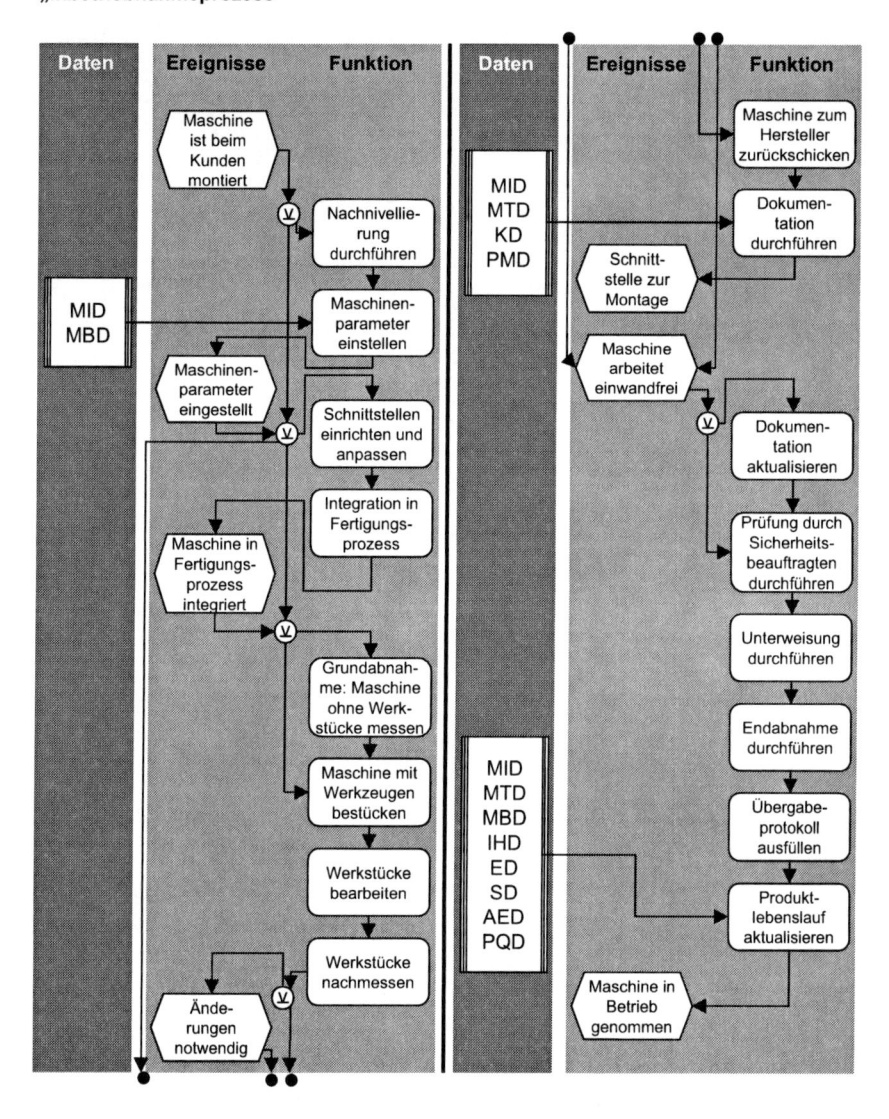

Daten	Ereignisse	Funktion	Daten	Ereignisse	Funktion
	Maschine ist beim Kunden montiert				Maschine zum Hersteller zurückschicken
	(V)	Nachnivellierung durchführen	MID MTD KD PMD		Dokumentation durchführen
MID MBD		Maschinenparameter einstellen		Schnittstelle zur Montage	
	Maschinenparameter eingestellt	Schnittstellen einrichten und anpassen		Maschine arbeitet einwandfrei	
		Integration in Fertigungsprozess		(V)	Dokumentation aktualisieren
	Maschine in Fertigungsprozess integriert				Prüfung durch Sicherheitsbeauftragten durchführen
	(V)	Grundabnahme: Maschine ohne Werkstücke messen			Unterweisung durchführen
		Maschine mit Werkzeugen bestücken	MID MTD MBD IHD ED SD AED PQD		Endabnahme durchführen
		Werkstücke bearbeiten			Übergabeprotokoll ausfüllen
		Werkstücke nachmessen			Produktlebenslauf aktualisieren
	Änderungen notwendig (V)			Maschine in Betrieb genommen	

Anhang

„Inspektionsprozess"

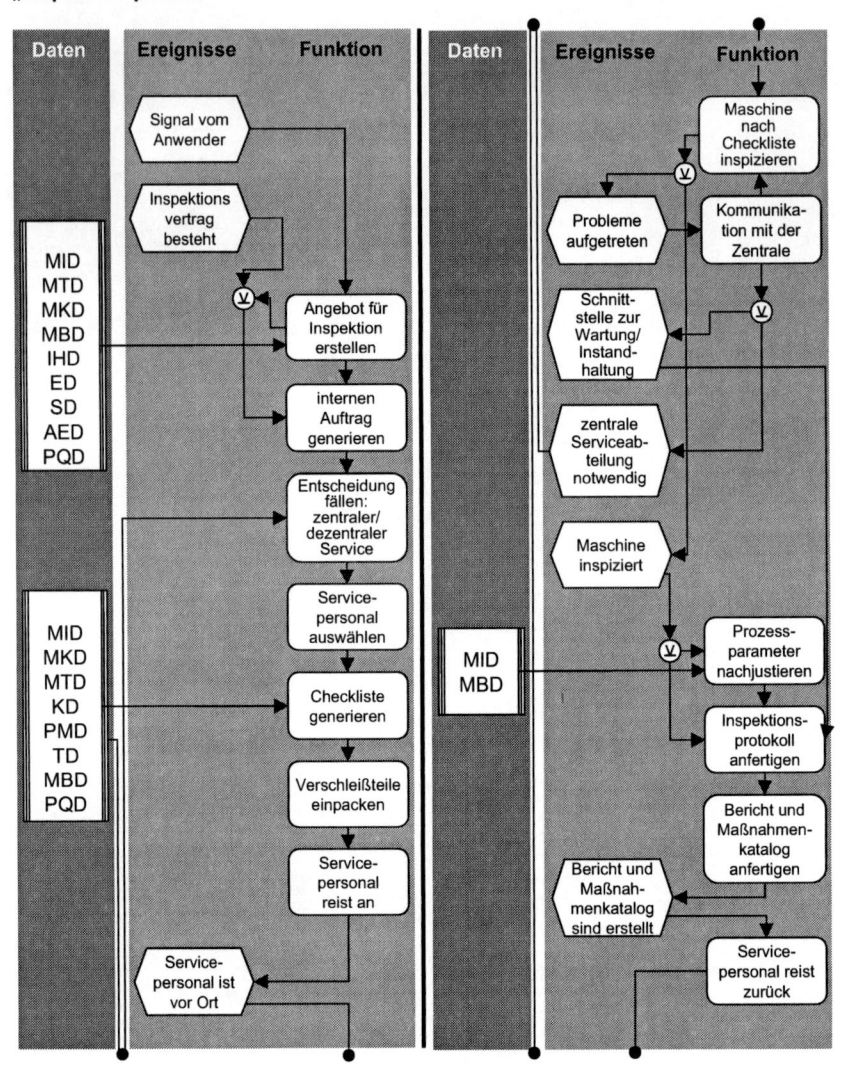

Daten	Ereignisse	Funktion
	Signal vom Anwender	
	Inspektionsvertrag besteht	
MID MTD MKD MBD IHD ED SD AED PQD	(V)	Angebot für Inspektion erstellen
		internen Auftrag generieren
		Entscheidung fällen: zentraler/ dezentraler Service
		Servicepersonal auswählen
MID MKD MTD KD PMD TD MBD PQD		Checkliste generieren
		Verschleißteile einpacken
		Servicepersonal reist an
	Servicepersonal ist vor Ort	

Daten	Ereignisse	Funktion
		Maschine nach Checkliste inspizieren (V)
	Probleme aufgetreten	Kommunikation mit der Zentrale
	Schnittstelle zur Wartung/ Instandhaltung	(V)
	zentrale Serviceabteilung notwendig	
	Maschine inspiziert	
MID MBD	(V)	Prozessparameter nachjustieren
		Inspektionsprotokoll anfertigen
		Bericht und Maßnahmenkatalog anfertigen
	Bericht und Maßnahmenkatalog sind erstellt	
		Servicepersonal reist zurück

x

Anhang

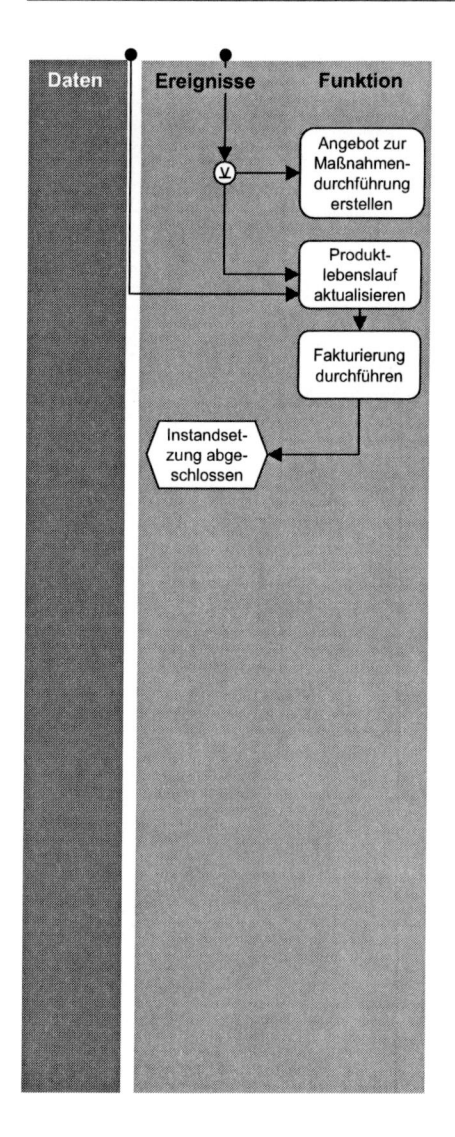

Daten	Ereignisse	Funktion
	ⓥ	Angebot zur Maßnahmendurchführung erstellen
		Produktlebenslauf aktualisieren
		Fakturierung durchführen
	Instandsetzung abgeschlossen	

Anhang

„Wartungsprozess"

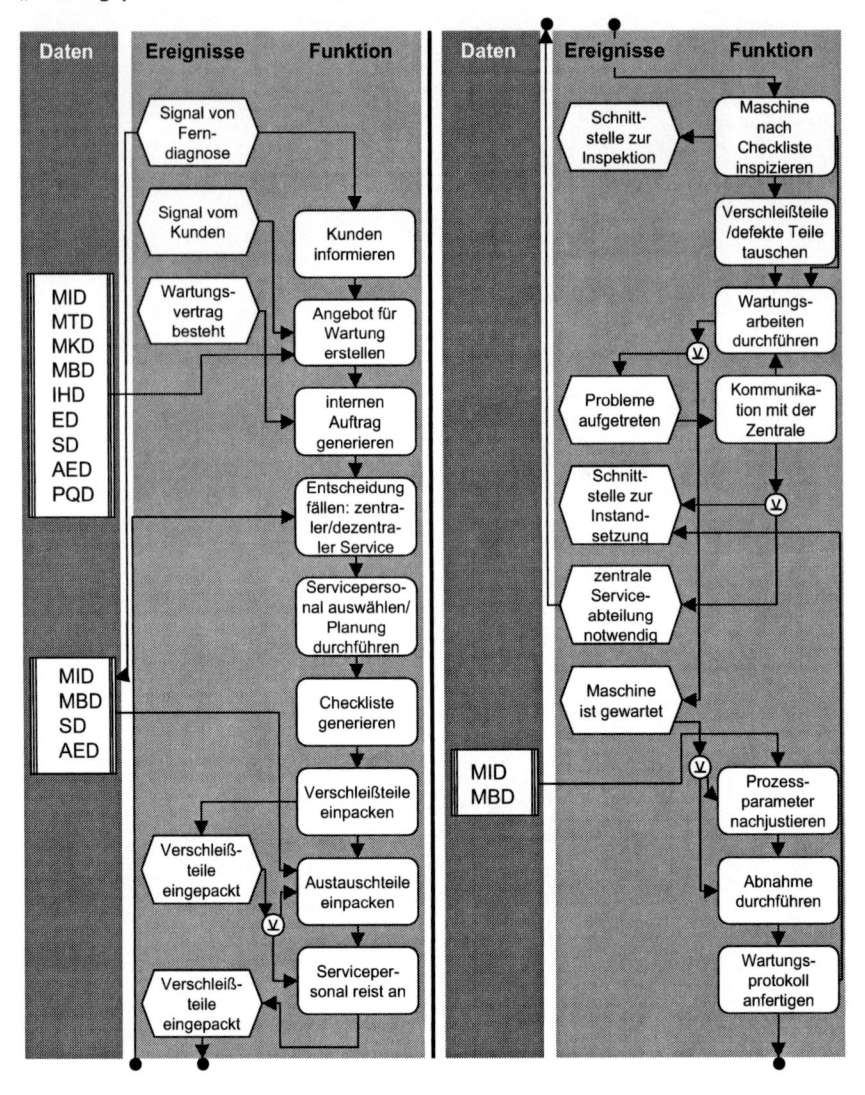

Daten	Ereignisse	Funktion	Daten	Ereignisse	Funktion
	Signal von Ferndiagnose			Schnittstelle zur Inspektion	Maschine nach Checkliste inspizieren
	Signal vom Kunden	Kunden informieren			Verschleißteile /defekte Teile tauschen
MID MTD MKD MBD IHD ED SD AED PQD	Wartungsvertrag besteht	Angebot für Wartung erstellen			Wartungsarbeiten durchführen
		internen Auftrag generieren		Probleme aufgetreten	Kommunikation mit der Zentrale
		Entscheidung fällen: zentraler/dezentraler Service		Schnittstelle zur Instandsetzung	
		Servicepersonal auswählen/ Planung durchführen		zentrale Serviceabteilung notwendig	
MID MBD SD AED		Checkliste generieren		Maschine ist gewartet	
		Verschleißteile einpacken	MID MBD		Prozessparameter nachjustieren
	Verschleißteile eingepackt	Austauschteile einpacken			Abnahme durchführen
	Verschleißteile eingepackt	Servicepersonal reist an			Wartungsprotokoll anfertigen

xii

Anhang

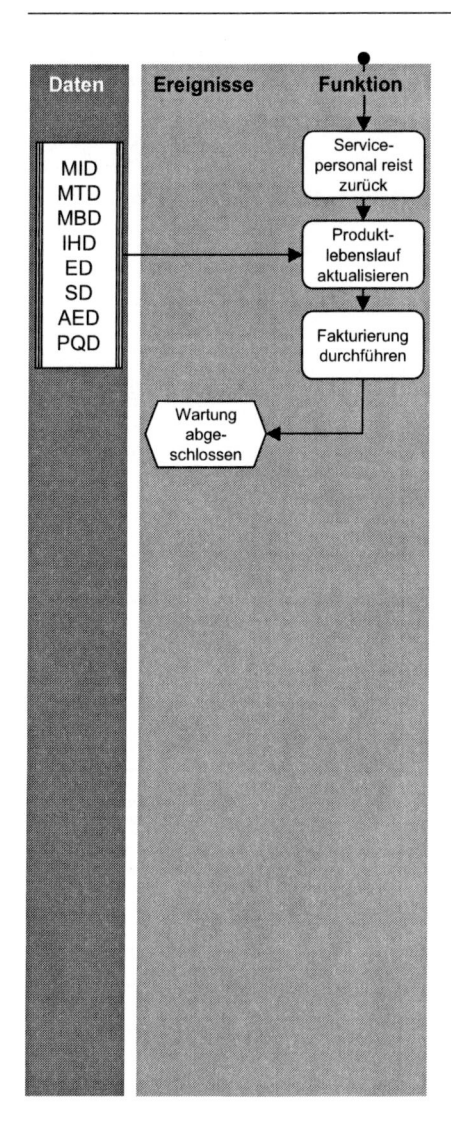

Daten	Ereignisse	Funktion
MID MTD MBD IHD ED SD AED PQD		Service- personal reist zurück
		Produkt- lebenslauf aktualisieren
		Fakturierung durchführen
	Wartung abge- schlossen	

xiii

Anhang

„Instandsetzungs-/ Störfallmanagementprozess"

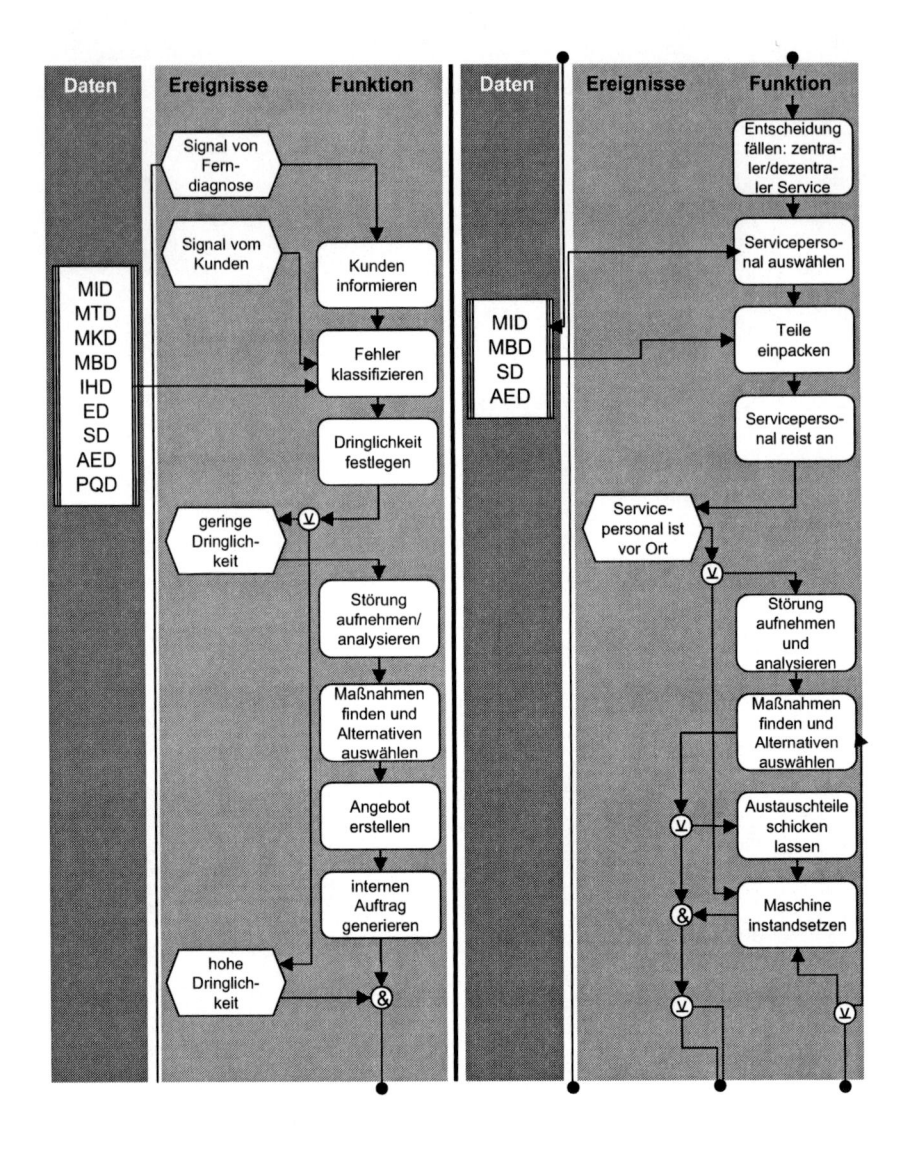

Daten	Ereignisse	Funktion	Daten	Ereignisse	Funktion
MID MTD MKD MBD IHD ED SD AED PQD	Signal von Ferndiagnose Signal vom Kunden geringe Dringlichkeit hohe Dringlichkeit	Kunden informieren Fehler klassifizieren Dringlichkeit festlegen Störung aufnehmen/ analysieren Maßnahmen finden und Alternativen auswählen Angebot erstellen internen Auftrag generieren	MID MBD SD AED	Servicepersonal ist vor Ort	Entscheidung fällen: zentraler/dezentraler Service Servicepersonal auswählen Teile einpacken Servicepersonal reist an Störung aufnehmen und analysieren Maßnahmen finden und Alternativen auswählen Austauschteile schicken lassen Maschine instandsetzen

Anhang

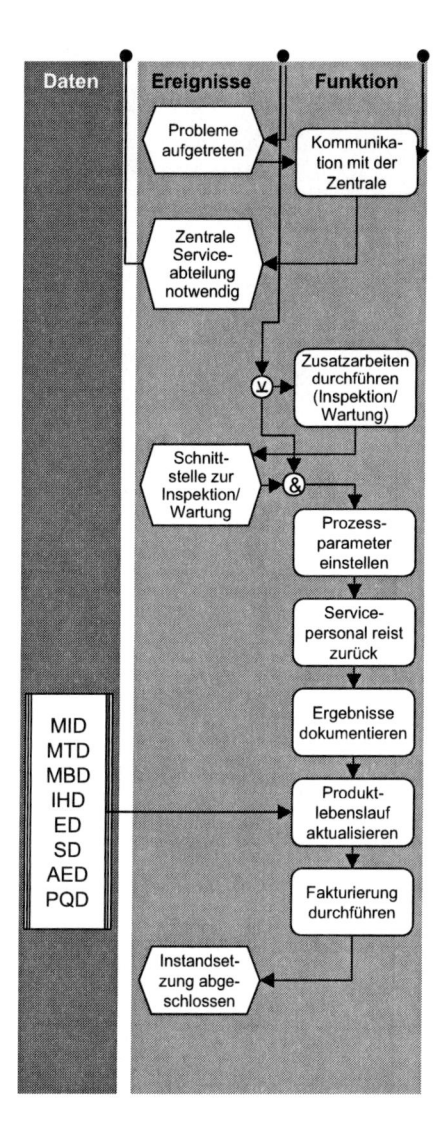

Daten	Ereignisse	Funktion
	Probleme aufgetreten	Kommunikation mit der Zentrale
	Zentrale Serviceabteilung notwendig	
		Zusatzarbeiten durchführen (Inspektion/ Wartung)
	Schnittstelle zur Inspektion/ Wartung	Prozessparameter einstellen
		Servicepersonal reist zurück
MID MTD MBD IHD ED SD AED PQD		Ergebnisse dokumentieren
		Produktlebenslauf aktualisieren
		Fakturierung durchführen
	Instandsetzung abgeschlossen	

Anhang

„Ersatzteilversorgungsprozess"

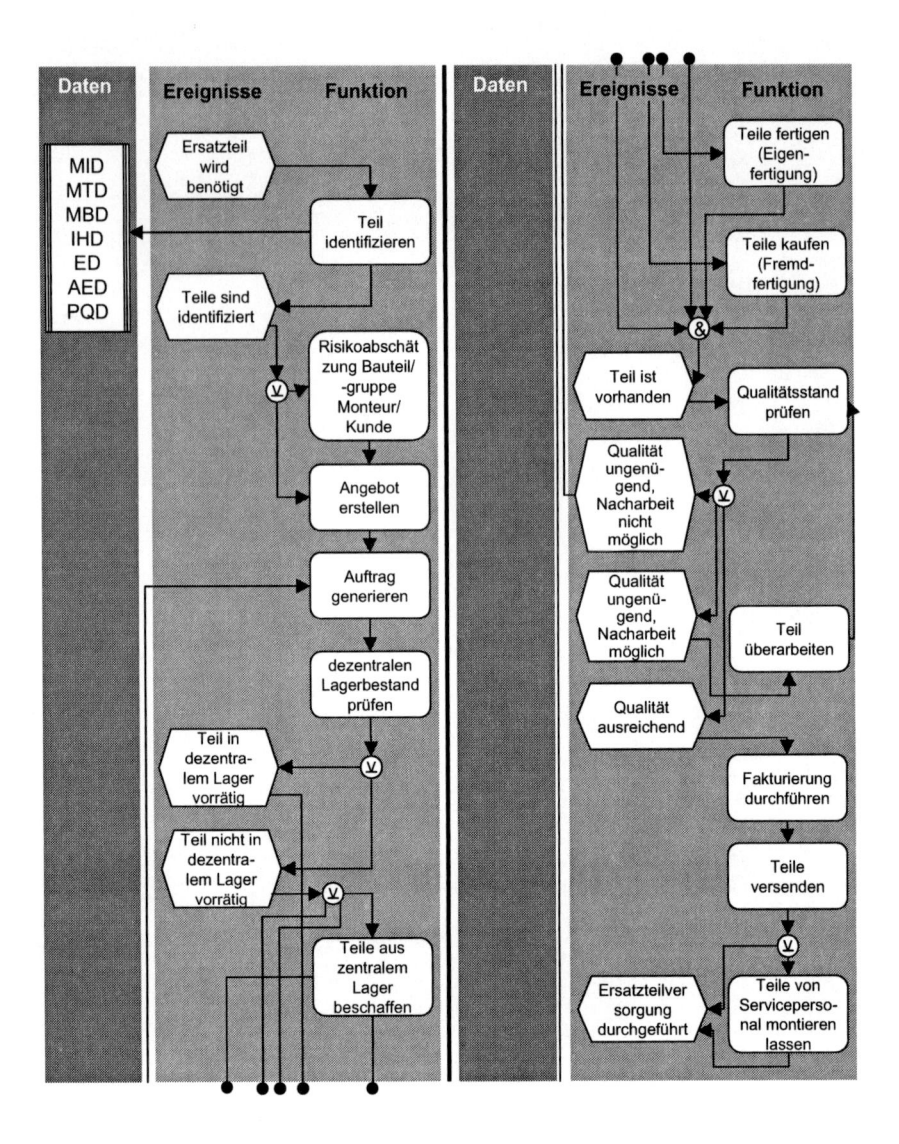

Daten	Ereignisse	Funktion	Daten	Ereignisse	Funktion
MID MTD MBD IHD ED AED PQD	Ersatzteil wird benötigt				Teile fertigen (Eigenfertigung)
		Teil identifizieren			Teile kaufen (Fremdfertigung)
	Teile sind identifiziert				
		Risikoabschätzung Bauteil/-gruppe Monteur/Kunde		Teil ist vorhanden	Qualitätsstand prüfen
		Angebot erstellen		Qualität ungenügend, Nacharbeit nicht möglich	
		Auftrag generieren		Qualität ungenügend, Nacharbeit möglich	Teil überarbeiten
		dezentralen Lagerbestand prüfen		Qualität ausreichend	
	Teil in dezentralem Lager vorrätig				Fakturierung durchführen
	Teil nicht in dezentralem Lager vorrätig				Teile versenden
		Teile aus zentralem Lager beschaffen		Ersatzteilversorgung durchgeführt	Teile von Servicepersonal montieren lassen

xvi

Anhang

„Umrüstungsprozess"

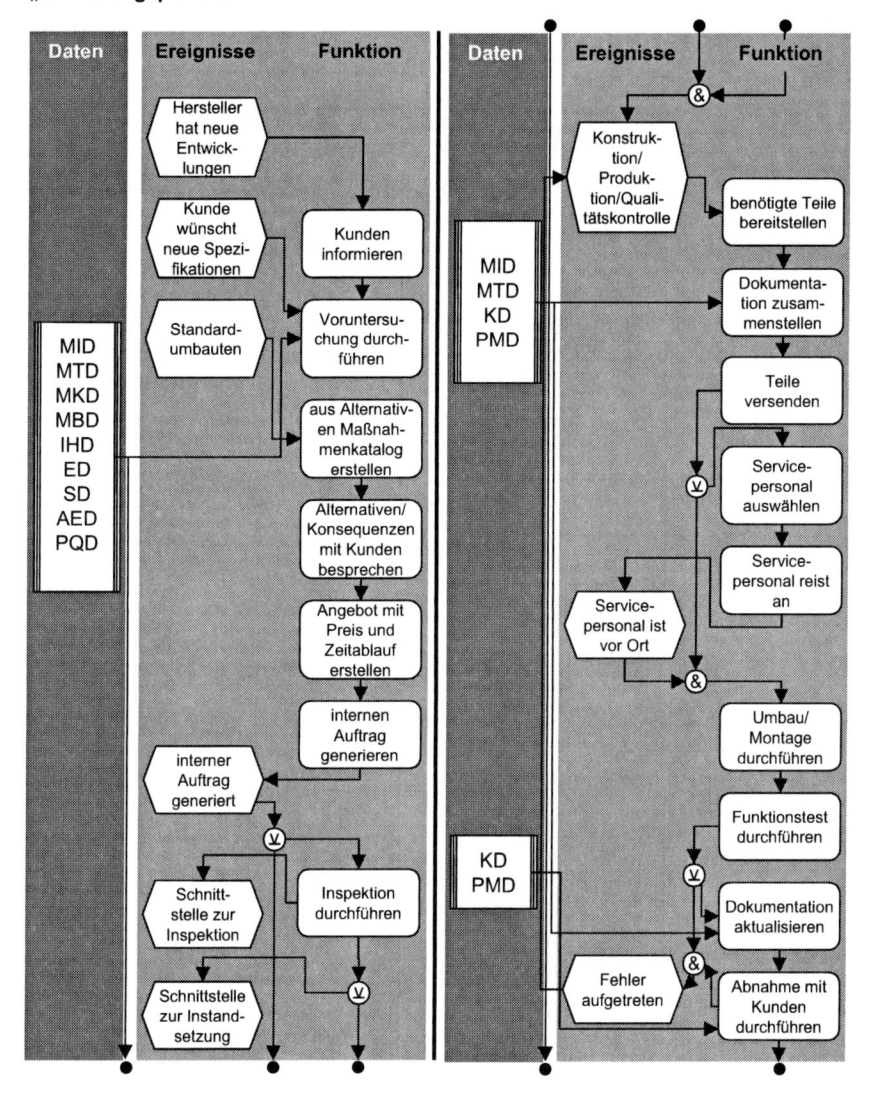

Daten	Ereignisse	Funktion	Daten	Ereignisse	Funktion
	Hersteller hat neue Entwicklungen			Konstruktion/ Produktion/Qualitätskontrolle	benötigte Teile bereitstellen
	Kunde wünscht neue Spezifikationen	Kunden informieren	MID MTD KD PMD		Dokumentation zusammenstellen
MID MTD MKD MBD IHD ED SD AED PQD	Standardumbauten	Voruntersuchung durchführen			Teile versenden
		aus Alternativen Maßnahmenkatalog erstellen			Servicepersonal auswählen
		Alternativen/ Konsequenzen mit Kunden besprechen		Servicepersonal ist vor Ort	Servicepersonal reist an
		Angebot mit Preis und Zeitablauf erstellen			Umbau/ Montage durchführen
		internen Auftrag generieren			Funktionstest durchführen
	interner Auftrag generiert		KD PMD		Dokumentation aktualisieren
	Schnittstelle zur Inspektion	Inspektion durchführen		Fehler aufgetreten	Abnahme mit Kunden durchführen
	Schnittstelle zur Instandsetzung				

Anhang

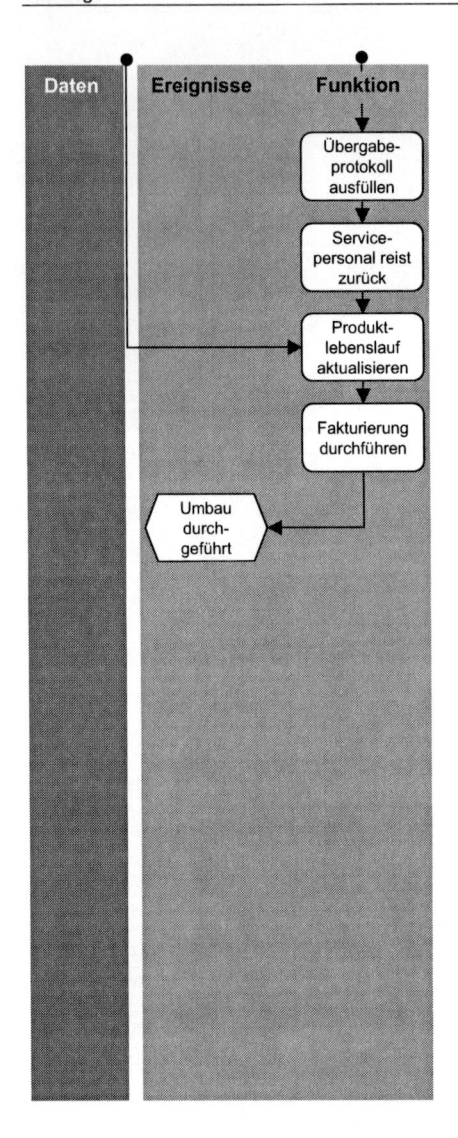

Daten	Ereignisse	Funktion
		Übergabe-protokoll ausfüllen
		Service-personal reist zurück
	→	Produkt-lebenslauf aktualisieren
		Fakturierung durchführen
	Umbau durch-geführt ←	

Anhang

A4 Datenstruktur und Detaillierung

Maschinenidentifikationsdaten [MID]

MID	Mögliche Arbeitsdaten
Maschinennummer/Code	• Maschinennummer/Identifikationscode für den Hersteller • Maschinennummer/Identifikationscode für den Nutzer • Maschinennummer/Identifikationscode für den Service Anbieter
Maschinentyp	• Maschinenart • Maschinentypbeschreibung
Modell	• Maschinenmodell/Modellreihe
Auftraggeber/Lieferant der Maschine	• Name • Adresse • Kontaktperson • sonstige Daten
Erwerbs-/Lieferdatum	• Erwerbsdatum und Liefertermin der Maschine bzw. Anlage

Maschinentechnikdaten [MTD]

MTD	Mögliche Arbeitsdaten
Steuerungsvorrichtungen (CNC, PLC, Laufwerke,...)	• Identifikation der Steuerungsvorrichtung • Eigenschaften der Steuerungsvorrichtung
Zubehör	• Zubehörcode • Zubehörbeschreibung • Zubehörpreis
Maschinendokumentation	• Maschinenbeschreibung (Funktionen, Baugruppen, etc.)

Maschinenkostendaten [MKD]

MKD	Mögliche Arbeitsdaten
Anschaffungspreis der Maschine bzw. Anlage	• Maschinenanschaffungspreis • Liefer-, Montage- und Inbetriebnahmekosten
Sonstige Anschaffungskosten	• Beschreibung anderer Anschaffungskosten • Wert anderer Anschaffungskosten

Zusätzliche Gewährleistungskosten	• Datum der Garantieverlängerung
	• Datum des Garantiestarts/-ende
	• Garantiepreis
	• Gewährleistungsumfang
Schulungskosten	• Schulungsthemen
	• Schulungskosten pro Maschine
	• Schulungsdatum
	• Stundenzahl
	• Teilnehmeranzahl

Konstruktionsdaten [KD]

KD	Mögliche Arbeitsdaten
Vorschriften	• Normen, Richtlinien, Gesetze (intern, extern)
	• Beschreibungen von Normen, Richtlinien, Gesetzen
Involvierte Abteilungen	• Abteilungen, Bereiche
	• Beiträge der Abteilungen und Bereiche zur Konstruktion
	• Aufwände der Abteilungen und Bereiche für den Konstruktionsbeitrag
Angewandte Technologien	• angewandte Technologie
	• Ziel der Anwendung
Methodeneinsatz	• Methodenbeschreibung
	• Eingangsgrößen und Ausgangsgrößen der Methoden (Auswertungen)
Kostenstruktur	• Kostenstruktur in der Konstruktion

Produktions- und Montagedaten [PMD]

PMD	Mögliche Arbeitsdaten
Produktions- und Montageprozesse	• Produktions-/Montageprozess
	• Beschreibung der Fertigungs-/Montageprozesses
Normen und Richtlinien	• Normen, Richtlinien
	• Beschreibung der Normen/Richtlinien

Anhang

PMD	Mögliche Arbeitsdaten
Qualitätsregelung	• Qualitätsregelung • Beschreibung der Qualitätsregelung
Kostenstruktur	• Kostenstruktur in der Produktion • Kostenstruktur in der Montage (Installation und Inbetriebnahme) • sonstige Produktionskosten • sonstige Montagekosten

Testdaten [TD]

TD	Mögliche Arbeitsdaten
Durchgeführte Tests	• durchgeführte Tests • Beschreibung der Tests • Testhäufigkeit • Testergebnisse
Durchgeführte Analysen	• durchgeführte Analysen • Beschreibung der Analyse
Angewandte Normen	• angewandte Normen • Beschreibung der Normen
Testaufwand	• Zeitaufwand des in den Tests involvierten Personals/ Kategorie • Personalkosten für die Tests • sonstige Testkosten

Maschinenbetriebsdaten [MBD]

MBD	Mögliche Arbeitsdaten
Maschinenbetriebsart	• Kennzahl der Maschinenbetriebsart • Maschinenbetriebsartbeschreibung • Datum und Uhrzeit des Beginns einer Maschinenbetriebsart • Dauer einer Betriebsart/Kennzahl (automatisch, manuell, by-pass, ..)
Maschinenzyklus	• Maschinenzykluskennzahl (Produktion) • Maschinenzyklusbeschreibung

Anhang

MBD	Mögliche Arbeitsdaten
	• Datum und Uhrzeit des Beginns eines Maschinenzyklus
	• Dauer in einem Maschinenzyklus/Kennzahl (Produktion)
Andere Zyklen	• Kennzahl des anderen Zyklus
	• Beschreibung des anderen Zyklus
	• Datum und Uhrzeit des Beginns eines anderen Zyklus
	• Dauer in einem anderen Zyklus/Kennzahl
Objektbeschreibung	• Teileidentifikation
	• Beschreibung des Teils
	• Stückzahlangabe
Im Zyklus (Zyklusbeginn, Zyklusende, Zyklusabbruch, Reset-Pause, Notaus, Maschinenfehler)	• Datum und Uhrzeit des Zyklusbeginns
	• Datum und Uhrzeit des Zyklusendes
	• Datum und Uhrzeit des Zyklusabbruchs
	• Datum und Uhrzeit der Reset-Pause
	• Datum und Uhrzeit des Notaus
	• Datum und Uhrzeit der Aktivierung des Maschinenfehlersignals
	• Datum und Uhrzeit der Deaktivierung des Maschinenfehlersignals
	• komplette Maschinenfehlerzeit
	• Zyklusdauer
Warten auf Werkstück	• Datum und Uhrzeit des Beginns: „Warten auf Werkstück-Signal"
	• Datum und Uhrzeit des Endes: „Warten auf Werkstück-Signal"
	• Dauer des Wartens auf Werkstücke
Warten auf Verriegelungssignale	• Datum und Uhrzeit des Beginns: „Warten auf Verriegelungssignal"
	• Datum und Uhrzeit des Endes aller Synchronisierungssignale
	• Wartedauer aufgrund Synchronisation
Warten des Bedieners auf Zyklusbeginn	• Datum und Uhrzeit des Wartezyklusbeginns
	• Wartezyklusstartdauer
Down-time	• Datum und Uhrzeit des Wartezeitanfangs
	• Wartezeit
	• Kosten Down-time

Anhang

MBD	Mögliche Arbeitsdaten
Aufbauart	• Kennzahl der Aufbauart • Aufbauartbeschreibung • Datum und Uhrzeit des Beginns der Aufbauart • Datum und Uhrzeit des Endes der Aufbauart • Aufbauartdauer/Kennzahl
Maschinenwarnung	• Datum und Uhrzeit des Beginns des Maschinenalarmsignals • Datum und Uhrzeit des Endes des Maschinenalarmsignals • Maschinenalarmdauer • Datum und Uhrzeit des Beginns: „Maschine in Alarm" • Datum und Uhrzeit des Endes: „Maschine in Alarm" • Dauer von Maschine in Alarm
Warnungskennzahl	• Warnungskennzahl • Warnungsbeschreibung
Maschine AN (power)	• Datum und Uhrzeit der Aktivierung des Maschine AN Signals • Datum und Uhrzeit der Deaktivierung des Maschine AN Signals • gesamte Maschinen-AN-Dauer
Spindel aktiv	• Datum und Uhrzeit der Aktivierung des Spindel aktiv-Signals • Datum und Uhrzeit der Deaktivierung des Spindel aktiv-Signals • gesamte Spindel aktiv-Dauer
Schmierölverbrauch	• Kennzahl des Schmiermittels • Beschreibung des Schmiermittels • Menge des Schmiermittels/Kennzahl • Datum und Uhrzeit des Nachfüllens des Schmiermittels • einmalige Kosten des Schmiermittels/Kennzahl • Kosten des Schmiermittels
Hydraulikölverbrauch	• Kennzahl des Hydrauliköls • Beschreibung des Hydrauliköls • Menge des Hydrauliköls/Kennzahl • Datum und Uhrzeit des Hydraulikölnachfüllens • einmalige Kosten des Hydrauliköls/Kennzahl

Anhang

MBD	Mögliche Arbeitsdaten
	• Kosten des Hydrauliköls
Energieverbrauch	• Art (Kennzahl) der Energie
	• Beschreibung der Energie
	• Menge der Energie/Art
	• Datum und Uhrzeit der Messung
	• einmalige Energiekosten/Typ
	• Kosten der Energie
Kühlmittelverbrauch	• Kennzahl des Kühlmittels
	• Beschreibung des Kühlmittels
	• Menge des Kühlmittels/Kennzahl
	• Datum und Uhrzeit des Nachfüllens des Kühlmittels
	• einmalige Kosten des Kühlmittels/Kennzahl
	• Kosten des Kühlmittels
Werkzeugbereitstellungskosten (Einsatz)	• Werkzeugkennzahl
	• Werkzeugbeschreibung
	• Werkzeugkosten/Kennzahl
	• Datum und Uhrzeit von Werkzeugbeschaffung und Einsatz
Andere Einsatzkosten	• Kennzahl des anderen Einsatzes
	• Datum und Uhrzeit des anderen Einsatzes
	• Beschreibung des anderen Einsatzes
	• Kosten des anderen Einsatzes/Kennzahl

Instandhaltungsdaten [IHD]

IHD	Mögliche Arbeitsdaten
Art der Instandhaltung	• Art der Instandhaltung

Anhang

IHD	Mögliche Arbeitsdaten
Instandhaltungsdokumentation	• Arbeitsauftragscode • Auftragsdatum • Auftragsbeginn • Arbeitscode • Beschreibung der erledigten Arbeit • Identifizierungscode der Instandhaltungsabteilung • Beschreibung der Instandhaltungsabteilung • verantwortliches Personal
Externe Aktivitäten	• Serviceanbieterkennung • Beschreibung des Serviceanbieters
Personalbeschreibung	• geforderte Fertigkeit • Anzahl der Personen, die die Arbeit durchführen/Fähigkeit
Personalkosten	• Personalkosten/Gruppe • Personalgruppenkennung • Personalgruppenbeschreibung • Zeit des Personals/Gruppe • Personalkosten/Gruppe/Zeiteinheit
Werkzeuginstandhaltung	• Identifizierungscode für die Instandhaltung spezieller Werkzeuge • Beschreibung der Instandhaltung spezieller Werkzeuge • Kosten/Identifizierungscode für die Instandhaltung spezieller Werkzeuge
Nebenkosten	• Reise- und Unterhaltskosten
Indirekte Instandhaltungskosten	• Kostenstruktur für Maschinenausfallszeiten • Ausfallszeitkosten
Andere Instandhaltungskosten	• Code für andere Instandhaltungskosten • Beschreibung anderer Instandhaltungskosten
Reaktionszeit	• Reaktionszeit
Dauer der Wartungsmaßnahmen	• Dauer der Wartungsmaßnahmen
Fehlererkennungszeit	• Fehlererkennungszeit

Anhang

Ersatzteilbeschaffungsdauer	• Ersatzteilbeschaffungszeit (vom Lager) • Ersatzteilbeschaffungszeit (bei Bestellung)
Anlaufdauer	• (Wieder-)Anlaufdauer

Ersatzteildaten [ED]

ED	Mögliche Arbeitsdaten
Marktgängige kommerzielle Komponenten	• marktgängige Komponenten • marktgängige Komponentenbeschreibung • zusätzliche Informationen zu marktgängigen Komponenten (Fabrikat, Modell, Eigenschaften, ...) • marktgängige Komponentenkosten/Kennzahlen
Nicht marktgängige kommerzielle Komponenten	• nicht marktgängige Komponenten • nicht marktgängige Komponentenbeschreibung • zusätzliche Informationen zu nicht marktgängigen Komponenten (Fabrikat, Modell, Eigenschaften, ...) • nicht marktgängige Komponentenkosten/Kennzahl
Nicht kommerzielle Komponenten	• nicht kommerzielle Komponenten • nicht kommerzielle Komponentenbeschreibung • zusätzliche Informationen zu nicht kommerziellen Komponenten • nicht kommerzielle Komponentenkosten/Kennzahl
Ersatzteilbeschreibung	• Ersatzteilkennung • Beschreibung des Ersatzteils • Zulieferer des Ersatzteils • Marke und Modell des Ersatzteils • einheitliche Kosten des Ersatzteils/Code
Ersetzte Teile	• Ersatzteilkennung (aus Lager) • Anzahl verwendeter Ersatzteile (aus Lager) • Ersatzteilcode (Bestellung) • Anzahl verwendeter Ersatzteile (Bestellung)
Ersatzteilkosten	• Kosten für gelagerte Ersatzteile • Kosten für extern gelieferte Ersatzteile

Sensordaten [SD]

SD	Mögliche Arbeitsdaten
Temperatur	• Kennzahl des Temperatursensors • Beschreibung des Temperatursensors • Messung der Temperatur • Datum und Uhrzeit der Messung • Gradskala (Temperaturverlauf)
Beschleunigung/ Vibration	• Kennzahl des Beschleunigungs-/Vibrationssensors • Beschreibung des Beschleunigungs-/Vibrationssensors • Messung von Beschleunigung/Vibration • Datum und Uhrzeit der Messung • Maßeinheit
Antriebsleistung	• Kennzahl des Antriebsleistungssensors • Beschreibung des Antriebsleistungssensors • Messung der Antriebsleistung • Datum und Zeit der Messung • Maßeinheit
Antriebsstrom	• Kennzahl des Antriebsstromsensors • Beschreibung des Antriebsstromsensors • Messung des Antriebsstroms • Datum und Uhrzeit der Messung • Maßeinheit
Kraft	• Kennzahl des Kraftsensors • Beschreibung des Kraftsensors • Messung der Kraft • Datum und Uhrzeit der Messung • Maßeinheit
Moment	• Kennzahl des Momentensensors • Beschreibung des Momentensensors • Messung des Moments • Datum und Uhrzeit der Messung

Anhang

SD	Mögliche Arbeitsdaten
Fluidstrom	• Maßeinheit • Kennzahl des Sensors • Beschreibung des Sensors • Messung des Fluidstroms • Datum und Uhrzeit der Messung
Abstand	• Maßeinheit • Kennzahl des Abstandsensors • Beschreibung des Abstandsensors • Messung des Abstands • Datum und Uhrzeit der Messung
Höhe	• Maßeinheit • Kennzahl des Höhensensors • Beschreibung des Höhensensors • Messung der Höhe • Datum und Uhrzeit der Messung
Druck	• Maßeinheit • Kennzahl des Drucksensors • Beschreibung des Drucksensors • Messung des Drucks • Datum und Uhrzeit der Messung
Endschalter	• Maßeinheit • Kennzahl des Endschalters • Endschalterbeschreibung • Datum und Uhrzeit der Aktivierung des Endschalters • Datum und Uhrzeit der Aktivierung des Endschalters • Zeitdauer der Aktivierung des Endschalters

Allgemeine Ereignisdaten [AED]

AED	Mögliche Arbeitsdaten
Der Maschine zuzuordnender Unfall	• Beschreibung des Unfalls • Datum und Uhrzeit des Unfalls
Der Maschine zuzuordnender Vorfall	• Beschreibung des Vorfalls • Datum und Uhrzeit des Vorfalls
Befragungen, Mängel	• Befragungs-/Mängelbeschreibung • Datum und Uhrzeit der Befragung/Mängel

Produktqualitätsdaten [PQD]

PQD	Mögliche Arbeitsdaten
Gutteil	• Datum und Uhrzeit der Gutteil-Information • Ursachenbeschreibung
Schlechtteil	• Datum und Uhrzeit der Schlechtteil-Information • Ursachenbeschreibung
Nachbearbeitung des Teils	• Datum und Uhrzeit der Nachbearbeitungs-Information • Ursachenbeschreibung

Anhang

A5 Auswahl einer Investitionsrechnungsmethode zur Aufwandskalkulation

In Theorie und Praxis sind eine Reihe unterschiedlicher Modelle für die Investitionsrechnung entwickelt worden. Dabei war der Begriff „Investitionsrechnung" lange Zeit beschränkt auf Verfahren, die die Wirtschaftlichkeit von Real- und Finanzinvestitionen ermitteln und die hier als Wirtschaftlichkeitsrechnung bezeichnet werden. Die Auffassung, dass die Verfahren der Unternehmensbewertung ihrem Kern nach ebenfalls Investitionsrechnungen sind, hat sich erst in jüngerer Zeit mit dem Vordringen investitionstheoretischer Erkenntnisse in diesen Bereich durchgesetzt [SCHI98, S. 315 f.]. Die Verfahren der Unternehmensbewertung werden an dieser Stelle nicht betrachtet, da diese nach dem Wert einer Unternehmung, einer Beteiligung oder eines Betriebsteils fragen, um daraus eine Preisforderung abzuleiten, jedoch nicht nach dem Vorteil von unterschiedlichen Investitionsobjekten bzw. Investitionskosten [SCHI98, S. 316].

Die sehr theoretischen, hochentwickelten Simultanansätze werden ebenfalls nicht betrachtet, da in der Praxis die Sukzessivansätze, die durch einen einfachen Algorithmus und einen geringen Informationsbedarf gekennzeichnet sind, dominieren. Sie gelten als praxisrelevante Entscheidungshilfen für Investitionsprobleme [SCHI98, S. 317 f.].

Diese Ansätze werden in Totalmodelle und Partialmodelle unterteilt, wobei die Partialmodelle in der Praxisanwendung eine übergeordnete Rolle spielen und somit Betrachtungsschwerpunkt sein sollen [SCHI98, S. 319]. Die Partialmodelle untergliedern sich weiterhin in statische und dynamische Verfahren:

- statische Verfahren

    Die statischen Verfahren sind dadurch charakterisiert, dass sie von Kosten-, Gewinn- und Rentabilitätsvergleichen ausgehen. Als statisch werden sie deshalb bezeichnet, weil sie den Zeitfaktor überhaupt nicht oder nur unvollkommen berücksichtigen, d.h. zeitliche Änderungen, der in die Rechnung eingehenden Ertrags-, Aufwands- und Kostengrößen werden außer acht gelassen [WÖHE00, S. 628]. Zu diesen Methoden der Investitionsrechnung werden in der Fachliteratur regelmäßig die Gewinnvergleichsrechnung, die Kostenvergleichsrechnung, die Rentabilitätsvergleichsrechnung und die Investitionsbeurteilung auf der Basis von Amortisationsdauern gezählt [KRUS87, S.31].

- dynamische Verfahren

    Diese vor etwa einem halben Jahrhundert entwickelten „klassischen" Verfahren der Investitionsrechnung gehen von Einzahlungs- und Auszahlungsströmen aus und betrachten sie bis zum Ende der wirtschaftlichen Nutzungsdauer des Investitionsobjekts oder bis zu einem Planungshorizont. Aufgrund dieser Totalbetrachtung einer Investition werden die Verfahren auch als dynamisch bezeichnet [WÖHE00, S. 634 f.]. Zu den klassischen dynamischen Verfahren der Investitionsrechnung werden die Kapitalwertmethode, die Annuitätenmethode und die Methode des internen Zinsfußes gezählt [KRUS87, S. 43; WÖHE00, S. 634 f.; BROS82, S. 218 ff.].

Anhang

Im Folgenden werden die statischen und dynamischen Investitionsrechnungsarten in ihren Schwerpunkten aus betriebswirtschaftlicher Sicht kurz erläutert, um sie für den vorliegenden Anwendungsfall gegeneinander abzugrenzen.

Kostenvergleichsrechnung:

Bei der Beurteilung von Investitionen auf der Grundlage von Kostenvergleichen wird auf eine Erfassung der positiven Erfolgskomponenten (Erlöse) verzichtet. Die Konzentration liegt bei der negativen Erfolgskomponente (Kosten) einer Periode [KRUS87, S. 35; WÖHE00, S. 629 f.]. Mithilfe der Kostenvergleichsrechnung wird ein Vergleich der in einer Periode bei einer gegebenen Kapazität anfallenden Kosten zweier oder mehrerer Investitionsobjekte durchgeführt. Kriterium für die Vorteilhaftigkeit einer Investition ist die Kostendifferenz zwischen alter und neuer Anlage bei Ersatzinvestitionen bzw. zwischen mehreren zur Wahl stehenden neuen Anlagen bei Erweiterungsinvestitionen [WÖHE00, S. 629 f.]. In den Kostenvergleich sind die Betriebskosten und alle Kapitalkosten mit einzubeziehen [SCHI98, S. 324 f.; BROS82, S. 225 ff.].

Die Mängel der Kostenvergleichsrechnung bestehen in der kurzfristigen Betrachtungsweise, aus der sich keine sicheren Rückschlüsse über die zukünftige Kosten- und Erlösentwicklung ziehen lassen, und darin, dass mögliche Veränderungen der Einzahlungen durch Kapazitätserweiterungen und den Restwert des alten Investitionsobjektes nicht berücksichtigt werden [KRUS87, S. 34 f.; WÖHE00, S. 629 f.].

Gewinnvergleichsrechnung

Eine Alternative zur Kostenvergleichsrechnung ist die Gewinnvergleichsrechnung. Ihr Entscheidungskriterium ist der durchschnittliche Investitionsgewinn pro Periode, definiert als Saldo der durchschnittlichen Erlöse und Kosten pro Periode [SCHI98, S. 329]. Dabei sind außer Lohnkosten, Kosten für den Verbrauch von Roh-, Hilfs- und Betriebsstoffen, Energiekosten, Kosten für Instandhaltung und Wartung, Raumkosten, Werkzeugkosten auch die üblicherweise als fix geltenden kalkulatorischen Abschreibungen und kalkulatorischen Zinsen in die Rechnung aufzunehmen [KRUS87, S. 33]. Der Gewinnvergleichsrechnung haftet im Wesentlichen der gleiche Mangel an wie der Kostenvergleichsrechnung [WÖHE00, S. 630 f.].

Rentabilitätsrechnung

Ein in den USA weit verbreitetes „Praktikerverfahren" ist die Rentabilitätsrechnung (Return on Investment/Rückfluss des investierten Kapitals), die in ihrer einfachsten Form den erwarteten Jahresgewinn alternativer Investitionsprojekte auf das investierte Kapital bezieht, d.h. deren Rentabilität vergleicht [WÖHE00, S. 631 f.; KRUS87, S. 36]. Die Schwächen dieses Verfahrens liegen ebenso wie bei der Kosten- und Gewinnvergleichsrechnung in der kurzfristigen Betrachtungsweise, die zukünftige Veränderungen von Kosten und Erlösen nicht berücksichtigt, und in der Schwierigkeit, Umsätze und Gewinne einzelnen Investitionsprojekten zuzurechnen [WÖHE00, S. 631].

Investitionsbeurteilung aufgrund der Amortisationsrechnung

Bei der Amortisationsrechnung wird nach der Zeitdauer gefragt, die bis zur Wiedergewinnung der Anschaffungsausgabe aus den Einnahmeüberschüssen des Projekts verstreicht (Amortisationsdauer) [SCHI98, S. 333]. Im Gegensatz zu den bisher statischen Investitionsrechnungen knüpft also die statische Amortisationsrechnung nicht an Kosten und Erlöse, sondern an Ausgaben und Einnahmen an. Dieses Verfahren arbeitet nicht mit periodisierten Erfolgsgrößen, und der Betrachtungszeitraum kann länger als ein Jahr sein. Aus diesem Grund zählt die Amortisationsrechnung nicht zu den einperiodischen statischen Verfahren [KRUS87, S. 37 f.]. Sie beruht auch auf der Voraussetzung gleichbleibender jährlicher Einzahlungen und Auszahlungen und unterstellt, dass die Zurechnung von Einzahlungen zu einzelnen Investitionsobjekten möglich ist. Der besondere Mangel dieses Verfahrens liegt darin, dass die Soll-Amortisationszeit auf der subjektiven Schätzung des Investors beruht und in der Praxis meist erheblich unter der wirtschaftlichen Nutzungsdauer liegt [WÖHE00, S. 632].

Kapitalwertmethode

Die Kapitalwertmethode geht davon aus, dass die Einzahlungen und Auszahlungen, die durch ein bestimmtes Investitionsobjekt hervorgerufen werden, im Zeitablauf nach Größe, zeitlichem Anfall und Dauer unterschiedlich sein können [WÖHE00, S. 637 ff.; JACO97, S. 26 ff.]. Die einzelnen Beträge, die zu einem unbestimmten Zeitpunkt während der Investitionsdauer anfallen, können nur vergleichbar gemacht werden, wenn das Zeitmoment in der Rechnung berücksichtigt wird, weil Einzahlungen weniger wert sind, je weiter sie in der Zukunft liegen. Die Vergleichbarkeit wird dadurch hergestellt, dass alle zukünftigen Einzahlungen und Auszahlungen auf den Zeitpunkt unmittelbar vor Beginn der Investition abgezinst werden [WÖHE00, S. 637 ff.]. Ökonomisch interpretiert werden kann der Kapitalwert als Preisobergrenze für den Erwerb des betreffenden Investitionsobjektes bzw. als entnahmefähiger Betrag, der zusätzlich zu den Anschaffungsauszahlungen aus den späteren Rückflüssen des Projekts verzinst und getilgt werden kann [SCHR96, S. 84].

Annuitätenrechnung

Die Annuitätenrechnung stellt die durchschnittlichen jährlichen Auszahlungen der Investitionen mit den durchschnittlichen jährlichen Einzahlungen gegenüber und vergleicht diese, d.h. es werden mithilfe der Zinseszinsrechnung die Zahlungsreihen der Investitionen in zwei äquivalente und uniforme Reihen umgerechnet und damit die Höhe der durchschnittlichen Auszahlungen und Einzahlungen für die Dauer der Investition bestimmt [WÖHE00, S. 639 f.]. Rechnerisch ergibt sich die Annuität eines Projektes durch Multiplikation des Kapitalwertes mit dem Annuitätenfaktor a. Der Annuitätenfaktor kann mit unterschiedlichen Nutzungsdauern und variierenden Zinssätzen in bereits erstellten Tabellen abgelesen werden [SCHR96, S. 86 f.].

Methode der internen Zinsfüße

Bei dieser Methode wird nicht von einer gegebenen Mindestverzinsung ausgegangen, mit deren Hilfe der Kapitalwert ermittelt wird, sondern es wird der Diskontierungszinsfuß

Anhang

gesucht, der zu einem Kapitalwert von Null führt, d.h. bei dem die Barwerte der Einzahlungs- und Auszahlungsreihe gleich groß sind (interner Zinsfuß).

Auf diese Weise wird die Effektivverzinsung eines Investitionsobjekts vor Abzug von Zinszahlungen errechnet. Es kann die Vorteilhaftigkeit einer einzelnen Investition nur ermittelt werden, wenn die vom Betrieb zur Deckung der Kapitalkosten gewünschte Mindestverzinsung, d.h. der Kalkulationszinsfuß zusätzlich bekannt ist. Eine Investition ist als vorteilhaft anzusehen, wenn der interne Zinsfuß nicht kleiner als der Kalkulationszinsfuß ist [WÖHE00, S. 643 ff.; BROS82, S. 253 ff.].

Vermögensendwertmethode

Mithilfe dieser Methode kann berechnet werden, welche alternative Investition das maximale Endvermögen verspricht. Dazu werden vom Investor erwartete Basiszahlungen und Konsumentnahmen berücksichtigt. Dabei besteht die Option zwischen Haben-Zinsen und Soll-Zinsen zu unterscheiden [KRUS87, S. 57 ff.; BROS82, S. 248 ff.]. Die Vermögensendwertmethode ist gut zu handhaben, frei von mathematischen Schwächen und erlaubt daher für die Praxis ausreichend genaue Prognosen.

Lebenslauf

Name	Degen, Holger
Geburtsdatum, Geburtsort	16.03.1974, Nordenham
Staatsangehörigkeit	deutsch
Familienstand	verheiratet

Schulbildung	1980-1984	Grundschule Esenshamm
	1984-1986	Orientierungsstufe Nordenham-Süd
	1986-1990	Realschule I Nordenham
	1990-1993	Gymnasium Zinzendorfschule Tossens

Wehrdienst	1993-1994	3./Instandsetzungsbataillon 11, Delmenhorst

Akademische Ausbildung	10/94- 06/00	Maschinenbaustudium an der RWTH-Aachen Vertiefungsrichtung: Fertigungstechnik Diplomzeugnis vom 17. Juli 2000
Studienbegleitende Tätigkeiten	6/94-10/94	Praktikum, PreussenElektra AG
	5/99- 6/99	Praktikum, Miele & Cie. GmbH & Co.
	9/99- 12/99	Praktikum, Kostal Irland, Werk Abbeyfeale
	12/97- 07/00	Studentische Hilfskraft am Fraunhofer-Institut für Produktionstechnologie in Aachen Abteilung: Planung und Organisation

Arbeitsverhältnis	seit 16.08.00 wissenschaftlicher Mitarbeiter am Fraunhofer-Institut für Produktionstechnologie, Aachen Abteilung: „Planung und Organisation" Leiter: Prof. W. Eversheim (bis 30.09.2002) Abteilung: „Technologiemanagement" Leiter: Prof. G. Schuh (seit 01.10.2002)